에서 출발해 생명이 어떻게 시작되었는지, 생명이 어떻게 다른 생명으로 이어지는지, 왜 끊임없이 변화하는지 묻는다. 그리고 학자들이 개척한 지식의 영토를 친절하 자가 '생명이란 무엇인가?'라는 질문에 는 것에 그치지 않고, '인간이란 무엇인가?'라는 질문을 끊임없이 함께 던지며 치열하게 고민한다는 데에서 온다.

인간은 생명이 무엇인지 묻는 독특한 종이다. 질문을 멈추지 않는 인간은 생명에 대한 앎을 끊임없이 쌓아 왔고, 그 앎은 지구의 다른 생물이 가져본 적 없는 힘을 주었다. 그리고 그 힘은 저자가 『생명』을 출간했던 10년 전보다 훨씬 더 강해졌다. 20세기에 생물 속에 그 생물을 만들어 내는 레시피, 즉 DNA가 들어 있다는 사실을 발견했다면, 21세기에는 인류가 그 레시피를 마음대로 읽고 자유자재로 고쳐 쓰는 힘을 가진 종으로 거듭났다. 코로나19의 극복 과정 또한 생명 과학의 힘을 입증한 역사적 사건이었다.

'인간이란 무엇인가?'라는 질문은 '우리는 어떻게 살아야 하는가?'라는 질문과 맞닿아 있을 수밖에 없다. 인간이 생명에 대한 앎을 바탕으로 자신과 다른 생명을 조작할 수 있는 종이라고 한다면, 그런 힘을 어떻게 써야 하는지 혹은 쓰지 말아야 하는지에 대한 질문으로 이어지기 때문이다. 그런데 바로 이 지점에서 질문은 과학의 영역을 벗어난다. 통제되지 않는 과학의 힘이 어떤 파국을 초래할 수 있는지 우리는 지난 역사에서 목도했다. 이 책의 마지막 질문, '생명 과학은 어떤 윤리적 질문을 던지는가?'는 과학자뿐만 아니라 이 시대를 살아가는 모든 사람이 머리를 맞대고 고민해 봐야 할 질문이다.

생명에 대한 지식 그 자체는 생명을 살리지도, 죽이지도 않는다. 앎의 힘이 초래할 미래는 질문하고 성찰하는 인간의 손에 달려 있다. 그렇기에 아주 많은 사람이 이 책을 통해 생명을 공부했으면 한다. 더 많은 사람이 생명의 경이로움에 대해 이해하고, 그 이해가 가져다주는 힘과 위험에 대해 함께 고민했으면 한다. **—이대한 | 성균관 대학교 생명 과학과 교수**

송기원의
생명 공부

송기원의

생명 공부

17가지 질문으로 푸는
생명 과학 입문

송기원

● 일러두기

이 책은 『생명』(로도스출판사, 2014년)을 개정 증보한 것입니다.

책을 새로 내며

2014년 여름 『생명』을 낸 후 10년이 채 안 되는 시간이지만 그사이 우리 사회의 지식 생산 체계는 엄청난 변화를 겪었다. 소셜 미디어와 관련 플랫폼의 빠른 발달로 모든 사람이 지식의 생산과 전수에 직접 참여하는 새로운 세상을 살게 되었다. 생명 과학과 관련해서도 몇 가지 커다란 변화를 겪었다.

첫 번째 커다란 변화는 2013년 발견된 CRISPR-Cas9이라는 유전자 가위의 적용이 빠르게 확대된 것이다. 유전자 가위를 이용해 인류는 인간을 포함한 모든 생명체의 유전 정보 전체를 인간의 의지대로 쉽게 변경하고 편집할 수 있는 막강한 기술을 손에 넣게 되었다. DNA 혁명이라고 할 수도 있는 이 기술 발전은 생명 과학 연구뿐 아니라 농업, 축산업, 의료 등 생명체가 관련된 거의 모든 분야에 빠르게 적용되어 혁신을 가져오고 있다. 또 말라리아부터 에이즈, 다양한 유전병까지 인간을 괴롭히는 난치 질환을 치료할 수 있는 새로운 길을 열고 있다. 나아가 CRISPR 유전자 가위는 인간 수정란에도 적용되어 기술적으로는 부모가 원하는 유전 정보를 갖는 맞춤 아기 생산이 가능한 세상이 열리게 되었다.

그러나 아직 전 세계적으로 이 기술을 어떤 윤리적 기준을 가지고 어디까지 적용해야 할지는 명확한 결론에 도달하지 못하고 있고 모두에게 숙제로 남은 상황이다. 분명한 것은 이 기술로 인간의 손이 미치지 못하고 남아 있던 마지막 자연의 영역인 생명 그 자체가 인간의 조작 대상으로 일반화될 수 있는 세상이 되었다는 것이다.

최근 10년간 생명 과학 분야에서 일어난 가장 큰 변화는 생명 과학이 아주 빠른 속도로 정보 과학으로 바뀌어 가는 것이라고 할 수 있겠다. 이러한 추세는 HCA(Human Cell Atlas), HCGA(Human Cancer Genome Atlas), HPA(Human Protein Atlas) 등 다양한 인간 지도책 프로젝트를 통해 현실화되고 있다. 이는 생명체로서 인간을 구성하는 세포나 단백질 등 인간의 생물학적 구성 성분 모두에 대한 지도책과 인간의 다양한 암세포 전체에 대한 지도책을 만드는 작업이다. 이러한 프로젝트는 현재까지 축적된 인간의 세포, 단백질, 암에 대한 모든 연구 결과들을 한데 모아 인간의 몸을 구성하는 모든 세포의 종류와 위치, 발생 과정 및 암 등 질병 발병 과정에서의 세포들의 유전체 변화, 유전자 발현, 발현 단백질 등 가능한 모든 정보를 새로 만들고 수집하는 과정이다. 막대한 양의 데이터를 모으고 그 데이터 가운데서 의미를 찾아내는 작업이므로 생명 과학과 정보 과학의 긴밀한 협업을 통해서만 가능하다.

2016년부터 본격화되기 시작한 이 인간 지도책 프로젝트는 이미 2018년 모든 인간의 면역 세포에 대한 데이터를 확보했고 2023년에는 간 등 몇몇 인간 장기를 구성하는 모든 세포에 대한 정보를 발표했다. 향후 10년 이내 이 프로젝트들이 완결된다면 생명 과학은 정보 과학으로 바뀌게 될 것이다. 물론 이런 정보들은 인간을 생물학적으로 이해하는 데 매우 유용한 정보로 작용할 것이고, 현재까지 예방하거나 치료할 수 없던 다양한 질병들에 대한 새로운 예방과 치료의 가능성을 제공할 수 있을 것이다.

두 번째 커다란 변화는 2019년 12월 시작된 코로나바이러스(코로나19, COVID-19) 감염증의 전 세계적 대유행이다. 코로나19 팬데믹은 일상을 빠른 속도로 무너뜨렸고 전 세계적으로 600만 명 이상의 희생자를 냈다. 우리는 코로나19를 통해 기존의 사회 안전망이 얼마나 허술했는지를 깨닫고 세계화되어 버린 현대 문명이 바이러스에 얼마나 취약한지를 체험했다. 짧은 기간 코로나19는 그간 인류가 직면했으나 지연시키고 있던 인터넷 지식 기반 사회로의 변화를 가속화하면서 생활 양식을 빠르게 바꾸었다. 우리는 코로나19를 겪으며 재러드 메이슨 다이아몬드(Jared Mason Diamond, 1937년~)가 인류 역사에서 문명적 전환의 동력으로 제시했던 '총, 균, 쇠' 중 '균'의 위력이 어떻게 빠르게 디지털로의 문명적 전환을 가속할 수 있는지 그 현실을 경험했다.

코로나19가 가져온 또 다른 변화는 많은 이의 관심 영역 밖이던 생명 과학이 급격히 관심 영역이 되었다는 것이다. 코로나19 검사가 일상화되면서 분자 생물학 전공자들이나 주로 사용했던 PCR(polymerase chain reaction)나 항원 같은 용어는 그 의미에 대한 이해와 관계없이 자주 사용되는 일반 명사가 되었다. 또한 코로나19에 대한 백신으로 약화된 바이러스나 바이러스의 표면 단백질을 이용한 것이 아니라 mRNA(messenger ribonucleic acid)로 만든 백신이 짧은 시간 내에 개발되어 사용되었다. 일반적으로 개발과 안정성 검증에 오랜 시간이 걸리던 기존 백신에 비해 코로나19 백신은 개발 기간이 너무 짧고 안전성 검증이 급박하게 이루어졌다. 이런 이유로 백신의 안전성 검증이 충분하지 않았다고 느낀 사람들이 많았던 탓인지, 소셜 미디어의 빠른 발달로 지식의 생산과 전수 방법이 바뀌었던 탓인지, 아니면 둘 다의 탓인지 코로나19 백신에 대한 유언비어가 난무했다. 또 코로나바이러스의 새로운 변이가 계속 출현하고 다양한 방법으로 개발된 새로운 백신들이 사용되었기에 과학계도 부작용과 오해 등 여러 가지 문제에 정확하고 빠르게 대응하지 못해 과학적 근거 없는 편견이 퍼지는 빌미를 제공하기도 했다. 그러나 코로나19에 대한 mRNA 백신의 성공은 mRNA를 암 등 여러 질환에 대한 치료법에 응용하고자 하는 연구들의 FDA 승인을 폭발적으로 촉진했고 다양한 mRNA 치료제가 시장으로 나오게 하는 기폭제가 되었다.

이렇게 합성 생물학, 유전자 가위 기술, 세포 치료제의 지식과 기술이 급속도로 확산되면서 최근에는 실험실 연구가 빠르게 바이오 벤처를 통해 신약 개발이나 치료에 이용되는 시대가 되었다. 이런 변화 때문인지 우리나라뿐 아니라 전 세계적으로 바이오 벤처와 관련 회사 주식에 많은 투자가 몰리고 있다. 그러나 일반인들이 개별 회사의 과학적 연구 내용이나 보유 기술이나 사업 전망을 정확하게 이해하고 투자하는 것 같지는 않고, 이런 경향 탓인지 바이오 산업 투자가 개인의 재정적 피해로 연결되는 경우도 흔하게 볼 수 있다. 하지만 생명 과학의 급속한 발전은 이러한 경제적 문제만 우리 사회에 던지지 않는다. 인류가 필요로 하는 다양한 치료제뿐 아니라 비료, 섬유, 식품 등의 물질을 합성하는 공장으로 생명체를 이용하는 합성 생물학과 유전체 정보를 임의로 편집할 수 있는 유전자 가위 기술은 우리 모두로 하여금 '생명이란 무엇인가?'라는 윤리적 질문과도 마주하도록 만들었다.

생명 과학과 기술의 이러한 추세에 관한 대중 강연을 하는 자리에서 "당신은 도대체 어떻게 생명이 생산 수단이 될 수 있다고 생각하느냐?"라는 공격적인 질문을 받은 적도 있다. 생명 현상을 연구하는 나에게도 이런 추세는 윤리적으로 버겁게 느껴진다. 합성 생물학과 유전체 편집을 어떤 관점으로 어떤 윤리 기준을 가지고 받아들여야 할지 막막한 순간들도 있었다. 그러나 아무리 이런 윤리적 회의감이 들어도 젊은 제자들이라도 암 등의 난치병에 걸렸다는 소식을 접하게 되면 그 회의감을 이어 나가기는 어려웠다. 조금이라도 더 빨리 더 나은 치료법이 가능하기만을 바라게 되었다. 삶의 자리에서 '생명'을 살린다는 실용성을 배제할 만한 어떤 가치도 없다고 느끼기 때문이다. 아마도 모두가 당면하는 이런 실용적 간절함 때문에 윤리적인 갈등 속에서도 생명 과학 기술의 발전은 더 가속화될 수밖에 없는 것 같다.

『생명』이 처음 발간된 이후 유전자 검사가 일반화되었고 유전자 가위 기술 등에 의한 변화가 빠르게 생명 과학계와 의료계 전반으로 확산했다. 이러한 변화를 반영해 이 책을 보완하고 개정해야겠다고 생각은 계속하고 있었는데 분주한 일상 속에서 늘 우선 순위가 밀리곤 했다. 그러다 코로나19 팬데믹을 겪으며 이제는 정확한 생명 과학에 대한 기초 지식이 꼭 전공자나 특별히 생명 과학에 관심 있는 사람만이 아니라 우리 모두에게 필요한 시기로 들어섰다는 생각이 들었다. 이런 시기에 일반인들이 편하게 읽을 수 있는 교양으로서의 생명 과학 지식을 전해 주는 책이 절실히 필요하다고 생각되었다. 이런 책임감을 느꼈기에 지난 10년간 생명 과학 분야 발전 내용을 포함하는 개정판 작업을 서둘러 마무리할 수 있었다. 이 책에 쓰인 생명 과학에 관한 다양한 영역의 기본 지식이 온라인 플랫폼을 떠도는 생명 과학 정보의 홍수 속에서 많은 이들이 생명 과학과 관계된 여러 이슈를 이해하고 이에 대한 바른 판단을 내리는데 조금이라도 도움이 될 수 있다면 글을 쓴 나에게 큰 보람이겠다.

이 책이 생명 과학에 대한 일반인의 교과서가 될 수 있는 내용이라며 절판되었던 책의 재출간을 제안한 (주)사이언스북스에 감사드린다. 책의 이해를 높이기 위한 그림을 새로 준비하고 문장을 다듬느라 애써 주신 편집부의 노고에 특별한 감사를 전한다. 또 이 책을 위해 시간을 쪼개어 추천의 글을 써 주신 전철 교수님과 이대한 교수님, 그리고 새로 추천사를 보내 주신 강금실 선생님과 재출간을 축하해 주시며 기존 추천의 글을 다시 쓰게 해 주신 김빛내리 교수님, 장대익 교수님 모두께 깊은 고마움을 전하고 싶다. 저자로서 재출간된 이 책이 많은 이들의 생명의 작동 원리 이해에 조금이라도 기여할 수 있기를 바란다. 그래서 지구에서 인간을 포함한 모든 생명체를 움직이는 논리가 같고, 인간이 지구의 생물 종 중 단 하나의 종에 불과하다는 것을 공감할 수 있으면 좋겠다. 이런 공감을 통해 인간의 잘못된 욕심으로 인한 생명체의 대량 멸종을 막고 현재 진행형인 지구의 위기 상황을 모두 함께 마음으로 이해하는 삶을 살아가는 데 도움이 될 수 있기를 간절히 기원하며 개정 증보판의 서문에 갈음한다.

2024년 봄을 기다리며

송기원

서문
왜 이 책을 쓰는가?

2011년 2월 미국의 시사 주간지 《타임(*Time*)》은 표지에 다음 제목을 달았다. "2045: 인간이 죽지 않고 영원히 살게 되는 해." 물론 사이비 종교나 혹은 특정 종교에서 이야기하는 영생을 얻는 시기에 대한 이야기가 아니다. 과학과 인간의 이야기다. 길게 잡아 2045년이면 유전학과 나노과학, 로봇 기술의 발달로 인간의 강화가 가속화되어 현재 인간인 호모 사피엔스(*Homo sapience*)의 한계인 노화와 죽음을 과학 기술로 극복한 죽지 않는 로봇과 인간의 복합 형태인 호모 에볼루티스(*Homo evolutis*)라는 새로운 인류가 탄생할 것이라는 예측이다.

실제로 사지나 특정 장기를 대신하고 더 강화된 기능을 수행할 수 있는 인공 다리나 팔, 눈을 만들어 사람의 몸과 연결하는 보철학(prosthetics) 분야는 눈부시게 발전하고 있고, 심지어 인간이 갖고 있지 않

그림 1 과학 기술 발달로 예측되는 호모 에볼루티스의 탄생.

은 날개 같은 기관까지 만들어 붙일 수 있는 미래를 기대하고 있다. 죽지 않고 영원히 산다면 더는 생명이나 인간이라고 말할 수 있을지 모르겠으나 이것이 생명 과학을 비롯한 과학 기술의 발달과 함께 우리가 직면하고 있는 미래다. 2045년이면 내 나이 80세, 지금처럼 평균 수명이 길어지는 속도라면 그때까지 내 친구 대부분은 살아 있을 것이고 새로운 과학 기술을 빨리 받아들이는 몇몇 친구들은 호모 에볼루티스가 되어 영생을 누리게 될지도 모르겠다.

2012년 미국의 라이프 테크놀로지(Life Technology) 사는 지구에 사는 모든 생명체의 유전 정보인 DNA를 매우 빨리 읽어 낼 수 있는 염기 서열 해독기(ion proton sequencer)를 출시했다. 작은 복사기 크기의 이 기기를 이용해 인간의 전체 유전 정보 DNA인 유전체(genome) 30억 염기쌍의 서열을 단돈 1000달러로 하루에 읽을 수 있게 되었다. 또 최근에는 우리 몸을 구성하는 수십 조의 세포 중 단 하나의 세포에서마다 각각 다르게 발현하는 모든 mRNA의 염기 서열과 발현 정도를 정량적으로 알려주는 RNA-seq도 100달러 정도면 가능하다. 즉 우리는 지금 개인의 전체 유전 정보와 그 발현 정도를 읽어 내 그 정보에 따라 특정 질병의 예방이나 치료가 가능할 수 있는 개인 맞춤형 의료의 시대를 살고 있고 그 추세는 더 가속 중이다.

1990년대 말부터 시작된 난자 동결 시술이 이제는 일반화되고 있다. 미국의 메타((구)페이스북) 등 회사에서는 10여 년 전부터 사원 복지 차원에서 이 시술의 비용을 제공한다고 알려졌고, 결혼과 출산이 늦어지고 있는 우리나라에서도 20대 여성 66퍼센트가 난자 동결 시술을 원한다는 설문 결과가 있다. 이에 따라 2023년부터 서울시가 저출산 극복을 위해 20~49세 여성에게 난자 동결 시술의 일부 비용을 제공하는 정책을 발표하기도 했다. 임신과 출산은 자연스러운 과정이 아닌 계획과 시술의 과정이 되었다. 우리나라에서는 대리모가 불법이지만 외국에서는 할머니가 대리모로 손자를 출산하는 경우도 보도되며 "누가 부모인가?"라는, 가족 관계에 대한 질문을 던지기도 한다. 이미 우리나라에서 출생하는 아이의 10퍼센트 이상이 모체의 몸 밖에서 수정되는 '시험관 아기'이다. 시험관 아기를 위해 수정되었던 배아를 냉동으로 보관했다가 원하는 시기에 낳을 수 있다. 또 이렇게 냉동 보관된 배아를 기증받아 아기를 출산하는 배아 입양이 외국에서는 비교적 흔하다. 인터넷으로 원하는 특성을 갖는 난자와 정자를 구매해 수정시킨 뒤 비용 절감을 위해 수정된 배아를 냉동해 제3세계의 대리모에게 보내 출산하는, 아기를 인터넷으로 주문 생산할 수 있다는 소위 구글 베이비(Google baby)와 이런 서비스를 대행하는 회사의 이야기가 다큐멘터리로 유튜브에 공개되어 많은 이들을 경악시켰다. 2012년 미국 이민국에서는 제3세계 대리모에게서 태어나 미국으로 들어오는 아이들에게 미국 시민권을 인정하지 않겠다고 발표해 논란이 되기도 했다.

2010년 5월 《사이언스(*Science*)》에는 역사상 처음으로 인공적으로 합성된 유전체를 갖는 인공 합성 생명체의 탄생이 보고되었다. 기존의 유전 공학을 이용해 유전 정보 일부를 인간이 원하는 유전자로 대체하거나 삽입하는, GMO(genetically modified oganism)라는 생명 공학 기술을 넘어 이제 인간이 의지대로 원하는 유전자를 조합해 생명체를 설계하고 만들어 낼 수 있는 새로운 단계로 넘어가고 있는 것이다. 합성 생물학이라는 과학 기술은 현재 인류가 직면하고 있는 에너지나 식량 문제를 해결할 수 있는 궁극적 대안으로 환영받고 있다. 그러나 2012년 6월《네이처(*Nature*)》에 조류 독감 바이러스에 합성 생물학 방법을 조금 적용했을 때 아주 쉽게 인간에 감염될 수 있는 위험한 형태의 조류 독감 바이러스가 만들어지는 것이 보고되어 합성 생물학이 갖는 위험성을 우리에게 환기했다. 합성 생물학으로 쉽게 바이러스를 조작하고 만들어 낼 수 있기에 코로나 바이러스도 중국에서 만들어졌을 것이라는 기사나 소문은 검증이 되지 않은 채 계속되고 있다.

과학과 기술로 생명의 가장 큰 특징인 생로병사가 다 인간에 의해 조절될 수도 있는 것이 우리의 손에 잡히는 미래다. 이렇게 거창하지 않더라도 매일 시장에서 장을 보면서 우수한 품종의 복제 동물의 고기나 유전자 조작으로 나온 야채 등을 사 먹어야 할지, 유전자 검사가 정말 질병에 도움이 되는지, 노화 과학이라고 선전하는 고가의 화장품이 정말 그 비싼 값어치가 있는지, 키가 작은 아이에게 성장 호르몬 주사가 필요한지 판단해야 하는 매일을 살고 있다. 또한 황우석 사건과 광우병 사태, 그리고 코로나19 팬데믹을 겪고 많은 사회적 비용을 치르며 생명과 관련된 과학이 우상화되거나 객관성을 상실할 때 일으키는 문제점을 그 어느 나라보다도 매우 심각하게 경험했다. 그런데도 오늘의 일상과 미래에 아주 긴밀하게 연결된 생명 현상과 그에 관련된 과학의 발전 내용에 큰 관심이 없다.

여기에는 교육이 책임이 클 것이다. 과학과 기술이 융합되고 발전하는 속도는 기하 급수적으로 빨라지고 있지만 고등학교 때부터 문과와 이과를 나누는 교육 방식은 50년 전이나 현재나 크게 변화가 없다. 문과에 속한 학생은 입시에 도움이 되지 않기에 과학에 전혀 관심을 둘 수 없다. 또한 이과 학생은 전문 지식만을 전달받을 뿐 과학 발전의 논리나 함의에 대해 고민할 틈이 주어지지 않는다. 학과로 단절되고 학점과 스펙이 중요해진 대학 교육에서 전공 영역이 아닌, 현대를 살아가는 한 인간으로서 꼭 필요한 과학과 관련된 교양 지식을 배울 기회는 더욱이 주어지지 않는다. 이렇게 교육받고 사회로 나간 미래의 주역인 학생들은 과학과 소통하는 법을 배울 기회가 없었기에 최신의 과학과 기술 관련 뉴스나 내용이 귀에 들어오지 않는 것은 당연하다.

최근 들어 각종 미디어가 과학 기사를 보도하고 프로그램을 만들기 시작했지만 미디어도 아직 과학과 대중의 소통법을 잘 알고 있는 것 같지는 않다. 과학의 내용을 어떻게 배경 지식이 없는 일반인들에게 이해시킬 수 있을까보다는 과학의 가시적 성과에 치우친 소통법 때문일까? 9시 뉴스에도 종종 우리나라 과학자나 교수가 새로운 기술이나 신약을 개발했다고 나오는데 왜 실제로 해결되는 문제가 없고 특정 질병의 치료가 불가능하냐고 물어오는 사람들을 만날 때마다 당황스럽기도 하다.

생명 과학 연구 내용이 인간의 일상과 긴밀히 연결되는 것이 명확해지던 2000년, 인간을 만들 수 있는 전체 유전 정보인 유전체(genome)의 30억 DNA 염기쌍의 서열을 밝히는 인간 유전체 프로젝트가 완성되어 갈 무렵이라고 기억된다. 21세기가 생명 과학이 중심이 되는 시대

가 될 것이며 생명 과학이 사회 경제적으로 전 인류의 삶의 형태를 바꿀 수 있음을 간파한 미국의 명문 대학들은 생물학이나 생명 과학을 전교생 필수 과목으로 지정했다. 또 단지 입문 교육에 그치는 것이 아니라 학생들이 그 핵심 내용을 공부하도록 유도하는 커리큘럼을 개발했다. 미국 하버드 대학교 구내 서점에서 가장 많이 팔리는 책은 바로 우리나라 생화학 전공자들이 대학교 3학년 교재로 쓰는 루버트 스트라이어(Lubert Strye, 1938년~)의 『생화학(*Biochemistry*)』이다. 이와 더불어 대부분의 미국 대학들은 생명 과학의 발달로 야기되는 생명과 윤리 문제에 대해 여러 각도에서 가르치고 토론하는 융합 과목을 개발했다. 『정의란 무엇인가(*Justice*)』로 잘 알려진 윤리학자인 마이클 샌델(Michael Sandel)과 생명 과학자인 더글러스 멜톤(Duglas Melton)이 함께 강의하는 하버드 대학교 수업 '윤리, 바이오테크놀로지, 그리고 인간 본성의 미래(Ethics, Biotechnology, and the Future of Human Nature)'가 대표적이다. 이 과목은 하버드 대학교의 가장 인기 있는 강의 중 하나고, 샌델은 강의 중 제기된 질문 일부를 『완벽에 대한 반론: 생명 공학의 시대, 인간의 욕망과 생명윤리(*The Case against Perfection: Ethics in the Age of Genetic Engineering*)』로 펴내기도 했다.

대학에서 생명 과학을 가르치고 연구하는 나는 우리 대학에서도 전공자가 아닌 일반 학생들에게 21세기를 준비시키기 위해 생명 과학을 가르치는 일이 절실히 필요하다고 생각했다. 내가 재직하고 있는 대학도, 나에게 연구비를 주는 정부도, 아무도 원하지 않았으나 혼자 책임감을 느껴 2003년 가을부터 인문 사회 계열 학생들을 대상으로 '생명 과학이

란 무엇인가' 수업을 개설했다. 이 과목의 목표는 현재 최첨단 생명 과학의 핵심 내용을 가르치면서 동시에 그로 야기되는 철학적, 윤리적, 사회적인 문제에 대해서 학생들에게 질문을 던지도록 하는 것이었다. 역시나 문과 이과로 나누어 교육받고 배경 지식이 없는 학생들에게 과학을 가르치는 과정은 쉽지 않았다. 그러나 학생들은 생명 과학과 기술의 발전이 가져올 윤리적 사회적 문제점을 인식하는 순간 과학 자체의 내용에 대해 먼저 알아야 한다는 동기가 부여되어 나름으로 노력했다. 수업을 진행하면서 나는 학생들과 황우석 사건도 광우병 파동도 함께 겪고 토론했다. 열심히 들은 학생들과는 적어도 왜 생명 과학의 발달 내용을 일반인들이 알아야 하는가에 대해서만큼은 확실히 공감대를 형성할 수 있었다. 명민한 학생들은 생명 과학의 내용을 알아야 하는 이유를 금세 이해했다. 앞으로 자신들이 정책 입안자가 되었을 때 생명과 관련된 먹을거리, 연구 내용의 안전 문제, 보안 문제가 얼마나 중요하고 어떻게 접근해야 하는지, 투자 전문가가 되었을 때 어떤 생명 과학 기술에 투자해야 하는가를 어떻게 판단할 수 있을지, 언론인이 되었을 때 생명 과학 내용의 무엇을 어떻게 보도해야 하는지, 법의 집행자가 되었을 때 생명과 관련해서 어떤 기준으로 판단해야 하는지, 해답은 아직 모르지만 질문만은 안고 강의실 밖으로 나갔다. 질문이 가슴에 있으면 해답은 앞으로 살면서 얻어갈 수 있을 것이라 확신한다. 적어도 질문이 있는 사람은 관련된 지식을 얻는 데 무심할 수 없을 것이므로.

강의를 진행하면서 가장 많이 배운 사람은 바로 나였다. 전공 학생들에게 전문적인 용어와 내용만을 설명하면 되었던 나는 과학적 배경 지

식이 없는 학생들에게 어떻게 과학의 내용을 이해시킬 수 있을지 고민하는 과정에서 과학과 대중의 커뮤니케이션 방법을 배울 수 있었다. 다양한 배경의 학생과 토론하는 과정에서 내가 이전에 보지 못했던 생명 과학의 문제를 깨닫고 다른 관점으로 문제를 볼 수 있는 눈이 떠졌다. 가장 큰 소득은 생명 과학 중에서도 내 연구 분야의 전문적인 내용에 골몰해 있던 내가 그 밖으로 나오니 생명이 무엇이고 어떻게 유지되는가, 생명 논리의 큰 숲이 내 앞에 모습을 보이기 시작한 것이었다.

학생들에게 왜 생물학이나 생명 과학을 싫어하냐고 물어보면 대부분 암기해야 할 내용이 너무 많아서라고 대답한다. 물론 지구에 수많은 생명체가 있고 그들이 다 고유한 특징이 있으므로 알아야 할 지식이 많은 것은 사실이다. 또 생명체는 매우 정교해서 생명을 유지하기 위한 기전이 많고 서로 복잡한 네트워크를 이루고 있기에 공부하기가 쉽지는 않다. 숲을 알기 위해 서식하는 모든 종류의 나무를 알 필요는 없듯이 그런 세부적인 지식보다 먼저 모든 생명체를 관통하는 기본 논리가 있음을 이해하면 생명 과학이 훨씬 단순하고 재미있어진다. 비전문가에게 생명 과학의 전문 지식은 어려워도 생명을 설명하고 이해하려는 논리를 통해 보는 생명이 사는 세상은 더 단순하고 명료해질 수 있다. 특히 우리는 모두 생명체이고 우리가 모여 사는 사회도 계속 진화하는 생명체의 속성을 갖는 유기체이므로 생명 과학의 논리를 통한다면 세상의 이치도 더 쉽게 이해할 수 있을 것이다. 생명의 논리로 지구를 보면, 굳이 지구를 생물과 무생물이 상호 작용하면서 스스로 진화하고 변화해 나가는 하나의 생명체이자 유기체로 보는 가이아(Gaia) 이론을 들먹이지 않더라도 이 지구에

서 앞으로 생명이 계속 유지되기 위한 당위도 명확해진다.

살면서 개인적으로 학문으로 공부한 생명 과학이 실제 삶 속에서 커다란 위로가 될 수 있음을 깨닫게 되는 순간들이 있었다. 첫아이를 출산했을 때, 아이를 낳는다는 것은 참 두려운 일이었고 내가 드문 혈액형이었기에 특히 겁이 나는 순간이었다. 그런데 진통이 오는 순간 이것이 생명의 가장 중요한 자연적인 현상이라고 생각하고 받아들이자 이상하게 마음이 편안해졌다. 그 후로 살면서 여러 가지 어려운 일이 있을 때마다, 바른 판단을 내리기 어려울 때마다 생명 현상의 잣대로 세상을 보는 것이 큰 도움이 된다는 것을 알게 되었다.

이 책을 통해 여러분이 생명체의 논리인 큰 숲을 볼 수 있게 되기를 감히 기대해 본다. 이 책을 쓰기로 마음먹게 된 것은 그동안 비전공자인 학생들과 함께 '생명 과학이란 무엇인가'를 공부하면서 느꼈던 즐거움 때문이었다. 그 즐거움을 더 많은 사람과 나누고 싶었다. 또 강의 중 읽고 공부할 수 있는 마땅한 책이 없다는 학생들의 불만이 계속 마음에 걸렸다. 실제로 생명 과학의 내용을 쉽게 전달하는 책도 없었고 더욱이 과학과 윤리를 한꺼번에 이야기하는 적합한 교재는 없었다. 이 책이 그 두 마리 토끼를 잡는 시늉이라도 할 수 있다면 정말 감사하겠다. 그것이 과학이든 윤리나 사회의 문제이든 여러분 마음속에 생명 과학과 관련된 '질문'을 던질 수 있게 만든다면 성공이다.

책을 쓰면서 가장 고민되는 부분은 얼마만큼의 과학적 지식을 포함해야 하는가였다. 아무리 비전공자들에게라고 해도 생명 과학이 직면한 현실과 문제를 이해하려면 얼마간의 과학적 지식과 이에 대한 설명은

불가피하다. 그런데 과학적 설명이 너무 많아지다 보면 과학에 흥미가 없는 독자는 책을 덮고 말 것이므로 어디쯤까지 이야기해야 하는지 알기 어려웠고 또 그 줄타기가 위태하게 느껴졌다. 내 나름대로 노력은 했으나 여전히 과학적 지식을 재미있게 전달할 수 있는 글쓰기 재주가 나에게 부족한 것도 절실히 느꼈다. 완벽하지 않더라도 이러한 과학적 지식과 관련된 사회적 문제를 함께 다룬 책에 대한 필요성이 내 두려움과 부족함을 가릴 수 있기를 기대한다. 특히 책의 앞부분은 생명에 대한 기본 지식이 필요하기에 생명 현상에 대한 설명이 더 많을 수밖에 없으므로 뒤에서부터 읽거나 흥미가 당기는 주제부터 찾아 읽기 시작하는 것도 방법이 될 수 있을 것 같다.

끝으로 고마움을 전하고 싶은 분들이 있다. 가장 먼저 나와 '생명과학이란 무엇인가'를 함께 공부했던 학생들에게 감사한다. 내가 가르치는 것을 즐길 수 있게 해 준 호기심과 불안이 섞인 눈망울, 예민한 질문, 진지했던 토론, 세상에 대한 책임감과 고민이 담긴 쪽글이 있었기에 이 책을 쓸 수 있었다. 또 책을 쓰도록 나를 격려해 준 오랜 친구 김수영 교수님에게 많은 고마움을 전한다. 편집자로서 예리한 그의 조언과 또 친구로서 그의 독려가 없었다면 이 책은 세상에 나오지 못했을 것이다. 매 장 원고를 쓸 때마다 첫 독자로서 글을 읽으시고 일반 독자의 눈으로 글에 조언을 주신 아버지, 부족한 내 글을 늘 기쁘게 읽어 주시는 어머니에게도 깊이 감사드린다. 완성된 전체 원고를 세심하게 읽고 조언과 격려를 해 주신 내 산행 친구 박무영 교수님, 생명과 학문에 대한 열정으로 추천의 글을 써 주신 장대익 교수님, 김빛내리 교수님, 강금실 변호사님에게 특

별한 감사를 전한다. 감정의 기복이 있는 매일의 생활에서 나를 감당해 준 가족들과 실험실 대학원 제자들에게도.

아이들의 생각이 자라는 것을 보면서, 가끔 놀랍도록 명석한 질문을 던지는 학생들을 만나면서, 정말 생명이 생명을 낳는가 하는 의구심이 드는 순간들이 있다. 그러나 이런 의구심은 이 책의 범위 밖이며 독자의 상상력의 범주가 될 것이다. 이런 어려운 질문에 마주하게 되면 내가 증명할 수 있는 범위 내의 현상에 대한 논리만을 이야기하면 되는 자연과학자인 것이 다행스럽다.

차례

1장
생명이란 무엇인가?
생명의 본질

생명이 약동하는 봄이다. 토머스 스턴스 엘리엇(Thomas Stearns Eliot, 1888~1965년)의 긴 시 「황무지(The Waste Land)」 중에는 유명한 "4월은 잔인한 달"이라는 문구가 나온다. 생명이란 무엇인가를 이야기하기 전 먼저 함께 1장 「죽은 자의 매장」 중 앞 구절을 읽어 보자.

> 4월은 가장 잔인한 달
> 죽은 땅에서 라일락을 키워내고
> 추억과 욕정을 뒤섞고
> 잠든 뿌리를 봄비로 깨운다.
> 겨울은 오히려 따뜻했다.
> 잘 잊게 해 주는 눈으로 대지를 덮고

마른 구근으로 약간의 목숨을 대어 주었다.

4월은 왜 잔인한가? 죽어 가는 모든 유한한 존재에게 4월이 잔인한 이유는 4월이 봄비로 잠든 대지를 깨워 생명이 있는 것과 없는 것의 차이를 가장 극명하게 드러내 보이기 때문이 아닐까 싶다. 즉 생명이 있는 것들이 눈부시게 깨어나는 4월은 겨울에는 차이가 드러나지 않던 생명이 없는 죽은 것이 완전히 매장되는 시기인 것이다. 그렇다면 이 봄에 그 차이가 극명해지는 '생명'은 도대체 무엇인가?

생명이란 무엇인가?

우리 모두 생명을 가진 존재이지만 누가 "생명이 무엇입니까?"라고 물어오면 쉽게 대답할 수 있는 사람이 드물 것이다. 과학적으로도 '생명'을 설명하기는 쉽지 않다. 과학에서는 현상을 그 원인이나 전제, 도출된 결과를 가지고 설명하는 경우가 많은데, 생명은 어디서 어떤 조건으로 왔는지, 그리고 그 결론으로 도달되는 죽음 모두가 우리가 경험할 수 없는 부분이기 때문이다. 그래서 우리는 생명을 설명하기 위해 '생명' 대신 '생명현상'을 나타내는 구조물인 '생명체'의 특징에 대해 이야기한다.

지구에 존재하는 생명이 없는 물체는 모두 동일한 화학적 성질을 유지하면서 더 나뉠 수 없는 원소들로 이루어져 있다. 생명체도 생명이 없는 물체와 마찬가지로 화학적으로는 모두 원소로 이루어져 있다. 생명체는 대표적으로 탄소, 수소, 산소, 질소, 인, 황, 철, 그리고 비타민으로 섭취하는 미네랄인 마그네슘, 아연 등의 원소로 이루어진다. 생명체를 구성하는 이 원소 가운데 인, 황, 철 등 무거운 원소는 지구가 속한 태양계 나이의 별에서는 만들어질 수 없는 원소라고 한다. 따라서 이런 원소는 다른 별들의 탄생과 죽음의 과정에서 만들어지고 흩어져 우리 별까지 온 원소이고 이런 이유로 천문학자들은 생명체를 별먼지라고 부르기도 한다. 그러나 생명이 없는 물체, 가구나 옷 등도 생명체를 이루는 원소와 유사한 원소로 이루어진 것들이 많다. 이렇게 화학적으로는 생명체와 단순한 물체가 유사한 원소로 만들어졌다면 생명체는 생명이 없는 물체와 다른 어떤 특징을 갖고 있기에 생명체로 불리는 것인가 의문이 생긴다. 이제 그 의문에 대해 하나씩 생각해 보자.

생명체는 자극에 반응한다. 생명체는 외부 환경에서 에너지를 받아들여 호흡하면서 자신을 유지한다. 생명체는 계속 성장, 변화한다. 생명체는 자신과 동일한 개체를 재생산하는 생식을 한다. 이런 여러 가지 생명체의 특징에 더해 과학적인 용어를 사용해 이야기해 보자면, 생명체는 우주의 무질서함(entropy)이 계속 증가한다는 물리학의 열역학 제2법칙에 반해 외부 에너지를 이용해 무질서도가 더 적은 상태의 형태가 있는 개체를 만들고 이를 유지한다. 좀 더 곰곰이 생각해 보면 어떤 경우 이들이 정말 생명체만의 특징은 아닌 것을 알 수 있다.

먼저, 생명체는 "자극에 반응"한다는 특징을 생각해 볼 때 자극에 대해 반응하는 것이 생명체만이 아니다. 반응을 유도하는 자극이 다를 뿐 휴대 전화도 컴퓨터도 모두 자극에 반응한다. 두 번째로 생명체의 특징으로 이야기했던 "생명체는 외부 환경에서 에너지를 받아들여 호흡하면서 자신을 유지"한다는 점을 살펴보자. 생명체만 그러한가? 매일 타고 다니는 자동차도 우리가 밥이라는 에너지를 소모하듯이 석유라는 에너지를 소비하고 산소로 호흡하는 우리처럼 산소로 석유를 태우는 연소로 에너지를 소비하며 자신의 기능을 유지한다. 세 번째로 언급했던 "생명체는 계속 성장, 변화한다."에 대해 생각해 보자. 생명체는 계속 성장하고 변화하는 것이 맞지만 이 경우에도 성장하고 변화한다고 해서 생명체라고는 할 수 없는 경우들을 쉽게 찾아볼 수 있다. 주위의 기기나 사물도 모두 시간에 따라 낡고 노화하고 변화한다. 이번에는 생명체는 "자신과 동일한 개체를 재생산하는 생식"을 한다는 특징을 살펴보자. 사실 자기와 유사한 개체를 만들어 낼 수 있는 재생산, 혹은 생식 능력은 틀림없이 생명체가 갖고 있는 가장 고유한 특징이다. 그러나 이에 대해서도 예외를 찾아보는 것이 어렵지 않다. 예를 들어 당나귀와 말의 잡종인 노새는 생식 능력이 없다. 인간뿐 아니라 모든 생명체에게 치명적인 질병을 일으킬 수 있는 바이러스의 경우 보통 때는 물질과 동일하게 아무런 생명체의 특징을 보여 주지 못하지만 일단 생명체의 특징을 모두 충족시키는 세포 속으로 침투하면 갑자기 빠른 속도로 자기 자신을 복제해 증식한다. 즉 바이러스는 그 자체는 생명체가 아니지만 생명체 안에서만 생명체의 특징을 갖는 재미있는 현상을 보여 준다. 생명체는 "우주의 무질서함은 계속 증가한다는 물리학의 열역학 제2법칙에 반해 외부 에너지를 이용해 무질서도가 더 적은 상태의 개체를 만들고 이를 유지"한다는 생명체에 대한 좀 더 학술적인 정의에 대해서는 생명체뿐 아니라 인간이 만들어

낸 정교한 모든 형태의 기기나 물건이 모두 에너지를 이용해 열역학 법칙을 위반해 만들어졌고 유지되고 있음을 볼 수 있다.

지금까지 생각해 본 생명체의 특징과 이에 반하는 예들은 무엇을 의미하는가? 생명체와 생명체가 아닌 무생물을 구별할 수 있는 단 하나의 정의는 존재하지 않는다는 것이다. 즉 '살아 있는 것'은 모두 포함하고 '살아 있지 않은 것'은 모두 배제할 수 있는 한 문장으로서의 생명체의 특징을 찾고자 한다면 불가능하다. 그래도 일반적으로 한 세대에서 다음 세대로 자신을 만들기 위한 정보를 전달해 스스로를 재생산할 수 있는 개체를 생명체라고 이야기한다. 그러나 바이러스처럼 생명체와 무생물의 중간에 존재하는 두 다른 개념의 개체를 연결하는 중간체가 존재한다. 식물의 씨앗처럼 그 자체가 생명이라고 할 수는 없으나 생명의 가능성을 모두 갖고 있는 경우도 있다.

또한 반세기 동안 급속도로 진행된 생명 과학의 발전은 생명체와 무생물의 경계에 대해 더 많은 의문점을 제시하고 있다. 1984년 인간 정자와 난자를 시험관에서 수정한 후 착상시킬 때까지 무한정 섭씨 −196도의 액체 질소 내에 보관하는 기술이 성공했다. 그렇다면 이렇게 무한정 보관할 수 있는 대리모에 착상되기만 하면 인간이 될 수 있는 모든 능력을 지닌 냉동된 수정란은 생명인가, 무한정 물건처럼 방치 보관되고 있기에 생명이 아닌가? 이같이 현대 과학과 기술의 발전은 생명체와 무생물 사이의 경계를 계속 더 애매 모호하게 만들며 전통적인 생명체의 정의에 대해 여러 가지 도전적인 질문을 던지고 있다.

이번에는 생명체는 성장 및 변화한다는 특징을 좀 더 구체적으로 살펴보자. 모든 생명체는 태어나서 삶을 시작하는 순간부터 계속 변화한다. 자연 과학에서 변화는 두 종류가 있다. 한 종류의 변화는 가역 반응, 즉 변화된 다른 상태가 다시 원상태로 돌아갈 수 있어서 변화에 의한 두 다른 상태가 서로 왔다 갔다 할 수 있는, 돌이킬 수 있는 변화다. 물이 얼음이 되고 다시 녹아 물이 되는 것과 같은 변화다. 또 다른 형태의 변화는 한번 변화가 일어나면 이전의 단계로 돌아갈 수 없는 비가역 반응이다. 생명을 얻어 생명체가 되는 순간부터 모든 생명체가 경험하는 변화는 연속적으로 일어나며 모두 비가역적이다. 생명체는 점차 노화와 죽음을 향해 이행해 간다. 그리고 이 모든 연속 과정은 돌이킬 수 없다. 이러한 변화 가운데서도 생명체는 계속 외부에서 섭취한 영양분으로부터 산소를 이용한 호흡을 통해 에너지를 얻는다. 그리고 이 에너지를 이용해 외부의 환경 변화에 반응하면서 무질서도가 낮은 특정 모양의 개체를 유지하고 성장하며 생명 현상을 수행한다. 그러나 생명이 없어진 순간 개체는 더 이상 외부의 에너지를 이용할 수 없기에 에너지를 소모하면서 유지되는 낮은 무질서도를 갖는 기존의 형태를 유지하지 못한다. 생명이 사라지면 생명체는 더 이상 에너지의 공급이 없으므로 형태를 유지할 수 없고 결국 탄소, 질소, 산소, 수소 등 원래의 구성 원소들로 분해되고 생명이 없는 우주의 일부로 회귀한다.

그렇다면 '생명'이 있다가 없어지는, 혹은 없다가 있게 되는 변화의 경계는 어디인가 하는 질문이 생긴다. 이 답도 간단치 않다. 이전에 인간의 경우 삶과 죽음의 경계는 심장 박동이었다. 요즘은 뇌사라고 한다. 그러나 삶과 죽음에 대한 지금의 판단 기준은 계속 유효할까? 현재 급속하게 발달하고 있는 인간의 뇌를 컴퓨터에 연결해 주변기기를 작동시킬 수 있는 뇌-기계 접속 장치가 지금보다 더 발달해 일방적으로 뇌 신호에 의해 컴퓨터가 작동하는 대신 컴퓨터에 뇌 정보가 모두 저장될 수 있게 되고 이 정보로 로봇이 계속 작동하는 미래가 오면 현재의 기준으로는 죽음이 없게 된다. 그렇다면 정말 뇌-기계 접속 장치로 죽음 없이 영원히 생명을 누리게 되는 것인가? 마찬가지로 언제부터 생명인가도 동일하게 어려운 질문이다. 생명이 없다가 있다고 말할 수 있는 경계는 어디인가? 이 문제는 오랫동안 임신 중절 관련 이슈였고 최근 성체의 세포로부터 역분화를 통해 줄기 세포를 만들어 내는 유도 만능 줄기 세포가 가능해지기 전까지는 배아 줄기 세포를 이용하는 윤리적 판단 기준을 정하기 위해 많은 논의가 진행되기도 했다. 그러나 아직 통일된 의견은 없다.

이러한 생명의 경계에 대한 논의에 대해 생각해 보면 이분법적으로 생명체와 무생물, 생명과 죽음 등을 나누는 것에 익숙해 있다는 것을 깨닫게 된다. 실제로 생명체와 무생물에 확실한 경계를 정하기 어렵다는 것, 생명체와 무생물의 판단 기준인 삶과 죽음의 경계도 때로는 명확하지 않다는 사실에 직면한다. 생명체인 나무에는 살아 있는 부분과 죽은 부분이 한 개체 안에 공존하고 있다. 비로소 생명체, 무생물, 삶, 죽음 등의 정의를 내릴 때, 간단히 하나의 개념을 일반화해 모든 상황이나 동물, 식물, 미생물 등 생명체에 일괄 적용할 수 없다는 것을 깨닫게 되는 것이다. 과학과 기술이 발달할수록 생명이란 무엇인가란 질문에 대해 답을 내리기 점점 더 어렵고 복잡해지고 있다.

인간이란 무엇인가?

인간이 되고 싶어 하는 로봇이 있었다. 이름은 앤드루. 가정용 잡일을 하는 용도로 만들어졌던 앤드루는 입력 프로그램 에러로 인해 생각하고 창조적인 일을 할 수 있는 능력을 얻는다. 말하자면 잘못 만들어진 불량품이다. 판매된 가정에서 살던 앤드루는 창조적인 능력으로 목공품을 만들어 팔아 경제적으로 자립할 수 있게 되고 사랑의 감정을 알게 된다. 사랑 때문에 인간이 되고 싶어진 앤드루는 자신의 경제력으로 점차로 자신의 부품들을 교체하며 자신을 인간의 모습으로 바꾸어 나가고 포샤라는 여인과 결혼한다. 물론 로봇이니 생식 능력은 없다. 그러나 인간과 똑같이 생활하며 자신을 인간으로 인정해 달라고 법에 요청한다. 법은 그가 불멸, 즉 죽음을 경험할 수 없다는 이유로 인간으로 인정하길 거부한다. 앤드루는 그의 뇌를 점차로 망가뜨리는 장치를 통해 늙고 죽어 갈 수 있게 된다. 그리고 200년을 살게 된 날 늙어 죽어 가고 있는 사랑하는 여인과 함께 스스로 죽음을 선택한다. 반어적으로 죽음과 동시에 그는 법적으로 인간임을 인정받는다. 1999년 아이작 아시모프(Isaac Asimov, 1920~1992년)의 동일한 제목의 소설을 기초로 만들어졌던 크리스 조지프 콜럼버스(Christopher Joseph Columbus, 1958년~) 감독의 영화, '200년을 산 사람'을 뜻하는 「바이센테니얼 맨(Bicentennial Man)」 이야기다.

생명이 없는 로봇이 생명체임을 인정받고 인간이 되어 가는 과정을 보면서 생명이 무엇이고 인간이 무엇인지 생각해 볼 기회를 얻게 된다. 결국 무엇이 인간을 생명체로 정의할 수 있게 하는지, 어떻게 인간이 인간일 수 있는지를 묻고 있다. 생명체인 인간이 가장 피하고 싶어 하는 노화와 죽음이 결국 로봇을 인간으로 인정받게 하는 핵심에 있다는 것을 깨닫게 된다. 인간의 유한성, 불완전성이 인간이 생명체라는 것에 대한 증거이며 인간을 인간이게 하는 것이다. 그런데 재미있게도 이 영화의 결론에 반해, 생명 과학과 기술의 발전은 인간을 점점 더 인간이 아닌 존재로 혹은 생명체가 아닌 무생물, 즉 로봇에 가깝게 변화시켜 가고 있는 것 같다. 인류는 성형 수술과 보톡스 등 의학 기술의 발달을 이용해 젊음을 유지하며 장기를 타인의 장기나 기기로 교체하면서 생명을 연장하고 있다. 더 오래 살고 젊음을 유지하고자 하는 인간의 욕망이 자본주의 사회에서 계속 과학과 기술 발전의 동력이 되는 것이 현실이다. 또한 반대로 인간의 편리를 위해 로봇은 점점 더 인간과 가까운, 즉 기능과 형태에서 생명체와 가까워지는 방향으로 변화하고 있다. 이미 인간의 모양을 한 로봇 휴머노이드가 만들어져 여러 용도로 사용되고 있다. 일본에서는 로봇 휴머노이드가 고급 음식점에서 포도주를 골라 주는 소믈리에로도 활동한다. 입맛에 의존하는 인간 소믈리에보다 화학 성분을 분석해 가장 적합한 포도주를 일관성 있게 고를 수 있으므로 소믈리에 능력이 더 탁월하다고 한다. 이러한 추세로 인간과 로봇이 서로를 닮고자 마주 보면서 계속 변화할 때, 쉽게 그 둘이 합쳐지는 접점에 도달될 수 있겠다는 상상을 하게 된다.

이와 같은 과학과 기술의 발달은 모더니즘의 이분법적 사고를 거부하고 다양한 개체의 존엄성과 다원화된 사회를 받아들이는 포스트 모더니즘적 시각과 부합한다. 과학의 발달로 앞으로 더욱 인간과 로봇, 생물과 무생물을 구분 짓는 기준은 점점 더 복잡해지고, 결국에는 그 차이를 구분하기가 어려워지는 지경까지 논의가 이루어지리라.

이 책을 읽어가면서 여러 번 마주치게 되겠지만, 생명 과학과 바이오 테크놀로지의 발달은 계속 우리에게 생명체가 무엇인지, 생명체인 인간은 누구인지 등에 관한 근본적인 질문을 던지고 있다. 현재 과학 기술의 발달 속도가 이러한 질문에 대한 해답을 찾고 합의를 도출해 가는 사회적 과정보다 훨씬 더 빠른 까닭에 우리는 답을 찾아가는 혼란스러운 단계에 있다. 그러나 혼란스럽더라도 생명체로서 정체성을 찾아가는 것이기에 그 해답을 찾는 과정을 포기할 수는 없을 것 같다. 김지하 시인의 시 「생명」처럼 결국 생명에게는 생명만이 희망이 될 수 있으므로.

생명
한 줄기 희망이다
캄캄 벼랑에 걸린 이 목숨
한 줄기 희망이다

돌이킬 수도
밀어붙일 수도 없는 이 자리

노랗게 쓰러져버릴 수도
뿌리쳐 솟구칠 수도 없는
이 마지막 자리

어미가

새끼를 껴안고 울고 있다

생명의 슬픔

한 줄기 희망이다.

2장
생명은 어떻게 시작되었나?

생명의 기원[1,2,3]

고등학교 수학 여행 이후 거의 30년 만에 경주 천마총에 간 적이 있다. 천마총에서 출토된 유물 가운데 가장 눈길을 끈 것은 달걀이었다. 원래 무덤에서 발견된 달걀은 국립 경주 박물관에 옮겨져 있고 천마총에 전시된 달걀은 모조품이라고 하는데 달걀은 무덤에 넣기 위해 이에 알맞게 만들어진 종지 모양 토기에 담겨 있었다. 그 옛날, 신라인들은 왜 무덤 속에 달걀을 넣었을까? 나는 달걀을 보면서 인간의 시작을 알고 싶어 했던 신라인의 마음을 읽는 것 같았다. 알에서 나온 인간에서 우리가 유래했다는 박혁거세 등 대부분의 시조(始祖) 신화들도 같은 맥락인 것으로 생각된다. 과학이 없던 그 시절, 생명이 태어나는 알을 신성시하던 조상들도 인간의 시작을 알고 싶어 했던 것 같다. 그렇다면 인간 이전, 알 이전, 지구에 생명체는 언제 어디서부터 어떻게 시작된 것일까?

태초에는? 천천히 더듬어 뒤로
좁은 트랙을 따라,
세상의 창백한 원시의 사막까지,
수렁, 진흙, 점액까지,
그리고 그다음은 뭐지? 확실히 뭔가 더 작은 것.
더 뒤로, 뒤로, 무(無)까지!

영국의 시인 앨프리드 노예스(Alfred Noyes, 1880~1958년)는 1912년 「생명의 기원(The Origin Of Life)」에서 생명이 결국 아무것도 없는 무(無)에서 시작되었음을 이야기하고 있다. 정말 이 지구에서 생명은 아무것도 없는 것에서 만들어진 것인가? 그 후 지난 100년간 생명 과학은 엄청나게 발달했지만 우리는 아직도 이 질문에 대한 명확한 답을 알지 못한다. 그래서 우리는 계속 답을 찾아왔고 지금도 찾는 중이다.

그리스 시대에서 18세기까지 인류는 생명이 없는 물질에서 생명체가 자연적으로 만들어진다고 믿었다. 과학의 시조인 아리스토텔레스(Aristotles, 기원전 384~322년)도 식물에 맺힌 이슬에서 진딧물이 나오고, 쌓아 놓은 건초더미에서 쥐가 만들어진다는 식으로 생명의 기원을 설명했다.◆4 즉 어떤 환경이 만들어지면 이에 적합한 생명체가 발생한다는 논리였다. 그 후 1665년 로버트 훅(Robert Hooke, 1635~1703년)이 현미경을 발명하고 1676년 미생물의 존재가 알려지면서 생명체가 자연적으로 발생할 수 있다는 사실에 의문이 생기기 시작했다. 결정적으로 생명체가 자연적으로 발생하지 않는다는 것을 증명한 사람은 19세기 중엽 미생물학의 아버지로 불리는 프랑스의 과학자 루이 파스퇴르(Louis Pasteur, 1822~1895년)다. 그는 목 부분을 길게 늘인 S자 모양의 유리그릇을 이용해 그릇 안의 고깃국물이 어떻게 변하는지 관찰했다. 생물의 자연 발생설에 따르면 환경이 주어졌으니 고깃국물 안에서 세균이 저절로 발생해 곧 상해야 하는데 S자 모양 유리그릇 속 고깃국물은 보통의 유리그릇과 달리 상하지 않고 계속 맑게 유지되었다. 음식이 상하는 것, 즉 세균이 번식하는 것이 세균이 자연적으로 발생된 결과가 아니라 공기 중에 있는 세균의 오염으로 인한 것임을 보인 것이다.◆5

파스퇴르의 실험은 생명이 자연적으로 발생하지 않는다는 것을 처음으로 검증했으나 그 결과로 더 큰 의문을 발생시켰다. 생명이 자연적으로 발생하지 않았다면 도대체 최초의 생명은 어떻게 만들어졌는가, 즉 생명의 기원에 대한 질문이다. 생명이 환경에 의해 저절로 생겼다는 자연 발생설에 반해 모든 생명체는 반드시 이미 존재하던 생명체에서 나온다는 바이오제네시스(biogenesis) 이론이 제시되었다. (생물속생설(生物續生說)이라고도 한다.) 그러나 이 설명도 최초의 생명체는 어떻게 생겼으며 어떻게 이렇게 다양한 생물들이 존재하는가에 대한 답을 주지 못했다.

생명은 어디서 왔는가?

과학은 지구의 나이를 약 45억 년으로 추정한다. 현재까지 발견된 지구에서 가장 오래된 생명체의 화석은 38억 년쯤 전 바다에 살았다고 추정

그림 2 **자연 발생설이 틀렸음을 증명한 파스퇴르의 실험.**

되는 간단한 생명체이다. 그러므로 생명체는 45억 년 전과 38억 년 전 사이에 발생한 것으로 예측할 수 있다. 과학자들은 생명의 기원을 밝히기 위해 이 기간에 지구에서 어떤 일이 일어났는지를 여러 각도로 연구하고 있다.

내가 역사에서 가장 통찰력이 뛰어났던 생물학자라고 생각하는 찰스 로버트 다윈(Charles Robert Darwin, 1809~1882년)은 1871년 절친한 친구이자 뛰어난 지리 식물학자였던 조지프 후커(Joseph Hooker, 1817~1911년)에게 보낸 편지에서 생명의 기원에 대해 다음과 같은 제안을 한다. "사람들은 이전 첫 번째 생명체가 만들어졌을 때의 조건이 그때 그대로 지금도 존재한다고 생각하지. 그러나 만약에, 정말 만약에, 어떤 따뜻한 작은 연못, 모든 종류의 암모니아와 인산염, 빛, 열, 전기적 자극 등이 존재했던 연못이 있어, 어떤 단백질이 화학적으로 만들어지고 이것이 좀 더 복잡한 변화를 수행할 수 있었다면 어떻게 되었을까? 오늘에 그런 물질이 만들어졌다면 물론 다른 생물에게 금방 포식당하거나 흡수되었겠지. 그러나 아무 생명체가 창조되기 전이었던 그때에는 이런 변화가 가능하지 않았을까?"◆6

1920년대 중반 러시아의 생화학자 알렉산드르 이바노비치 오파린(Alexander Ivanovich Oparin, 1894~1980년)은 지구에 생명의 자연적 발생이 한 번 있었고, 산소가 없던 원시 대기 상태에서 태양 에너지를 이용해 한 번 만들어진 유기물이 계속 다른 유기물과 합해져 스스로 분열할 수 있는 능력을 갖춘 복합체를 형성하게 됨으로서 가능했을 것이라고 제안했다.◆7 또한 비슷한 시기 스코틀랜드의 생리학자 존 버든 샌더슨 홀데인

(John Burdon Sanderson Haldane, 1892~1964년)은 원시 지구의 해양은 탄소와 수소를 비롯한 많은 유기물 분자들이 풍부하게 존재했던 '따뜻한 수프'와 같던 상태였고 오랜 세월이 지나는 동안 유기물 분자들이 서로 결합해 큰 복합체를 형성했을 것이라 예측했다.[◆8] 이 큰 유기 복합체 중 일부가 막으로 둘러싸여 외부 환경과 구분되기 시작했고, 그중 스스로 분열할 수 있는 능력의 생명체가 생성되었을 것이라는 것이다.

다윈으로부터 시작되어 오파린과 홀데인에게 계승된, 생명체가 원시 지구에서 수프 상태로 다량 존재하던 유기물로부터 유래했다는 생명의 기원에 대한 가설은 1950년대 초 시카고 대학교 박사 과정 학생이던 스탠리 밀러(Stanley Miller, 1930~2007년)에 의해 증명되었다. 밀러는 해럴드 유리(Harold Urey, 1893~1981년) 교수의 지도로 원시 지구에 생명 탄생을 위해 일어났던 화학 반응을 재현하려 했다. 원시 지구의 대기는 많은 산소를 포함하는 현재와는 달리 산소가 거의 없고 수소가 많은 환원성 대기였다고 가정하고 플라스크에 인공적인 원시 지구 대기의 성분으로 추정되는 물, 수소, 메테인(메탄) 기체, 암모니아 등을 넣고 열을 가해 계속 순환시키면서 지구의 번개에 해당하는 전기 방전 자극을 주었다. 놀랍게도 일주일 후 이 시스템에서 만들어진 탄소 화합물의 10~15퍼센트가 생명체를 구성하고 생명체의 기능을 수행하는 중요한 성분인 단백질을 만들 수 있는 기본 단위인 다양한 아미노산을 포함하고 있었다.[◆9] 원시 지구의 조건이 무기물로부터 다양한 유기물이 만들어지기 좋은 조건이었음을 밝힌 것이다. 그 이후 당시에 있었을 것으로 추정되는 다양한 지각 변동 및 화산 활동에서 발생했을 가능성이 큰 이산화탄소, 질소, 황

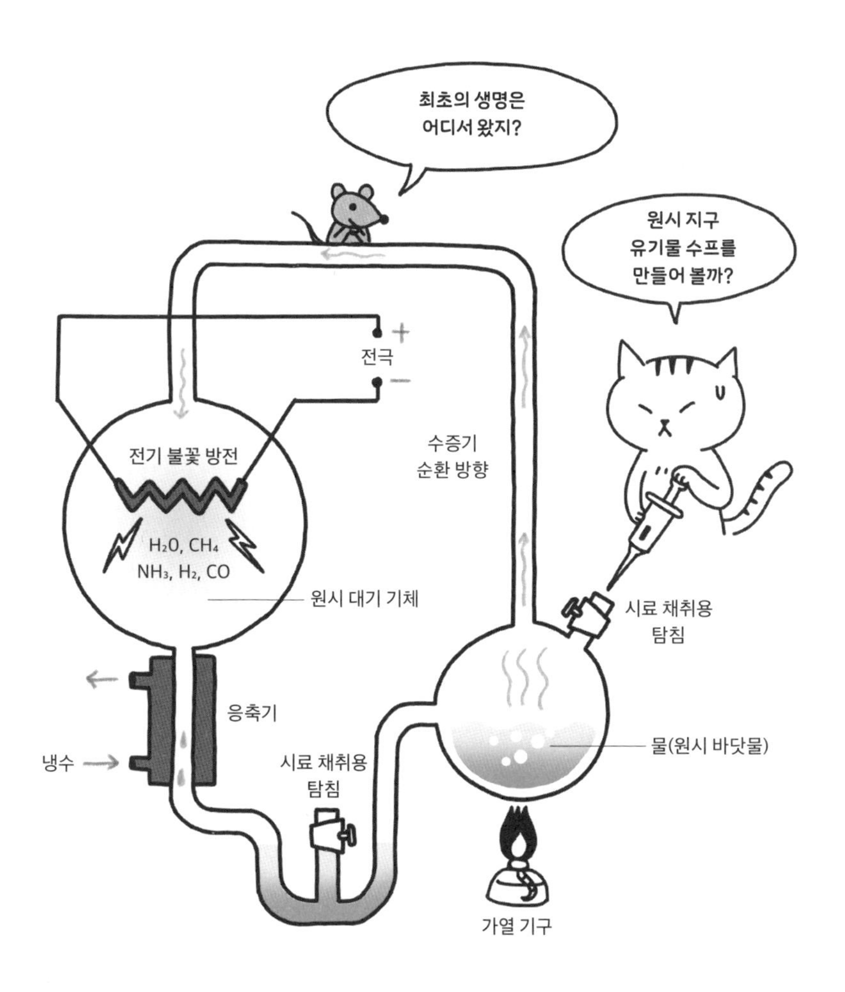

그림 3 **밀러의 원시 지구 생체 물질 생성 재현 실험.**

화수소 등을 포함해 밀러의 실험과 유사한 실험을 진행했을 때 더 다양한 유기물들이 만들어질 수 있음을 관찰했다. 1961년에는 밀러-유리의 실험보다 더 간단한 장치를 이용해 원시 지구 대기의 성분으로부터 생명체의 유전 정보인 DNA와 RNA의 구성 성분인 염기 아데닌이 만들어질 수 있음도 확인되었다.◆10

이러한 결과는 원시 지구의 조건에서 무기물로부터 많은 유기물이 만들어져 생명체가 만들어질 수 있는 환경이 조성되었을 가능성에 대한 증거를 제시한다. 그러나 여러 과학자의 노력에도 불구하고 여전히 복잡한 유기물로 가득 차 있던 원시 지구의 해양에서 어떻게 갑자기 생명체가 만들어지는 커다란 점프가 있었는가는 여전히 설명하기 어렵다. 최근에는 세포 내 단백질 상 분리(protein liquid-liquid phase separation) 현상에 대한 연구가 생명의 기원에 대한 단서를 제공할 수 있지 않을까 기대를 모으고 있다. 2015년 이후 생명 과학계의 중요한 화두가 된 생체 내 단백질 상 분리는 생명체 내에서 물에 녹은 상태로 존재하는 많은 단백질이 (때로 핵산과 함께) 물리적 특성을 바꾸며 자발적으로 서로 뭉쳐 특정 기능을 수행할 수 있는 구조물을 만드는 현상이다. 이미 이런 현상을 통해 만들어진 단백질(때로는 핵산) 복합체가 세포 내에서 유전(gene) 인자의 발현, 스트레스에 대한 반응 등 생명체의 기능을 유지하기 위한 다양한 생리 현상을 조절하는 것이 밝혀지고 있다. 과학자들은 이런 현상을 통해 원시 지구에 수프 상태로 다량 존재하던 유기물들이 서로 모여 생명 현상과 관련된 기능을 수행하기 시작하면서 생명 창조가 가능해졌을 것이라 예측하고 있다. 그러나 아직 실제로 이런 유기물들의 조합으로부터 원시적인 형태로라도 생명의 기본 단위인 세포를 만들어 낼 수는 없었다.

다양한 유기물에서 갑자기 생명체가 만들어질 수 있는 확률은 수학적으로는 불가능할 정도로 작고 설명하기가 어렵기에 어떤 과학자들은 생명이 우주로부터 왔다고 주장한다. 미생물이나 포자 형태의 생물이 운석, 심지어 외계인에 의해 지구로 전달되었을 것이라고 설명하기도 한다.◆11 2010년 세계적인 물리학자 스티븐 윌리엄 호킹(Stephen William Hawking, 1942~2018년)은 디스커버리 채널 다큐멘터리에서 "외계 생명체가 존재하는 것이 확실"하다고 주장했다. 우주가 너무 광활하고 우주에는 1000억 개 이상의 은하계가 존재하며 은하계마다 수억 개의 행성이 존재하므로 헤아릴 수 없을 정도로 많은 행성 가운데 오직 지구에만 생명체가 탄생했을 것이라고는 믿기 어렵다는 것이다. 만약 생명체가 우주로부터 왔다고 해도 여전히 우주에서는 어떻게 생명체가 처음 만들어졌는지의 질문이 남는다.

결국 생명의 정체와 기원을 알고 싶어 하는 인간의 호기심과 이를 설명해 보려는 다양한 모든 과학적 노력에도 불구하고 우리는 어떻게 생명체가 지구에서 처음 생겨났는지에 대해 아직 알지 못하고 있다.

생명의 다양성

2023년 발표된 가장 최근의 과학적 예측에 따르면 지구에는 870만~1억 종의 생물이 살고 있다고 추정된다. 이 생물 가운데 과학자들이 실제로 발견해 이름을 붙인 수는 170만 종에 불과하고 육지 생물 86퍼센트와 해양 생물 91퍼센트 이상은 아직 발견하고 확인하지 못한 상태이다.[◆12] 또한 이미 잘 알려진 것처럼 45억 년 지구의 역사를 하루로 환산하면 지구에 생물이 처음 출현한 것은 새벽 3~4시경, 여러 개의 세포로 이루어진 다세포생물이 출현한 것은 저녁 6시 30분경, 동물이 출현한 것은 저녁 7시경, 동물이 육지로 상륙한 것은 밤 9시경, 원시 인간이 출현한 것은 겨우 밤 11시 59분 40초다.[◆13] 그간 지구의 역사 속에서 공룡들을 비롯해 얼마나 많은 종의 생물이 출현했다가 사라져 갔을까? 지구에 처음 어떻게 생명이 시작되었는지도 설명하기 어렵지만 어떻게 지구에 이렇게 많은 다양한 생물이 존재했고 또 새로 생겨나 존재하고 있는지 생각하면 신비롭기만 하다.

생물뿐 아니라 모든 자연의 물체는 정해진 형태와 개념이 있다는 고대 그리스 아리스토텔레스의 설명으로부터 중세의 기독교적 세계관을 거치는 오랜 시간 동안 인류는 생물이 변화하지 않는다고 생각해 왔다. 그러나 18세기 산업 혁명 이후 광물 채굴과 광산 개발 과정에서 빠르게 발달한 지질학을 통해 멸종된 많은 고생물의 화석을 발견하게 되었고, 처음으로 학계에 생물 종이 변한다는 진화 개념이 싹트기 시작했다. 처음 생명체의 진화에 대해 체계적인 설명을 시도한 것은 프랑스의 학자 장바티스트 라마르크(Jean-Baptiste Lamarck, 1744~1829년)였다. 1809년 발표한 종의 변환 이론(transmutation theory)에서 그는 단순한 형태의 생물에서 더 복잡성을 갖는 여러 계통의 생물이 만들어질 수 있으며, 보통 우리가 용불용설이라고 알고 있듯 생물이 살아 있는 동안 환경에 적응하고

자 획득한 형질이 다음 세대에 유전되어 진화가 일어난다고 보았다.[14]

1858년 다윈은 앨프리드 러셀 윌리스(Alfred Russel Wallace, 1823~1913년)와 함께 자연 선택을 통한 진화 이론을 발표했고, 1859년 『종의 기원: 자연 선택에 의한 종의 기원, 즉 생존 경쟁에서 유리한 종족의 존속(*On the Origin of Species, On the Origin of Species by Means of Natural Selection, the Preservation of Favoured Races in the Struggle for Life*)』을 출간해 생물 진화의 사실을 제시하고, 자연 선택설을 수립했다. 다윈은 22세부터 5년간 비글 호를 타고 남아메리카와 남태평양 지역을 항해하면서 지질과 동식물의 모양에 대해 관찰했고 특히 서로 왕래가 어려운 갈라파고스 제도의 각기 다른 섬에서 거북과 핀치새가 섬의 환경에 적합하도록 서로 다르게 변화된 것을 발견했다. 이런 발견을 기초로 다윈은 자연 선택(natural selelction)에 바탕을 둔 진화론을 제창했다. "자연은 살아남을 수 있는 숫자보다 훨씬 많은 자손을 생산하고, 개체 간에는 다른 성질(변이)이 존재해 환경에 대한 적합성에 따른 생존과 번식의 차이를 보이고, 이 변이들은 유전되어 결국 환경에 더 유리한 변이를 갖는 종이 번성하도록 선택된다."는 것이다.[15]

그러나 1859년 다윈이 『종의 기원』을 썼을 때는 어떻게 어버이의 특징이 자손에게로 전해지는가의 유전 현상에 대한 이해가 전혀 없던 시절이므로, 어떻게 개체들 간에 변이가 존재하고 다음 세대로 전해지는가에 대해 설명할 수 없었다. 사실 1865년 그레고어 멘델(Gregor Mendel, 1822~1884년)이 완두콩을 이용한 실험으로 어떻게 생물의 특정 형질이 다음 세대로 전해지는가에 대한 유전 법칙을 논문으로 처음 발표했는데,

수학을 매우 싫어했던 다윈은 이 논문을 책갈피에 끼워 놓고 읽지 않았다고 한다. 만약 다윈이 이 논문을 읽었다면 훨씬 더 체계적으로 자연 선택설을 설명할 수 있었을 것이고, 발표 후 거의 40년 이상 사장되었던 멘델의 유전 법칙도 좀 더 빨리 세상에 알려졌을지도 모른다.

나중에 다윈은 "자연 선택" 대신 토머스 로버트 맬서스(Thomas Robert Malthus, 1766~1834년)의 『인구론(*An Essay on the Principle of Population*)』 등에서 따온 "생존 경쟁", "적자 생존" 용어를 빌려 쓰기도 했는데, 이 때문에 그의 의도와 상관없이 그의 진화론이 사회 진화론과 연결되면서 잘못 이해되기도 한다. 그러나 다윈의 진화론에는 방향성이나 종의 우열 개념이 전혀 없으며 단지 우연히 생긴 적합한 변이가 자연에 의해 반복 선택되면서 다른 종들이 생겨났다는 것이다. 그래서 만약 지구의 역사가 되풀이된다면 확률적으로 현재의 인간 종이 다시 만들어질 가능성은 거의 없다.

다윈의 위대한 점은 인간이 특별한 생명체가 아니고 지구의 모든 생명체가 공유한 논리인 진화에 의해 지구에 출현한 여러 생물 종 중 하나에 지나지 않는다는, 인간에 대한 보편적 인식 전환의 틀을 제공했다는 것이다. 그 후 다윈의 자연 선택을 통한 진화 이론은 많은 실험과 사례에 의해 과학적으로 입증되어 생물학의 한 분야로 인정되었다. 미국 유수 대학교의 생명 과학 분야 대학원 과정에는 진화 생물학 전공이 반드시 있다.

자연 선택에 대한 재미있는 과학적 사례의 하나로 공업화로 인한 암화 현상이 있다. 1850년 산업 혁명으로 영국에서는 산업화가 진행되면서 유럽의 회색가지나방 수에 영향을 주었다. 회색가지나방 종류는 회색과 흰색이 있는데, 공업화의 진행으로 도시나 공업 지역에서는 주위 환경이 어두워짐에 따라 눈에 잘 띄는 흰색 나방보다는 회색 나방이 살아남을 가능성이 커진 것이다. 반대로 시골 지역에서는 흰색 나방의 생존율이 더 높았다.◆16

다윈의 진화론은 20세기에 들어오면서 유전학과 접목되었고 돌연변이설을 받아들여, 돌연변이의 축적 및 교잡과 격리로 생긴 유전자 변이가 자연 선택을 통해 진화의 가능성을 준다고 설명하고 있다. 또한 진화가 자연 선택뿐 아니라 유전체에 얼마나 많은 변이가 일어났는가, 유동적인 인구 중 특정 유전자형이 얼마나 존재하는가 등의 영향을 받음을 검증했다.◆17

20세기 후반 이후 급격히 발달한 분자 유전학은 다양한 생명체가 한 조상으로부터 진화되어 왔다는 사실을 입증했다. 인간이 확인한 지구에 존재하는 그 많은 다양한 종의 생물이 모두 DNA라는 동일한 물질을 유전 정보로 사용해 만들어지고, 동일한 방법으로 유전 정보로부터 단백질을 만들어 생명을 유지하며, 동일한 방법으로 자기 복제를 수행하고 있다는 것을 밝힌 것이다. 모든 종이 한 조상의 생명체로부터 변화되어 진화되어 오지 않았다면 설명하기 어려운 사실이다. 하나의 세포로 이루어진 단세포인 효모부터 인간까지 다양한 생물이 많은 유전 정보를 공유하며, 인간과 침팬지는 유전 정보가 98퍼센트 동일함이 밝혀졌다. 단순히 유전 정보뿐 아니라 모든 생명체가 동일한 논리로 생명을 유지한다. 특히 개체의 발생 과정에서는 다른 종이지만 유사한 기관(예를 들어 새의 날개와 포유류의 팔과 다리)을 만들기 위해 동일한 세트의 유전자가 사용됨도 제시했다. 이 분야는 현재 진화학 중 가장 활발한 연구가 집중되고 있는 이보디보(Evo-devo), 즉 진화 발생 생물학(evolutionary developmental biology)이다. 종마다 관찰되는 조직과 기관의 눈에 보이는 차이는 조직과 기관이 만들어지는 발생 과정의 차이에서 유래할 수 있으므로, 어떻게 다른 종의 발생 과정에서 동일한 유전자 세트가 다르게 조절되어 다른 기관과 개체를 만들 수 있는가를 연구하는 것이다. 이런 연구를 통해 진화 과정에서 각기 다른 종 형성 과정의 비밀을 캐는 연구가 진행 중이다.

다윈의 진화론은 세계를 인간 중심으로 이해하던 기존 틀을 깨고 인간을 생물의 한 종으로 인식할 수 있도록 하는 사고 체계의 전환을 요구했다. 또 이러한 새로운 사고의 틀은 그때까지 오랜 세월 받아들여졌던 기독교적 전통에 반하는 내용이었기에 진화론이 발표되자 영국 사회는 큰 혼란에 휩싸이게 되었다. 자연 과학의 문제가 사회와 종교의 문제로 비화하게 된 것은 예견된 일이기도 했다. 종의 진화 여부, 자연 선택이 과연 진화의 요인인가, 신의 설계에 관한 문제 등 심각한 질문들로부터 인간이 유인원의 후손인가 하는 지금 생각하면 좀 우스꽝스러운 문제까지 다양한 질문이 일시에 사회 전면에 대두되었다.

그리하여 1860년 옥스퍼드 대학교에서 다윈의 진화론과 기독교적 전통의 창조설을 지지하는 두 진영이 공개적으로 첨예하게 부딪친 유명한 옥스퍼드 논쟁이 있었다. '다윈의 불도그'라 불렸던 진화론의 지지자 토머스 헨리 헉슬리(Thomas Henry Huxley, 1825~1895년)와 영국 자연사 박물관 초대 관장이었고 다윈의 진화론을 반대하던 리처드 오언(Richard

Owen, 1804~1892년)의 후원을 받은 윌리엄 윌버포스(William Wilberforce, 1759~1833년) 주교 사이의 논쟁이었다. 논쟁 후반에 윌버포스가 진화론 지지 진영을 향해 "그대의 할아버지 쪽 선조가 원숭이냐, 할머니 쪽 선조가 원숭이냐?"라는 질문을 던졌고, 이에 대한 답으로 헉슬리는 "진실을 받아들이지 않는 부도덕한 인간을 할아버지라 하느니 차라리 정직한 원숭이를 할아버지라 하겠다."라고 답변하는 일화를 남기기도 했다.[◆18]

재미있는 것은 150여 년 전 영국에서 진행되었던 진화론과 기독교적 창조설의 논란이 21세기 한국 사회에서 그대로 재현된 적이 있다는 것이다. 그 단적인 예가 바로 2012년 여름 대한민국을 뜨겁게 했던 과학 교과서 시조새 논란이었다. 이 사건은 창조설을 주장하는 기독교 단체의 청원으로 교육 과학 기술부(교과부)가 청원 내용의 함의에 대한 진지한 고찰 없이 진화론 시조새 관련 내용을 삭제한 것에서 발단이 되었다. 이 사건이 저명한 세계적 과학 잡지 《네이처》에 한국 과학의 퇴보가 우려된다고 보도되자 과학계가 심하게 반발해 교과부가 "진화론을 가르치도록 규정한 현재의 교육 과정을 일방적으로 훼손해서는 안 된다."라고 발표하고 교과서 수정을 철회한 것이 그 내용이었다. 이 논란은 진화론이 분자 유전학을 비롯한 현대 생명 과학의 기본 패러다임을 제공하고 있다는 사실에 대한 교과부와 우리 사회의 무지를 세계에 드러낸 부끄러운 사건이었다. 1925년 미국에서도 진화론이 기독교의 교리에 위반된다며 테네시 주 등의 교사들이 진화론 가르치기를 거부해 유명한 원숭이 재판(Monkey Trial)까지 간 사건이 있었다.

생물학적 지식 발전이 빨랐던 서구도 진화론과 창조설의 대립을 겪었고 우리나라는 뒤늦게 그 과정에 있지만, 사실 내가 이해하기에는 진화론과 창조설은 다른 영역의 내용으로 동일선상에서 논의하고 대립할 이유가 없다. 진화론은 과학이고 창조설은 신화로서 신앙과 종교의 영역이기 때문이다. 과학의 내용이 항상 진리나 참인 것은 아니나 과학은 인간의 이성을 이용해서 보편성에 기초해 합리적으로 자연의 원리 규명을 추구하고 증명해 가는 사고 체계다. 따라서 어떤 결론이 과학적이려면 자연의 원리 규명을 추구해 가는 방법은 역사적으로 달라질 수 있지만 결론이 유도되는 과정이 합리적이어야 한다. 합리적이라는 것은 보편성에 기반을 두고 정상적인 이성을 가진 사람들을 이해시킬 수 있어야 한다는 뜻이다. 이런 의미에서 과학은 결론의 학문이 아니라 과정의 학문이라고도 할 수 있을 것이다.

반면 종교는 보편성을 가질 필요가 없고 개인의 감정이나 믿음에 기초하는 것으로 학문의 영역이라고 보기 어렵다. 물론 종교는 인간의 삶을 이해하고 풍요롭게 하는 데 꼭 필요한 중요한 영역이다. 단지 종교가 과학의 옷을 입을 필요가 없다고 생각한다. 우리는 역사적으로 종교가 맞지 않는 과학의 옷을 입고 과학적 사실을 인정하는 데 많은 시간과 노력을 허비한 경우를 보아 왔다. 그 대표적인 예가 지금은 유치원생들도 다 수긍하는 지구가 태양의 주위를 돈다는 지동설이다. 코페르니쿠스가 지동설을 제기한 것이 1530년경이었고 갈릴레오가 지동설을 지지한 것이 1632년이라고 알려졌지만, 바티칸이 공식적으로 지동설을 인정한 것은 1992년 요한 바오로 2세(Papa Giovanni Paolo II, 1920~2005년) 때였다. 오랜 기독교적 전통이었던 지구 중심의 우주관인 천동설을 폐하고 보편적인 과학인 태양 중심의 우주관인 지동설을 공식적으로 인정하기까지 거의 400년이 걸린 것이다. 1996년 요한 바오로 2세는 “진화론이 생물의 물질적 변화의 과정과 추이를 설명하는 데 있어서 과학적 타당성을 지니고 있다는 것을 인정”했지만 여전히 개신교 일부는 성경의 창조설을 주장하고 있다. 처음 진화론이 제기된 지 160년쯤 되었으니 앞으로 진화를 기독교가 인정하고도 종교로서의 기독교의 가치가 아무런 손상을 입지 않는다는 것을 이해하기까지 200년을 더 기다려야 하는가?

생물은 모두 제 성질대로 가는 길과 사는 길이 다르다고, 다 살아가는 방법이 다른 지구의 다양한 생명체처럼 과학과 종교가 제 성질대로 다 가는 길과 가야 할 길이 다른 것을 깨닫는 데 더 많은 시간과 지혜가 필요한 것일까? 채윤병 시인은 「생명」에서 이렇게 노래한다.

치악산 솟은 샘물 요리조리 흘러가고
바람은 제길 따라 어디든지 날아간다.
세상은
제 성질대로
가는 길이 다른 것을……

산토끼 다람쥐는 제 꾀대로 갉아먹고
음지의 곰팡이는 시궁창도 천하명당
저마다
제 생김대로 사는 길이 다른 것을……

3장
생명체는 무엇으로 만들어졌는가?

생명의 구성◆1, 2

"You are what you eat. (너는 바로 네가 먹은 것이다.)" 몇 년 전 영국의 한 방송국에서 제작된 식생활 관련 프로그램 제목이었지만, 사실은 아돌프 히틀러(Adolf Hitler, 1889~1945년)가 자주 하던 말이라고 한다. 유태인 학살의 주범이라는 이미지와는 어울리지 않게 히틀러는 채식주의자였다고 전해진다.

그러면 생명체인 우리는 무엇을 먹는가? 이렇게 이야기하면 좀 끔찍하게 느껴질 수도 있지만 채식이건, 육식이건, 잡식이건 모두 다른 생명체를 먹는다. 태양 에너지와 공기 중의 이산화탄소를 직접 이용해 유기물을 만들어 내는 광합성을 할 수 있는 식물과 몇몇 미생물을 제외하고 생명체는 모두 다른 생명체를 먹으면서 생명을 유지하고 있다. 그러므로 지구에 존재하는 모든 생명체의 궁극적인 생존은 태양과 광합성을 할 수 있는 생물에 의존하고 있다. 지구의 모든 에너지는 결국은 태양으로부터 온 것이고 광합성할 수 있는 생명체로부터 시작된 먹이 사슬을 통해 우리가 생명을 유지하는 것이다. 어렸을 때 역사를 처음 배우면서 원시인과 고대인들이 태양신을 숭배했다는 이야기를 듣고 좀 우스웠다. 그런데 그들이 이런 사실을 체계적으로 이해하고 한 행동이었는지는 모르겠으나 그 뒤에 과학을 배우면서 그들의 태양 경배의 지혜가 놀랍도록 경탄스러워졌다.

음식물인 다른 생명체를 섭취하면 이들을 구성하는 성분들은 소화 과정을 거치면서 잘게 쪼개지고 세포는 잘게 쪼개진 이들의 성분을 받아서 미토콘드리아에서 생명 유지에 필요한 에너지인 ATP를 재생하기 위해 사용하거나 아니면 다시 조립해 우리에게 필요한 세포의 구성 성분으로 만들어 사용한다. 그렇다면 생명체는 무엇으로 만들어져 있고 각각 생명을 유지하는 데 어떤 기능을 수행하고 있는 것일까?

물

모든 생명체에서 생명을 구성하는 가장 중요하고, 가장 큰 비중을 차지하는 보편적인 성분은 바로 물(H_2O)이다. 사람 몸에서 물은 무게로 66퍼센트를 차지하고 있고 대부분의 생명체도 약 70퍼센트가 물이다. 그래서 우주선이 다른 행성을 탐사할 때 생명체의 존재 여부를 찾기 위해 제일 먼저 물이 있는가를 조사한다. 세포 내에서 물은 소금 성분, 앞으로 공부하게 될 다양한 세포의 구성 성분, 미네랄 등을 모두 녹여 포함하고 있는 조금 덜 짠 바닷물과 매우 비슷한 상태이다. 그러므로 아주 간단하게 말하면 우리 몸은 걸어 다니는 바닷물 주머니라고 할 수도 있을 것이다.

보통 물을 생명의 용매(solvent of life)라고 한다. 생명 유지에 필요한 성분들과 영양분들, 염, 미네랄 등 모든 것이 물에 녹아야 세포 내외로 운반되고 이용될 수 있기 때문이다. 앞으로 공부하면서 알게 되겠지만, 세포를 구성하고 있는 다양한 성분들이 그 기능에 맞는 구조를 갖게 되는 것도 모두 물을 용매로 했기에 가능하다. 물은 소화 과정부터 시작해 보통 대사라고 부르는, 생명 유지를 위해 세포에서 일어나는 대부분의 생화학 반응에 반응물 또는 생성물로 참여하고 있다.

물은 무색, 무취, 무미의 액체지만 화학적으로는 산소 원자 1개에 수소 원자 2개가 결합해 이루어진 형태다. 산소가 전자를 더 잘 끌어당기고 수소는 잘 빼앗기는 성질이 있어 산소 쪽은 전기적으로 음성(−), 2개의 수소 쪽은 전기적으로 양성(+)으로 약간의 극성을 띠고 있다. 이런 극성 덕분에 극성을 가진 다양한 물질들이 물에 잘 녹을 수 있게 되고 물이 용매 역할을 잘 수행할 수 있다. 그러니 자신을 우습게 보지 말라는 "나를 물로 보지 마."라는 표현은 사실은 틀린 표현이다. 물은 생명에 가장 소중한 물질이니 이제는 자신을 중요한 존재로 알아 달라는 의미로 "나를 물로 보아 줘."가 올바른 표현이 될 것 같다.

생체는 고분자 화합물의 집합체

이제부터는 아주 친숙한 물 이외에 생명체를 구성하고 있는 다른 성분들에 대해 이야기하려고 한다. 여러분이 인정하건 인정하고 싶지 않건, 인간을 비롯한 모든 생물은 결국은 화학 물질 덩어리이다. 혹시 과학 지식, 특히 복잡한 화학식을 혐오해 알레르기 반응을 일으키더라도 생명을 설명하기 위해 화학에 대한 약간의 배경 지식을 비껴 갈 수는 없을 것 같다. 생명의 기본 단위인 살아 있는 세포 속에 몇 종류의 화합물이 있는지 정확히 알고 있는 사람은 없지만 약 10만 종의 화합물이 존재할 것으로 추정한다.

1장에서 생명을 구성하는 주 원소를 이야기하면서 생명이 탄소(C), 수소(H), 산소(O), 질소(N), 황(S), 인(P), 철(Fe) 등의 원소로 되어 있는 것을 공부했다. 생명을 구성하는 성분은 이 원소들로부터 만들어진 다양한 화합물이다. 천문학자들에 따르면 수소를 제외한 우리 몸을 구성하는 대부분의 원소는 지구가 속한 태양계 정도의 별에서는 만들어질 수 없는 큰 원소들이라고 한다. 즉 이 원소들은 별의 죽음으로부터 유래한 별의 먼지들이다. 따라서 원소의 측면에선 보면 우리는 모두 '별에서 온 그대'라고 할 수 있겠다.

2장에서 생명의 기원에 대해 살펴볼 때 생명의 기원을 원시 대기에 있던 화학 성분들로부터 유기물이 만들어진 것으로 추정한다고 했다. 그렇다면 왜 유기물이 만들어지는 것에서 생명의 기원을 찾을까? 모든 생명체는 유기물로 만들어져 있기 때문이다. 유기물은 생명을 구성하는 주

원소 중 탄소(C)를 기반으로 하는 모든 화합물을 말한다. 탄소를 기반으로 한 화학을 유기 화학이라고 하고 탄소를 근간으로 해서 만들어진 화합물을 모두 유기(화합)물이라고 한다.

생명체는 유기 화합물의 집합이라고도 말할 수 있겠다. 그럼 지구에 자연적으로 존재하는 98종의 원소 중 왜 탄소가 생명의 원소로 채택되었을까? 어렸을 때 여러 가지 모양의 블록을 연결해 다양한 모양을 만들 수 있는 장난감을 가지고 놀거나 보았을 것이다. 대개 이 블록은 다른 블록과 연결할 수 있는 연결 고리가 블록에 따라 많게는 6개부터 적게는 2개까지 다양했다. 이 장난감 블록과 유사하게 헬륨같이 아주 안정한 원소가 아닌 대부분의 원소들은 다른 원소와 결합할 수 있는 손을 적게는 1개부터 많게는 4개까지 갖고 있는데, 탄소는 결합할 수 있는 손이 4개로 가장 많으면서 크기는 작아, 보통 고분자라 부르는 아주 크기가 크고 다양한 생명을 이루는 화합물들을 만들기에 가장 적합하다. 대부분의 고분자 화합물은 중합체(polymer)다. 생체를 이루고 있는 고분자 화합물을 우리는 거대 분자(macromolecule)라고 하는데 이들은 대부분 작은 블록 같은 단위체가 여러 개 연결되어 이루어져 있다. 열차 차량을 여러 개 연결해 기차를 만드는 것과 유사한데, 일반적으로 기차보다 훨씬 많은 여러 단위체가 결합해 거대 분자를 만들고 있다.

탄수화물

생명체를 구성하는 유기 화합물 중 제일 먼저 요즘 다이어트하는 사람들이 식사에서 줄이고 싶어 하는 탄수화물에 대해 알아보자. 탄수화물(炭水化物, carbohydrate)은 탄소와 물이 결합한 것이라는 뜻이다. 화학식으로 써 보자면 C+H_2O, 즉 CH_2O인데, 만일 탄소가 2개이면 물 부분도 2개가 되고 탄소가 6개이면 물 부분도 6개가 되어 $C_6H_{12}O_6$가 된다. 탄수화물은 일반적으로 당(糖, sugar)이라고도 한다. 탄소가 6개면 육탄당으로 포도당, 5개는 앞으로 이야기할 핵산 내의 당 성분인 오탄당이다. 요즘 설탕 대신 사용하는 올리고당은 포도당을 몇 개 붙여 놓은 것이다. 또한 탄수화물은 모여서 서로 결합해 다양한 구조를 만들 수 있는데, 밥과 국수, 입고 있는 옷들도 모두 탄수화물로 이루어진 것이다.

탄수화물은 생명체를 구성하는 고분자 화합물 중에서도 가장 다양한 구조를 만들 수 있다. 어렸을 때 동물의 왕국을 보면서 체외 수정을 하는 어류나 양서류의 경우 물에 여러 동물이 함께 살고 또 모두 물에 알을 낳는데 어떻게 정확하게 자신과 같은 종의 알만 수정이 되게 할 수 있을까 궁금했다. 나중에 발생학을 공부하면서 체외 수정을 하는 어류, 양서류의 알 표면에 종마다 서로 약간씩 다른 다양한 탄수화물 표지가 부착되어서 자신과 정확하게 일치하는 종의 정자만을 난자와 결합하게 하는 정교한 생명의 비밀이 숨어 있는 것을 알게 되고는 놀라웠다. 필요할 때 탄수화물의 다양한 구조를 이용하는 생명체의 능력을 엿본 것 같았다. 또 세포 안에서 단백질을 이리저리 운반할 때도 단백질에 탄수화물 표지를 붙여 특정 위치로 운반하기 위한 표지로 사용한다. 탄수화물의 다양한 구조가 세포 내에서 택배의 바코드나 우편 번호로 이용된다고 생각하면 될 것 같다.

단백질

이번에는 복근을 만드는 데 관심 있는 사람이 꼭 알아야 하는 단백질에 대해 살펴보겠다. 단백질은 근육이나 몸을 구성하는 주성분이고 생명체에서 일어나는 생명 유지에 필요한 모든 생화학 반응을 매개하는 촉매 기능을 한다. 요즘 건강 식품으로 유행하고 있는 효소가 바로 생화학 반응을 가능하게 하는 촉매다. (건강 식품으로서의 효소에 대해 첨언하자면, 효소를 섭취해도 효소가 그대로 몸에서 촉매 기능을 하는 것이 아니라 그 단위체로 분해되므로 단백질이 풍부한 다른 식품을 섭취하는 것이나 효소를 먹는 것의 효과 차이는 없다.) 또한 단백질은 생명체의 특성인 자극에 대한 반응, 소통 등 생명 유지를 위한 거의 모든 기능을 수행하는 주체다. 물을 제외하고 이 장에서 공부하고 있는 단백질, 탄수화물, 지질, 핵산 등 생명체를 구성하고 있는 거대 물질들을 그들의 단순한 구성 성분인 단위체로부터 합성해 내는 것도 모두 단백질의 기능이다.

단백질은 아미노산이라고 하는 비교적 단순한 단위체가 한 줄로 연결되어 만들어진다. 음료로 시판되는 '아미노 업'을 마시는 사람들은 그 이름의 유래를 알고 있을까? 운동을 해서 근육을 만들고 싶을 때 근육의 단백질을 만드는 단위체인 아미노산이 들어 있는 음료를 마셔 아미노산을 공급해 주면 근육이 잘 생기므로 음료수를 마셔 체내 아미노산 성분을 올려 주라는 의미라고 보인다. 약간의 과학적 지식을 마케팅에 아주 잘 이용하고 있는 경우라 할까? 아미노산의 이름은 화학적으로 4개의 손을 가진 탄소의 한 손은 아미노기, 다른 한 손은 산의 특성을 가진 카르복실기가 붙어 있어 명명된 이름이다. 지구에 있는 모든 생물에서 단백질을 만드는 아미노산은 공통적으로 20종류다. 아미노산 20종을 무작위적으로 골라 계속 한 줄로 연결한 것이 단백질이다. 단백질을 만들 때 아미노산 단위체의 수를 아주 적게 붙이면 펩타이드라고도 불리는 작은 단백질이 되고, 아주 여러 개 붙이면 큰 단백질이 된다. 20종의 아미노산은 다른 부분은 모두 동일하므로 네 번째 손의 특성에 따라 물을 좋아하는 것, 물을 싫어하는 것, 작은 것, 큰 것 등으로 나뉜다.

좀비가 아니니 우리의 몸도, 몸을 구성하는 세포도 모두 3차원이므로 이를 구성하는 화학적 성분들도 모두 3차원 입체 구조를 갖는다. 특히 단백질이 생체의 모든 기능을 수행할 수 있는 것은 그것에 맞는 아주 다양한 입체 구조를 갖기 때문이다. "생긴 대로 운명이 결정된다. (Shape is your destiny.)" 내가 단백질을 설명할 때 가장 즐겨 사용하는 문장이다. 단백질은 그 3차원의 입체 구조가 기능을 결정하게 된다.

그렇다면 단백질은 어떻게 그 기능에 맞는 다양한 입체 구조를 갖게 될까? 세포질에 있는 단백질 생산 공장인 리보솜(ribosome)에서 아미노산 단위체들이 한 줄로 연결되어 단백질이 만들어질 때, 이 단위체들이 선로에 늘어선 기차처럼 한 줄로 가만히 서 있지 않고 서로 엉기고 꼬여 특정 구조를 만들게 된다. 그 이유는 단백질이 처한 환경 때문이다. 그 환경은 바로 물이다. 앞에서 물을 이야기하면서 물이 생명체의 용매이고 약간의 극성을 갖고 있다고 설명했다. 단백질을 구성하는 20종의 아미노산에는 중심 탄소의 네 번째 손의 성질에 따라 극성인 물을 좋아하는 것도 있고 싫어하는 것도 있고 크기가 작아 쉽게 꼬이는 것도 있고 커서 잘 안 꼬이는 것도 있다. 끼리끼리 모인다는 유유상종이 여기서도 적용된다. 단백질을 만들기 위해 연결된 아미노산이 가장 안정한 상태로 물에 존재하기 위해서 물을 싫어하는 부분은 싫어하는 부분끼리 모여 안쪽에 숨어서 물과 덜 마주치려고 하고 물을 좋아하는 부분은 겉으로 나와 물과 더 만나고 싶어 한다. 이런 이유로 단백질은 어떤 아미노산이 어떤 순서로 연결되었는가에 따라 특정한 구조를 갖고 구조에 따라 기능을 수행할 수 있게 된다. 그렇기 때문에 잘못해 중간에 연결된 아미노산 하나가 다른 아미노산으로 바뀌거나 아미노산 순서가 달라지면 그 단백질은 입체 구조가 바뀌어 제대로 기능을 수행하지 못한다. 이렇게 기능을 수행하지 못하는 단백질이 생명 유지에 중요한 단백질인 경우 치명적인 영향을 끼친다. 일반적으로 이야기하는 유전병의 원인이 된다. 몸 안에서 유전 정보를 따라 만들어진 각각의 단백질은 그 구성 아미노산의 조성과 순서에 따라 몸의 대부분을 차지하는 물에서 존재하기에 가장 안정한 구조로 자발적으로 꼬이거나 접혀 개개인의 얼굴만큼이나 다양한 생김새의 입체 구조(3차 구조)를 만든다. 단백질은 이렇게 만들어진 입체 구조, 즉 생김새에 따라 그에 적합한 생리적 기능을 수행해 생명을 유지하고 있다.

계속 강조하는 것처럼 생명체에서 생명의 주요 기능을 거의 단백질이 수행하므로 의약품은 대부분 단백질에 결합해 그 기능을 조절하는 화합물이다. 단백질의 기능은 각 단백질이 갖는 생김새에 좌우되므로 신약 대부분은 특정 단백질에 결합해 그 생김새(입체 구조)를 약간 변형시켜 기능을 항진시키거나 기능을 억제하는 물질들이다. 예를 들어 비싼 약값 때문에 의료 보험 급여 중지 문제로 이슈가 된 적이 있는 항암제 글리벡(Gleevec)은 세포의 성장을 촉진하는 신호 전달에 중요한 기능을 수행하는 단백질인 티로신 키네이스(tyrosine kinase)의 기능을 억제한다. 비아그라(Viagra)는 혈관 수축을 유도하는 PDE5(phosphodiesterase type 5)라는 단백질을 억제해 혈관이 이완된 상태로 오래 있을 수 있게 한다.

약들이 작용하는 원리를 이해하면 왜 때로 부작용을 일으키는가도 쉽게 이해할 수 있다. 얼굴이 모두 다르게 생겼어도 닮은 사람이 있듯이 단백질도 모두 다른 생김새이지만 비슷한 경우도 있어 원래 개발된 약이 원래의 표적 단백질뿐 아니라 닮은 다른 단백질에도 영향을 끼칠 수 있다. 또한 하나의 단백질이 몸에서 여러 가지 기능을 하는 경우도 있는데 이런 경우 표적 단백질의 한 가지 기능을 조절하기 위해 약을 먹으면 이 단백질이 수행하는 다른 기능에 원치 않는 영향을 미칠 수도 있다. 때로는 운 좋게 이런 경우가 신약 개발에 더 효율적으로 작용해 A라는 용도로 개발된 약이 B의 증상에 더 효율적인 예도 있다. 실제로 비아그라의 경우 처음에는 고혈압과 심장병 치료제로 개발되었으나 이런 증상의 치료에는 별로 효과적이지 않은 대신 발기 부전에 매우 효과적인 것으로 판명되었다.

원하는 방향으로 단백질의 기능을 조절하기 위한 약을 설계하기 위해서는 그 단백질이 기능을 수행하는 데 필수적인 입체 구조를 먼저 알아야 한다. 그래서 신약 개발을 목표로 하는 제약 회사들은 생명 유지에 중요한 기능을 하는 다양한 단백질의 입체 구조 결정에 많은 관심을 갖고 있다. 단백질의 입체 구조를 알아야 그 생김새를 변화시켜 기능 변화를 유도할 수 있는 적합한 화합물인 신약을 설계하거나 찾아낼 수 있기 때문이다. 그러나 아직 우리의 과학적 지식은 단백질을 만드는 단위체 아미노산이 배열된 순서로부터 그 입체 구조를 예측하는 데 미치지 못하고 있다.

최근에는 인공 지능(artificial intelligent, AI)을 이용해 기존 구조가 알려진 단백질들의 아미노산 순서와 구조를 학습시켜 아미노산 순서로부터 구조를 예측하는 플랫폼이 계속 개발되고 있다. 2021년 구글의 계열사인 딥 마인드(DeepMind)가 개발한 알파폴드(AlphaFold)가 그 예이다. 그러나 잘 알려진 것처럼 AI는 기존 데이터를 기반으로 하기 때문에 지금까지 많은 구조가 규명된 물에 잘 녹고 작은 단백질에 대한 구조는 상대적으로 정확하게 예측할 수 있으나 축적된 구조가 많지 않은 막 단백질이나 물에 잘 녹지 않고 응집되는 단백질 등에 대한 구조는 거의 예측하지 못하고 있다. 그래서 지금도 많은 생화학자들이 단백질 3차 구조를 규명하는 연구와 단백질 구조를 예측할 수 있는 지식 축적에 매달리고 있다.

핵산

그렇다면 아미노산은 어떤 정보를 따라 순차적으로 배열되어 특정 기능의 단백질을 만드는 것인가 의문이 들 것이다. 그 정보를 제공하는 것이 바로 핵산이다. 지구의 모든 생명체는 단 두 종류의 핵산, 즉 DNA와 RNA를 갖는다. 지구의 모든 생명체는 DNA를 생명의 정보로 이용한다. (진화에 대한 하나의 증거가 될 수 있는 사실이다.) 1장에서 바이러스는 생명체가 아니지만 생명체 안에서는 자기 복제를 할 수 있는 생명체의 특징을 갖는다고 했다. 바이러스는 DNA를 정보로 사용하는 것도 있고 RNA를 정보로 사용하는 것도 있다. 우리가 경험한 코로나19 바이러스의 정보는 RNA였다.

핵산, 특히 DNA는 단백질에 비하면 열 등 외부의 자극에 화학적으로 아주 안정한 물질이고 이런 이유로 진화 과정에서 DNA가 생명체의 유전 정보로 채택된 것으로 생각된다. DNA가 생명의 정보라는 이야기는 바로 DNA가 생명의 모든 기능을 수행하는 단백질에 대한 정보를 제공한다는 의미다. 또 이 정보는 각 생명체가 만들어지기 위해 처음 수정되면서 모두 부모로부터 받은 것이기에, 부모로부터 내려온 유전 정보다.

요즘은 DNA라는 말이 보통 명사가 되어 '잘못되면 조상 탓'이란 말 대신 '잘못되면 DNA 때문'이란 말이 더 자주 사용되고 어린 초등학생들도 대부분 무슨 의미인지 알고 있다. 내가 핵산이라는 단어를 처음 접한 것은 초등학교 5학년 때 텔레비전 광고로 나온 핵산 조미료를 통해서였다. 지금까지 그것을 기억하는 이유는 핵산이라는 말이 아무리 들어도 무슨 뜻인지 알 수가 없는 새로운 단어였기에 의문을 품었기 때문이다. 핵산이 DNA인 것을 처음 배운 것은 고등학교 1학년 생물 시간이었다. 그때 DNA의 구조와 DNA가 유전 물질이라고 배우면서 나는 조미료에 들어 있어 맛을 낸다는 핵산이 곧 우리의 유전 인자와 동일한 화학 물질인 것을 알고 무척 실망했다. 인간도 다른 생명체도 모두 화학 물질의 집합체인 것은 더 나중에 이해하게 된 내용이었고, 인간의 숭고함과 정신의 우위를 주장하던 예민한 10대 소녀였던 그때의 나에게 인간을 형성하는 모든 정보가 조미료의 맛을 내는 성분과 동일한 화학 물질이라는 것은 받아들이고 싶지 않은 사실이었다. 그러나 앞에서 언급한 것처럼 인간이 먹는 것이 다른 생명체니 그 맛도 생명체를 구성하는 성분에서 나오는 것은 너무나 당연한 결과다. 핵산이 생명의 구성 성분 중 하나니 맛을 내는 조미료의 성분이 될 수 있다는 것도 지금 생각하면 지극히 당연하다.

DNA는 언뜻 복잡하게 보이는 화학명 deoxyribonucleic acid의 약어다. nucleic acid는 핵산이라고 번역되는데 세포의 핵에 들어 있는 산이라는 뜻이다. 진핵세포로 이루어진 생명체의 유전 정보는 세포 내의 핵 안에 위치하므로 이렇게 명명된 것 같다. 그러나 핵이 없는 세균 등 원핵세포의 유전 정보도 핵산인 DNA다. 단백질이 아미노산이라는 단위체가 연결되어 이루어진 중합체인 것처럼, DNA도 다양한 길이의 고분자 중합체다. DNA를 이루는 단위체는 뉴클레오타이드(nucleotide)로서, 탄소가 5개인 당(리보스, ribose)과 인산, 염기로 되어 있다. DNA의 당은 없다는 의미의 접두사(de)+산소(oxy), 즉 원래 리보스에서 산소 원자 하나가 빠진 형태(deoxyribose)다. 단백질 단위체인 아미노산은 종류가 20가

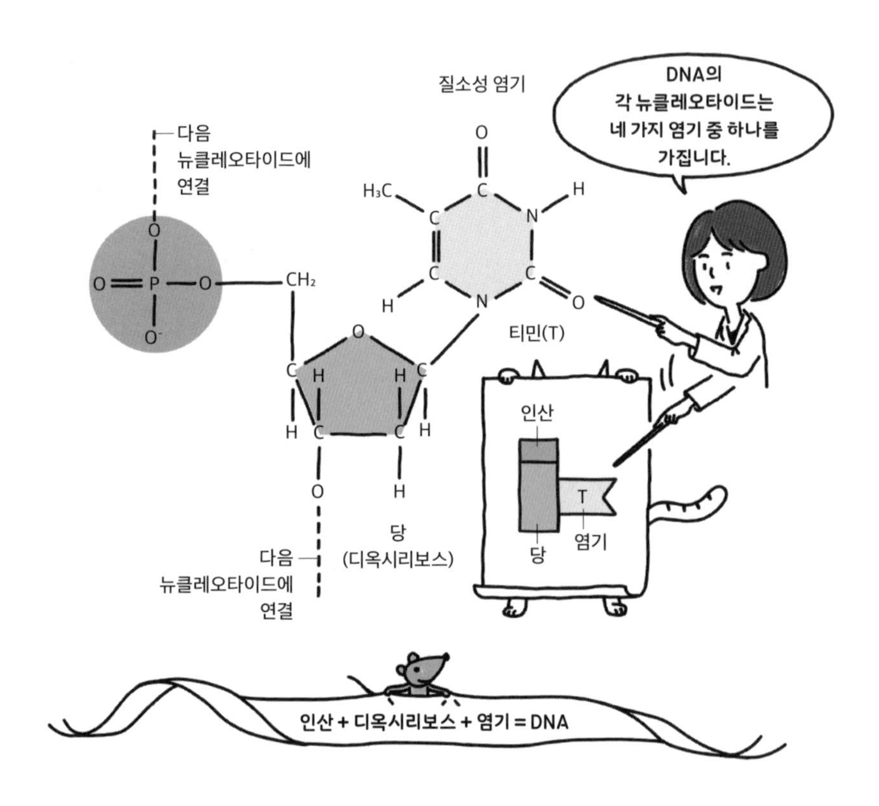

그림 4 DNA의 화학적 구성 성분.

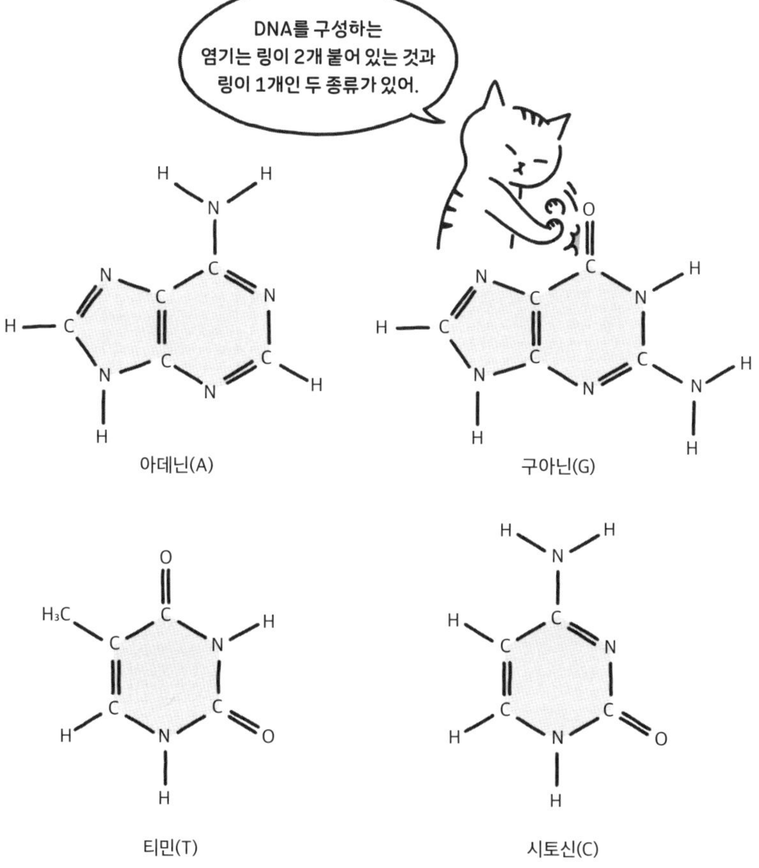

DNA를 구성하는
염기는 링이 2개 붙어 있는 것과
링이 1개인 두 종류가 있어.

아데닌(A)

구아닌(G)

티민(T)

시토신(C)

그림 5 DNA 뉴클레오타이드를 구성하는 네 종류의 염기.

지인 반면 DNA의 단위체 뉴클레오타이드는 오직 네 종류가 있다. 네 종류의 뉴클레오타이드는 당과 인산 부분은 모두 같고 단지 염기 부분만 다른데, A(아데닌), T(티민), G(구아닌), C(시토신)의 네 가지 염기가 존재한다. 각기 다른 염기인 A, T, G, C를 갖는 뉴클레오타이드가 무작위로 배열된 것이 DNA이다. 따라서 DNA에서 구성 뉴클레오타이드의 다른 부분은 같으므로 유일하게 다른 A, T, G, C의 염기 배열이 코드로 기능을 해 단백질에 대한 정보를 제공한다.

DNA를 이해했으면 RNA 이름의 유래는 훨씬 더 이해하기 쉽다. DNA와 RNA는 구성 단위체가 거의 유사하다. RNA(ribonucleic acid)는 구성 단위체인 뉴클레오타이드의 당 부분이 탄소 5개의 리보스라는 것이다. 또 RNA의 뉴클레오타이드도 네 종류의 다른 염기로 구성된 네 종류가 있으며 그중 세 가지 A(아데닌), G(구아닌), C(시토신)는 DNA와 같고 T(티민) 대신 U(우라실)을 갖고 있다. DNA와 RNA가 세포 내에서 어떤 형태로 존재하는지, 어떻게 DNA가 유전 정보로 이용되고 RNA는 DNA 정보를 이용하는 데 어떤 기능을 하는지는 5장에서 다시 자세히 살펴볼 것이다.

지질

이제 세포의 구성 성분 중 마지막으로, 요즘 공공의 적이 된 지질(혹은 지방)에 대해 살펴보자. 지질은 보통 생명체 내에서 에너지원으로 사용되고 몸에 흡수된 영양분이 쓰이고 남으면 지방 형태로 저장되는 것으로 제일

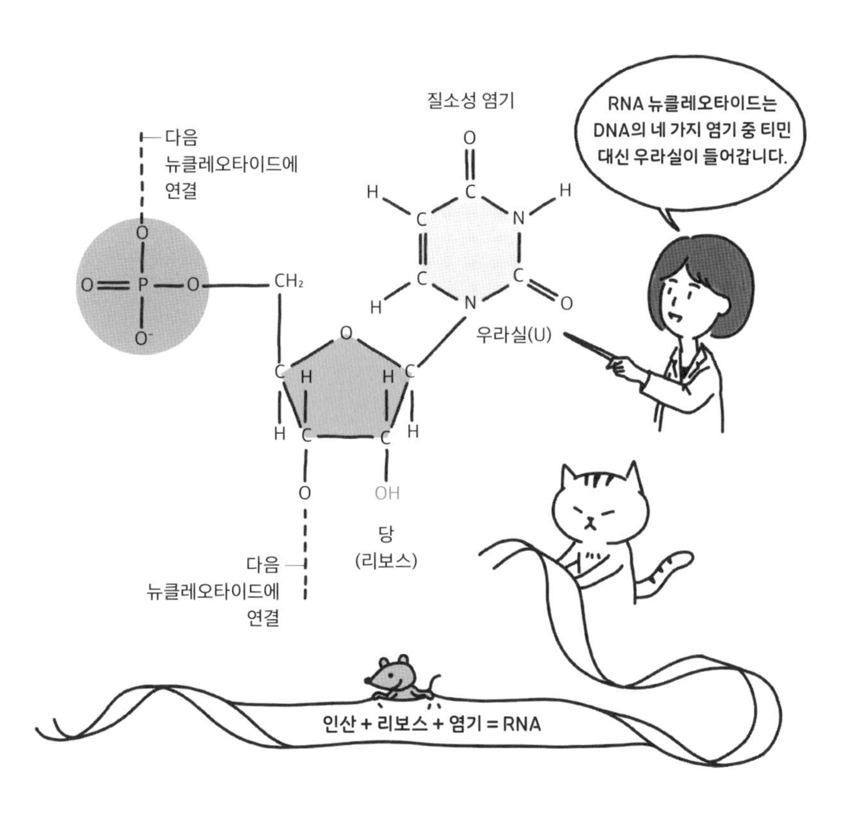

그림 6 RNA의 화학적 구성 성분.

잘 알려졌지만, 사실은 세포를 구성하는 매우 중요한 구성 성분이다. 지방이 세포의 내부와 외부를 구별하는 세포막의 성분이기 때문이다. 세포 내부와 외부뿐 아니라 유전 정보를 세포 내부의 핵 안에 갖는 진핵세포의 모든 소기관을 구별 짓는, 즉 세포 내에 방을 만드는 성분이다. (4장에서 다시 자세히 이야기할 것이다.) 또 다양한 호르몬의 원료이기도 하다. 지방이 없어지면 모든 세포는 와해되고 말 것이므로 보기 싫다고 함부로 지방을 마구 제거해 버려서는 안 된다. 지방은 화학적으로는 일종의 알코올인 글리세롤에 지방산이 결합한 형태인데 일반적으로 지방산은 물을 싫어하는, 즉 극성이 없는 탄소와 수소로 이루어진 긴 꼬리를 갖고 있다.

모든 지구 생명체에서 세포의 막을 구성하는 지질은 일반적으로 물을 싫어하는 두 줄의 긴 지방산 꼬리와 물을 좋아하는 머리를 갖고 있다. 이렇게 한 화합물에서 한쪽은 극성을 갖고 있어 마찬가지로 극성을 갖는 물을 좋아하고 다른 한쪽은 전혀 극성이 없어 물을 싫어하고 기름을 좋아할 때 이런 물질을 양쪽성(amphoteric)이라고 한다. '누이 좋고 매부 좋은' 것처럼 물도 좋고 기름도 좋다는 것이다. 주위에 있는 대표적인 양쪽성 물질이 바로 비누다. 비누는 양쪽성 덕분에 한쪽은 물에 잘 안 녹는 때와 친하고 다른 쪽은 물과 친해 때를 제거할 수 있게 해 준다. 어찌 보면 세포막은 비눗방울을 불었을 때 생긴 비누 막과 매우 유사하다.

그렇다면 왜 양쪽성을 갖는 지방이 특별히 세포막을 비롯한 생명체 내 모든 막의 성분으로 채택된 것일까? 단백질처럼 이번에도 그 해답은 환경과 구조에서 찾아야 한다. 거듭 강조하지만 생명체의 환경은 기본적으로 물이다. 생명체가 처음 바다에서 태어났다고 하지 않는가? 극성을 띠는 물이라는 환경에 물을 싫어하는 긴 꼬리와 물을 좋아하는 머리를 갖는 화합물들이 많이 존재한다면 어떻게 될까? 물을 싫어하는 긴 꼬리 부분은 서로 맞대고 옆으로 나란히 붙어 물과 접촉을 최소화하려고 할 것이고, 물을 좋아하는 머리는 물 쪽으로 나오려고 할 것이다. 이렇게 해서 이중의 막이 저절로 생성된다. 이 중간에 물을 싫어하는 넓은 부분이 있으므로 보통 물에 녹아서 운반되는 여러 가지 물질이 함부로 이 물을 싫어하는 부분을 통과할 수 없어 외부와의 담으로서의 구실을 잘할 수 있게 된다. 그래서 마치 담으로 물건이나 사람이 드나들 수 없고 오직 문을 통해서만 물건이 집으로 들어올 수 있는 것처럼 실제로 세포막도 물질들이 마구 통과하지 못하는 담의 역할을 한다. 그리고 세포막 중간에 문에 해당하는 물질 수송을 위한 통로의 역할을 하는 다양한 단백질들이 박혀 있다.

그렇게 지질로 된 세포막의 존재로 밖에서 세포 내부로 물질 통과가 잘 안 되기 때문에 사실 약을 먹어도 실제로 세포 내로 흡수되는 비율은 매우 낮다. 그래서 인위적으로 약을 세포막과 유사한 리포솜(liposome)이라 불리는 아주 작은 비눗방울 같은 구조로 싸서 투약해 약의 흡수율을 높이기도 한다. 코로나19 대유행에서 처음 사용된 RNA 백신에서도 이 기술이 사용되었다. 이렇게 물질의 통과가 어려운 세포막을 통과해 세포 내로 다양한 물질을 운반할 수 있게 하는 지방 성분을 기반으로 한 입자와 그것을 이용한 방법을 통칭해 LNP(lipid nano-particle, 지질 나노 입자)라고 한다. 가까운 미래에 유전체 내 유전자를 교정할 수 있는 유전자 가위와, DNA, RNA 등이 다양한 질병에 대한 치료법으로 개발될 것이고 이들을 세포 내로 효율적으로 전달하기 위한 LNP 기술의 중요성은 더욱 증가할 것으로 예상된다.

요즘 이런 세포막과 리포솜에 대한 지식은 화장품 회사가 잘 이용하고 있는 것 같다. 실제로 화장품 안에 얼마나 많은 리포솜이 들어갔는지 모르겠으나, 광고 카피에 쓰인 '리포솜 테크놀로지'는 피부 세포의 기능을 증가시키는 화장품 성분을 리포솜에 싸서 피부 세포 내부로 잘 전달하게 했다는 뜻이다. 역시 단순한 과학적 지식을 마케팅에 잘 이용하고 있는 경우다.

불포화 지방이나 포화 지방에 대해 들어 본 적이 있을 것이다. 그리고 불포화 지방이 포화 지방보다 건강에 좋다는 이야기도. 완전히 다 차 있다는 의미에서 알 수 있듯이 포화 지방은 지방을 구성하는 탄소와 수소로 이루어진 지방산의 긴 꼬리의 탄소가 모두 수소와 결합하고 있어 더 결합할 수 없는 상태이다. 반대로 불포화 지방은 말 그대로 지방산 긴 꼬리의 탄소가 다 차 있지 않아 수소와 더 결합할 여지가 있는 것을 말한다. 그런데 지방이 포화 상태에 있으면 구조가 매우 안정적이라 상온에서 고체로 존재한다. 대부분의 동물성 지방이 포화 지방인데 돼지 삼겹살에서 나온 기름이 쉽게 다시 고체로 굳는 것을 생각하면 된다. 불포화 상태로 있는 지방은 지방산의 꼬리 부분이 휘어져 부피를 많이 차지하고 모양이 제멋대로라 상온에서 액체로 존재한다. 대부분의 식물성 기름은 불포화다. 상온에서 고체로 존재하는 지방은 몸에 섭취되었을 때 쉽게 혈관에 축적될 수 있어 동맥 경화 등을 일으킬 수 있으므로 상대적으로 더 몸에 해롭다고 알려져 있다.

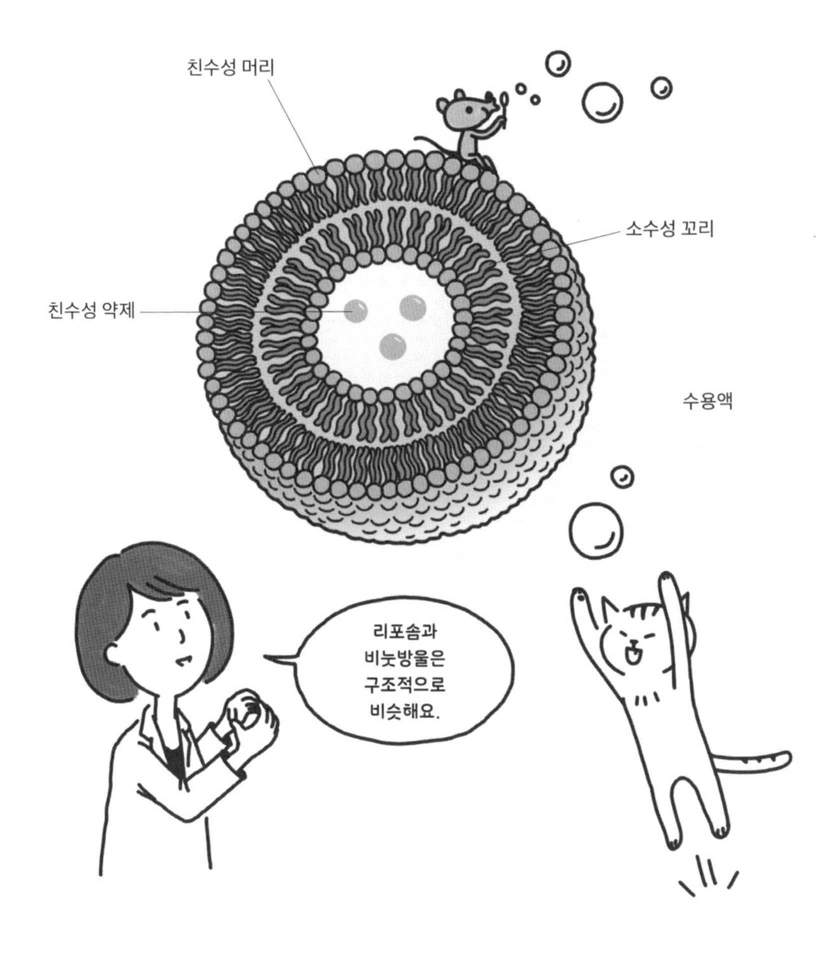

그림 7 **리포솜의 구조.**

이런 이유로 사람들이 머리를 써서 값싸게 얻을 수 있는 돼지기름 같은 포화 지방에 화학 반응을 일으켜 인위적으로 수소를 빼내고 불포화 지방을 만들었다. 이렇게 만들어진 것이 트랜스(trans) 지방이다. 혹시 맥도널드에 가서 프렌치프라이 감자 튀김을 먹으면서 종이에 "우리는 트랜스 지방을 사용하지 않습니다."라는 문구가 인쇄된 것을 본 적이 있는지 모르겠다. 왜 불포화 지방이 더 몸에 해롭지 않다고 하면서 이런 문구를 인쇄한 것일까? 사실 우리는 1970~1980년대에 불포화 지방이면 무조건 좋은 줄 알고 가격도 저렴하고 인위적으로 만들어진 불포화 지방인 트랜스 지방을 포화 지방 대신 식품에 많이 사용했다. 그런데 나중에 생명체 내에 자연적으로 존재하는 불포화 지방의 꼬리 부분이 휘어지는 방향(보통 시스(cis) 방향이므로 시스 지방이라고 한다.)과 인위적으로 만들어지는 트랜스 지방의 방향이 다르다는 것을 알게 되었다. 생명체는 원래 트랜스 지방을 갖고 있지 않았으므로 이를 분해해 사용할 방법도 갖고 있지 않아 트랜스 지방이 몸속에서 제대로 분해되지 못하고 축적되기에 포화 지방보다 더 해로운 것으로 밝혀졌다. 그래서 맥도널드에서 이런 광고 문구가 나온 것이다. 트랜스 지방 이야기는 아주 간단한 응용이지만 생명체 전체를 보지 못하고 인간의 얕은 지식을 쓰는 것이 자신의 발등을 자신이 찍는 결과를 가져올 수도 있다는 예를 잘 보여 준다.

지방에 대한 이야기가 나왔으니 많은 이들이 건강을 위해 섭취하고 있는 오메가-3를 언급하고 넘어가려 한다. 오메가-3는 세포막을 구성하는 지방의 긴 꼬리를 갖는 부분인 지방산의 맨 끝부분에서부터 세 번째 탄소가 불포화 상태로 존재하는 지방산의 화학명이다. 오메가-3 지방산을 갖는 지방이 세포막을 구성하는 중요한 성분이므로 오메가-3는 세포가 정상적인 기능을 수행하기 위해 꼭 필요하다. 안타깝게도 포유류는 필수적인 오메가-3 지방산을 몸에서 합성할 수 없어서(앞에서 배운 단백질과 핵산에 대한 지식을 적용하자면, 이 오메가-3를 만드는 생화학 반응을 수행할 수 있는 효소에 대한 유전 정보를 갖고 있지 않기 때문이라고 할 수 있다.) 음식물을 통해서만 섭취해야 하고, 이런 이유로 보조제로 섭취하려는 사람이 많은 것 같다.

평소에 생명과 인간에 대해 어떤 가치관을 갖고 있었는가에 무관하게, 3장에서 공부한 대로 모든 생명체와 인간이 동일하게 과학적으로는 단백질, 탄수화물, 핵산, 지방의 고분자 화합물이 모여 있는 화학 성분들의 복합체라는 것은 부인할 수 없는 엄연한 사실이다. 인간을 단지 화학적 구성 성분과 양으로만 환산하면 160달러, 즉 한국 돈으로 채 20만 원이 되지 않는다고 한다. 어쩌면 열심히 제대로 살아야 하는 이유는 생명으로서 우리의 가치가 그 화합물의 가치 이상임을 증명하기 위해서는 아닐까 싶다. 또 인간의 구성 요소가 지구나 우주의 구성 요소와 다르지 않다는 깨달음은 어쩌면 우리를 우주의 한 부분으로 인식하고 우주의 관점에서 찰나에 불과한 자신의 생명에만 과도하게 집착하는 어리석음에서 한 걸음 비껴서는 여유를 갖게 해 줄지도 모르겠다. 내가 김지하 시인에게 이러한 과학적 지식의 기반에서 이 시를 쓰신 것인지, 정말 이런 깨달음을 표현하고자 한 것인지 직접 여쭐 기회는 없었다. 그러나 내게 「새봄 8」은 시인도 그런 마음을 표현하고 싶어 한 듯 느껴진다. 함께 일독을 권한다.

내 나이
몇인가 헤아려 보니

지구에 생명 생긴 뒤 삼십오억 살
우주가 폭발한 뒤 백오십억 살
그전 그 후 꿰뚫어 무궁 살

아 무궁

나는 끝없이 죽으며
죽지 않는 삶

두려움 없어라

오늘
풀 한포기 사랑하리라
나를 사랑하리.

4장
생명의 기능 단위는 무엇인가?

생명의 단위[1, 2, 3]

자세히 보아야

예쁘다.

오래 보아야

사랑스럽다.

너도 그렇다.

제목을 가리고 나태주 시인의 「풀꽃」을 읽으면 나는 이 시가 꼭 세포에 대해 이야기하는 것 같다. 그냥 눈으로는 보이지 않아서 현미경으로 자세히 보아야 하지만 한번 현미경으로 세포를 본 사람, 특히 형광 현미경으로 본 사람은 세포의 아름다움을 잊지 못할 것이다. 얼마나 예쁜지, 또 그 모양이 같은 듯 얼마나 다양한지. 처음으로 여러 개의 세포를 세포 내부의 DNA를 염색할 수 있는 푸른 염료로 염색해 형광 현미경으로 보았을 때, 밤하늘에 무수히 떠 있는 별들이 나에게 쏟아지는 것 같았던 그 아름다움을 잊을 수가 없다. 일상에서 무심코 잊고 사는 또 다른 하나의 세계가 세포 안에 있음을 보게 된다. 세포 안에 있는 새로운 세상을 보게 되면 이 작은 것이 신비롭게도 생명의 모든 기능을 수행하고 있는 것이 너무나 사랑스럽다. 또 세포를 연구하고 그 신비를 알아 가면서는 정조 때 문인 유한준(兪漢雋, 1732~1811년)의 제목 없는 시를 유홍준 선생이 『나의 문화 유산 답사기』에서 차용한 유명한 문구, "사랑하면 알게 되고 알면 보이나니 그때 보이는 것은 전과 같지 않으리라."가 정말 실감이 나기도 한다.

1장에서 살펴본 것처럼 생명체는 화학적으로는 단순 물체와 유사한 원소로 만들어졌지만 생명이 없는 물체와 다른 여러 특징을 갖고 있다. 생명체는 자극에 반응하고, 외부 환경에서 에너지원을 받아들여 호흡하면서 자신을 유지한다. 또 생명체는 계속 성장, 변화하며 자신과 동일한 개체를 재생산하는 생식을 한다. 생명체는 외부 에너지를 이용해 무질서도가 적은 상태를 계속 유지한다. 그렇다면 이런 생명체의 특징을 갖는 가장 작은 단위는 무엇일까? 모두에게 익숙한 '세포(cell)'다. 세포가 모든 알려진 생명의 구조적, 기능적 기본 단위다. 그렇다면 세포는 생명의 단위가 되기 위해서 구체적으로 어떤 구조를 갖고 있으며 생명을 유지하기 위해 무엇을 하는 것인가 하는 질문이 생긴다. 개체성이란 것이 나와 타자를 구분하면서 가능한 것이므로 세포도 우선 환경과 대비되는 개체성을 유지하기 위해 외부와 자신을 구별하는 벽이나 막을 갖고 있다고 쉽게 생각해 볼 수 있다. 또 세포는 생명체로서 가장 큰 특징인 자신의 재생산을 위해 유전 정보를 갖고 있어야 할 것이다. 외부의 자극에 반응하고 계속 변화하는, 세포가 수행하는 기본적 생명 활동은 절대 공짜로 될 수 없는 일, 그러므로 세포는 끊임없이 에너지가 필요하고 외부에서 영양분을 섭취해 계속 자신의 생명 유지에 쓸 수 있는 에너지 형태로 재생하고 있어야 한다. 따라서 세포는 에너지 재생산 능력이 중지됨과 동시에 더 생명 활동을 유지하지 못하고 사멸한다.

세포는 가장 큰 것도 지름이 100마이크로미터 정도로 우리의 눈으로는 직접 관찰되지 않고 현미경이 없으면 관찰하기 어렵다. '작은 방'이라는 뜻의 라틴 어 cella에서 유래한 세포는 로버트 훅이 현미경으로 처음 식물의 겉껍질 코르크를 관찰했을 때 세포들이 쭉 연결되어 늘어선 모양이 수도원 수도사들의 작은 방들이 늘어서 있는 것과 매우 유사해서 붙인 이름이라고 한다. 훅이 세포를 처음 관찰하고 존재를 입증하기는 했으나 세포의 기능은 1839년 독일의 과학자 마티아스 야코프 슐라이덴(Matthias Jakob Schleiden, 1804~1881년)과 테오도어 슈반(Theodor Schwan, 1810~1882년)에 의해서 처음 밝혀졌다. 슐라이덴과 슈반은 세포설(cell theory)을 처음으로 제안했다.◆4 "모든 생명체는 하나 혹은 그 이상의 세포로 이루어져 있고, 모든 세포는 이미 존재하는 세포로부터 유래하며, 생명체의 생명 유지에 필요한 모든 중요한 기능은 세포 내에서 수행되고, 모든 세포는 그 기능을 수행하고 다음 세대의 세포로 전달하는 데 필요한 유전 정보를 갖고 있다."

지구에 세포가 처음 출현한 것은 40억 년쯤 전이라고 추정한다. 지구에 현재 1000만 종으로 예측되는 아주 많은 종의 생물이 있지만 간단히 나누면 두 종류다. 하나의 세포가 곧 생명체인 단세포 생물과 여러 개의 세포로 이루어진 다세포 생물이다. 인간은 물론 다세포 생물이고 인간의 몸은 50조~100조 개의 세포로 이루어져 있다. 또 인간의 몸에는 인간 세포의 10배 이상에 해당하는 세균 세포가 공생하고 있다. 그러니 한 인간에 속해 있는 세포만 해도 0을 몇 개 붙여야 할지 모를 정도로 많다. 지구에 총 1000만 종 이상의 생명체가 존재하고 각 종이 또 적어도 수십억 개체(2024년 3월 기준 지구에 서식하는 인간의 개체수는 81억이다.)며, 각 종이 1~수십조 개에 이르는 세포로 되어 있다면 그야말로 지구에 존재하는 세포는 헤아릴 수 없이 많은 수가 될 것이다. 그런데 헤아릴 수 없을 정도로 많은 무량대수의 세포들을 살펴보면 딱 두 종류, 원핵세포(原核細胞, prokaryote)와 진핵세포(眞核細胞, eukaryote)로 나뉜다.

원핵세포와 진핵세포의 가장 큰 차이점은 세포소기관(organelle)이라는 세포 내에 막으로 둘러싸인 소기관이 있는가다. 특히 유전 정보 전체인 유전체(genome) DNA가 막으로 둘러싸인 핵 안에 존재하면 진짜 핵을 가졌다고 해서 진핵세포라 하고, 유전 정보가 그냥 세포 내부에 존재하면 핵이 없는 원시적인 형태라 해서 원핵세포라고 한다. 쉽게 설명해 보자면, 원핵세포는 원룸이고 진핵세포는 아파트라고 보면 된다. 원룸은 방이 없고 한 공간이 부엌, 서재, 침실 등 모든 다른 기능을 수행하는 것처럼 원핵세포에서는 생명의 기능이 그냥 하나의 세포 내부 공간에서

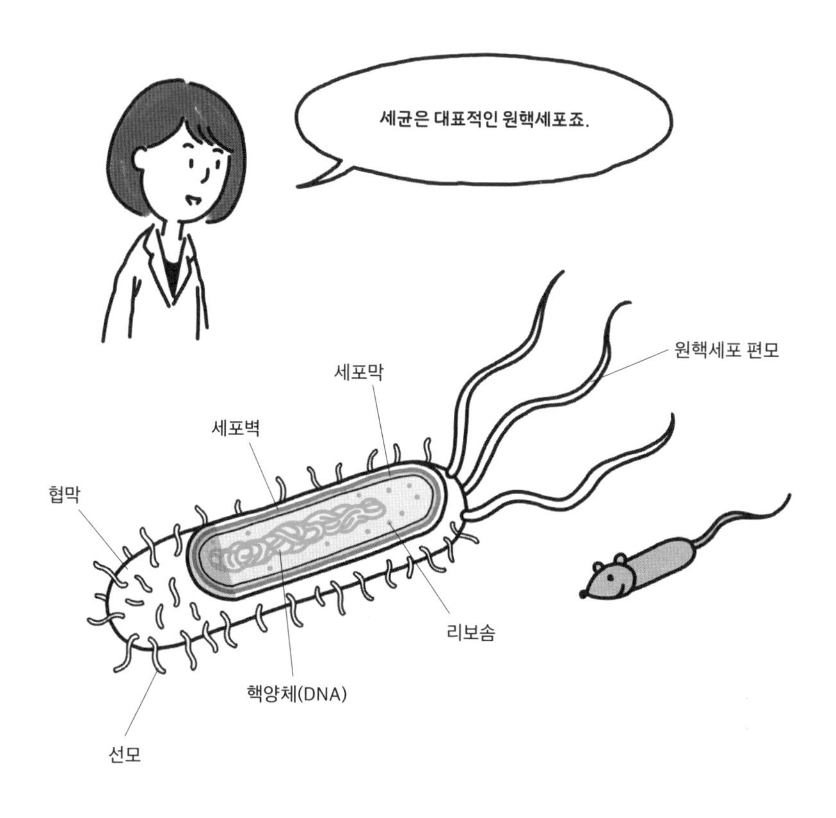

그림 8 **세균의 구조.**

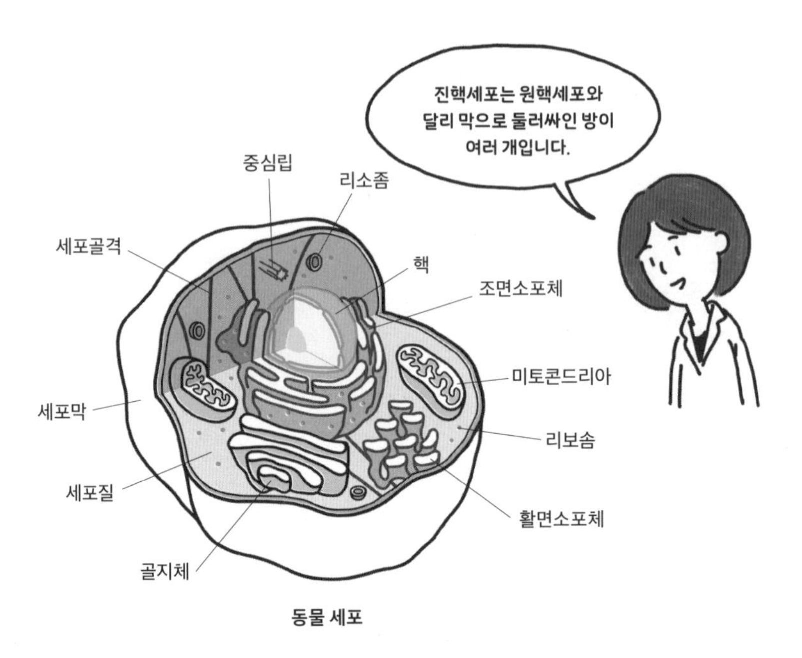

동물 세포

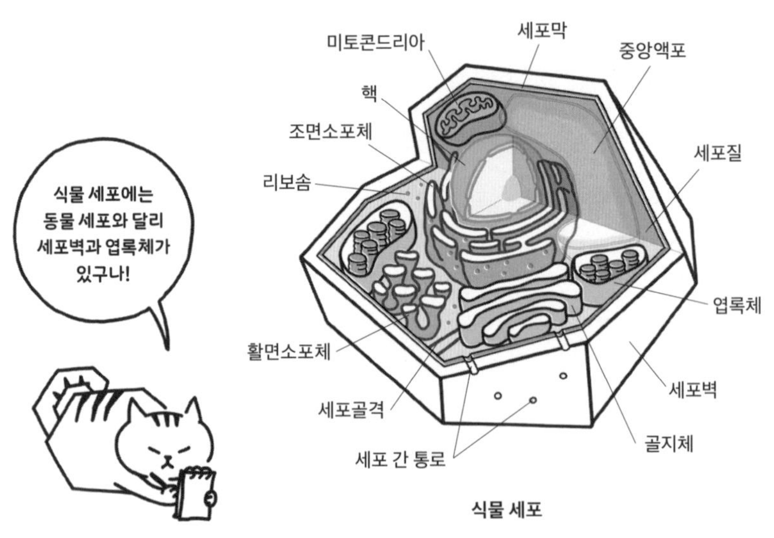

식물 세포

그림 9 진핵세포의 구조.

모두 수행된다. 상대적으로 단순한 구조다. 반면 아파트는 부엌, 서재, 침실 등 공간이 기능에 따라 벽으로 나뉘어 있다. 마찬가지로 진핵세포에서는 그 기능에 따라 아파트의 벽에 해당하는 막으로 둘러싸인 다른 기능의 소기관들이 존재한다. 그러나 원룸이든 아파트든 외부와 격리되는 벽이 있는 것처럼 원핵세포나 진핵세포 모두 생명체의 단위고 생명을 유지하기 위한 기능들이 수행되므로 외부 환경과는 격리되어 있어야 한다. 그래서 3장에 나온 대로 원핵세포와 진핵세포 모두 세포막이라는 외부 환경과 세포 내부를 격리하는 담의 기능을 하는 구조를 갖고 있다. 또 두 세포 모두 내부는 기본적으로 물에 세포를 구성하고 기능을 수행하는 여러 가지 이온, 거대 분자, 영양분 등의 많은 물질이 녹아 있는 수프 국물과 비슷한 상태의 세포질로 가득 차 있다.

원핵세포는 모두 하나의 세포가 하나의 생물을 이루는 단세포 생물이다. 크기는 보통 지름 1~5마이크로미터다. 원핵세포가 진핵세포에 비해 단순한 구조와 기능을 가지므로 지구에 가장 먼저 생겨난 생명체는 원핵세포의 원핵생물일 것으로 생각된다. 현재까지 발견된 바로 원핵세포로 이루어진 다세포 생물은 존재하지 않는다. 눈에 보이지는 않으나 주위에 존재하는 세균(bacteria)이 모두 원핵세포다. 원핵세포는 핵양체(nucleoid)라 불리는 유전 물질인 DNA가 그냥 세포질(cytoplasm)에 존재한다. 유전 물질인 DNA 정보를 이용해 생명을 유지하기 위한 다양한 단백질 만드는 단백질 공장인 리보솜(ribosome)도 그냥 세포질에 존재한다. 또 대부분의 원핵세포는 세포막 위에 다시 담과 같은 견고한 세포벽을 갖고 있어 모양을 유지하고 외부로부터 격리된다. 많은 원핵세포는 세포 표면에 털처럼 보이는 여러 개의 짧은 막대기 모양의 선모(pili)라는 돌출물이나 긴 실이나 채찍 모양의 편모(flagella)를 갖고 있다. 선모는 원핵세포가 다른 세포와 서로 소통하고 필요한 물질을 주고받는 통로로서의 기능을 하며, 편모는 원핵세포가 물기가 있는 곳에서 헤엄쳐 갈 수 있도록 운동성을 갖게 해 준다.

진핵세포는 우선 가장 중요한 유전 물질을 막으로 둘러싸인 핵 안에 보관하고 있다. 핵 외에도 막으로 둘러싸인 다른 기능의 방들이 여러 개 존재한다. 원핵세포보다 훨씬 복잡하므로 크기도 훨씬 커서 지름이 10~100마이크로미터고 인간 세포의 일반적인 크기는 100마이크로미터 정도다. 보통 진핵세포의 구조를 보여 주는 그림에서는 대표적으로 각 기능의 소기관을 1개씩만 그려 놓아 각 소기관이 세포에 하나씩 존재하는 것으로 오해할 수 있다. 실제로는 세포 내부에 핵만 하나일 뿐 동일한 소기관이 많게는 수천 개씩 여럿 존재하고 있다. 그러니 진핵세포는 단순한 아파트가 아니라 펜트하우스 정도라고 해야 할까? 마치 큰 집에 화장실이 여러 개 있는 것처럼 안방에 해당하는 핵 이외에 다른 기능의 방들은 각각 여러 개 있다는 것이다. 그중 중요한 몇 가지만 살펴보자.

제일 재미있는 것이 미토콘드리아(mitochondria)다. 미토콘드리아는 우리가 섭취한 음식물에 저장된 에너지를 생명 유지에 필요한 에너지로 바꾸어 내는 매우 중요한 장소다. 마치 석유를 이용해 우리가 사용할 수 있는 형태의 에너지인 전기를 만들어 내는 화력 발전소와 유사한 곳이라고 생각하면 이해가 쉬울 것이다. 지구에 존재하는 생명체는 너무나도 다양하지만 모두 생명 유지를 위한 활동의 에너지로 ATP(adenosine triphosphate)라는 동일한 건전지를 사용한다. 따라서 미토콘드리아는 섭취된 영양분에 저장된 에너지를 회수해서 충전된 에너지를 다 사용한 ATP라는 건전지를 계속 다시 충전해 생명 활동에 쓸 수 있도록 재생하는 기능을 한다. 에너지의 공급이 없거나 에너지를 이용할 수 없으면 생명은 더 유지될 수 없으므로 세포의 에너지 발전소인 미토콘드리아가 얼마나 중요한 존재인지 쉽게 생각해 볼 수 있을 것이다.

하나의 세포에 존재하는 미토콘드리아의 수는 세포가 얼마나 많은 에너지를 필요로 하는가에 따라 달라지고 에너지 소모가 많은 기능을 수행하는 근육 등의 세포에는 더 많이 존재한다. 그러므로 하나의 세포 내에 있는 미토콘드리아의 수는 1개부터 1만 개까지 다양한데 일반적으로 200개 정도라고 한다. 미토콘드리아가 다른 세포 내 소기관들과 다른 특별한 점은 내부에 자신의 고유한 유전 물질인 DNA를 갖고 있다는 것이다. 미토콘드리아는 세포 내에서 마치 원핵세포의 세균처럼 자신의 DNA를 복제하고 이분법으로 분열해 증식한다. 그래서 린 마굴리스(Lynn Margulis, 1935~2011년) 이후 많은 학자들은 미토콘드리아가 원래 독립된 원핵세포였는데 진화 과정에서 진핵세포의 내부로 들어와 공생하게 된 것이라고 추측하고 있다.

미토콘드리아와 관련된 재미있는 사실은 그 내부에 존재하는 유전 정보 DNA가 다음 세대로 전해지는 방법이다. 남성, 여성처럼 2개의 다른 성이 각각 만드는 정자와 난자가 만나 다시 새로운 개체가 만들어지는 유성 생식을 하는 다세포 생물에서 수정란의 핵에 존재하는 유전 정보는 모계와 부계로부터 각각 반씩 똑같이 제공된다. 그러나 미토콘드리아

DNA가 다음 세대로 유전되는 방법은 보통 핵의 DNA가 다음 세대로 유전되는 방법과는 다르다. 난자 세포질의 부피가 정자에 비해 1000배 이상 크고 미토콘드리아를 포함한 정자의 세포질 성분은 거의 수정란에 제공되지 못한다. 그래서 미토콘드리아 DNA는 99퍼센트 모계 유전, 즉 엄마의 유전 정보를 그대로 이어받는다. 러시아의 마지막 황녀 아나스타샤 이야기를 살펴보자. 볼셰비키 혁명으로 총살된 러시아 황실 가족 중 가장 어린 자신만 살아남았다고 주장하며 제1차 세계 대전 이후 아나스타샤를 자처하던 여인이 나타났다. 기품이 있었고 추종자들도 많아 진위 여부가 국제 재판소까지 갈 정도로 논란이 많았다고 한다. 그러나 그녀의 사후 1980년대 DNA를 이용한 신원 확인 방법이 가능해지자 병원에 남겨진 조직에서 추출한 미토콘드리아 DNA 정보를 조사해 가짜였음이 판명되었다. 진짜였다면 영국의 엘리자베스 여왕의 남편 필립 공과 모계가 같으므로 필립 공의 미토콘드리아 DNA와 동일한 DNA를 가졌어야 한다.

미토콘드리아와 유사하게 자신의 고유한 DNA를 갖고 원래는 원핵세포였다가 진핵세포에 공생하게 된 것으로 생각되는 소기관은 식물 세포에만 존재하는 엽록체(chloroplast)다. 엽록체는 직접 태양 에너지를 이용해 공기 중의 이산화탄소로부터 영양분인 포도당을 만들어 낸다. 이른바 광합성, 즉 태양의 빛 에너지를 이용한 합성이다. 엽록체를 갖는 생명체, 즉 녹색 식물만 광합성으로 자체의 영양분을 공급할 수 있기에 외부에서의 영양분 공급 없이 생명을 유지할 수 있다. 또한 지구에 사는 모든 생물은 먹이 사슬에 의해 엽록체가 만들어 낸 포도당을 섭취해 생명을 유지하고 있다. 따라서 생명체의 에너지는 결국 태양 에너지고 중간에서 태양 에너지를 인간을 비롯한 모든 생명체가 사용할 수 있는 형태로 바꾸어 주는 기능을 하는 것이 엽록체라고 할 수 있다. 그러므로 지구에 생명이 살 수 있는 것은 엽록체 덕분이다.

2013년 노벨 생리 의학상을 수상한 예일 대학교의 제임스 에드워드 로스먼(James Edward Rothman, 1950년~) 교수와 캘리포니아 대학교 버클리 캠퍼스의 랜디 웨인 셰크먼(Randy Wayne Schekman, 1948년~) 교수의 연구 내용처럼 세포에서 만들어지는 단백질이나 지질의 거대 분자에 표지를 붙여 세포 내에서 기능을 수행할 장소로 배달하는 역할을 하는, 말하자면 세포 내의 택배 시스템이나 우체국 기능의 소포체(endoplasmic reticulum, ER)와 골지체가 있다. 나는 중학교에서 골지체를 처음 배우면서 이름이 한자어인 줄 알았지만 처음 이 기관을 발견했던 이탈리아의 의사 카밀로 골지(Camillo Golgi, 1843~1926년)에서 온 것이라고 한다. 소포체와 골지체에는 단백질 합성 공장인 리보솜이 많이 붙어 있어 단백질이 만들어지자마자 효율적으로 기능을 수행할 장소로 옮겨진다. 또 세포 내 노화된 소기관이나 단백질 등을 분해해 그 성분들을 다시 재활용해 사용할 수 있도록 해 주는 장소인 리소좀(lysosome)도 존재한다.

세포 이미지는 대부분 2차원, 즉 평면으로 보이기에 세포를 생각할 때 자주 착각하지만, 우리 몸이 3차원으로 입체적인 것처럼 몸을 구성하고 있는 세포도 3차원이다. 원형이 아니라 공 모양이라는 말이다. 세포가 3차원이 아닌 2차원이면 아마 모두 좀비가 될 것이다. 그렇다면 내부가 대부분 액체로 차 있는 3차원의 세포가 어떻게 그 모양을 유지할 수 있을까? 어릴 때 축구공 껍질이 벗겨져 본 사람은 기억할 텐데, 공이 공 모양을 유지하기 위해 안에 실들이 빼곡히 공을 감고 있다. 이 실들이 감겨 있지 않다면 공은 그 모양을 유지하기 어려울 것이고 쉽게 변형되어 버릴 것이다. 아이들이 가지고 노는 장난감 가운데 반액체 상태의 흐물흐물한 고무 같은 슬라이미(slimy)는 입체이지만 모양을 잡아 주는 것이 없어 어떤 특정한 모양도 유지할 수가 없다. 이런 예에서 짐작할 수 있듯이 만약 세포가 걸쭉한 액체인 세포질로만 채워졌다면 세포는 아무 모양도 유지할 수 없는 슬라이미와 유사한 상태일 것이다. 그런데 현미경 사진으로 볼 수 있는 것처럼 세포는 3차원이고 특정 모양을 유지하고 있다. 세포의 모양을 잡아 줄 수 있는 어떤 구조물이 세포 내부에 있다는 것을 암시한다.

세포 내부에는 세포골격계(cytoskeleton)라는 구조물이 존재한다. 건물을 건축할 때 내부에 철근이나 나무로 골격을 박아 넣어 힘을 받고 모양을 유지할 수 있게 해 주는 것과 같은 원리다. 그런데 이 세포골격계라는 것이 인간이 만들 수 있는 골격보다 한 수 위다. 골격을 세우고 건축물을 만들고 나면 이 골격계가 하나의 모양으로 고정되고, 골격계를 바꾸려면 건축물을 부수어야 한다. 그런데 세포의 골격계는 골격계 역할을 하면서도 역동적으로 해체되고 다시 다른 모양 골격으로 탈바꿈할 수 있다. 그래서 세포가 모양을 유지하면서 움직일 수도 있고 성장할 수 있는 것이다. 유사한 기능을 수행하는 생명체의 구조와 인간이 만든 구조를 비교하면 항상 생명체가 훨씬 정교하고 기능이 뛰어남을 보게 되는데 그 예 중 하나가 세포골격계다. 역시 자연은 인간보다 한 수 위다.

세포막으로 둘러싸인 소기관 외에 2010년 이후 최근에는 다양한 막 없는 소기관(membrane-less organelle)들의 존재가 알려지기 시작하고 있다. 2장 생명의 기원에서 잠깐 언급했던 액체 상 분리 현상으로 인해 단백질이 때로 RNA 등과 뭉쳐서 세포 내에서 자극에 대한 반응, 유전자 발현 조절 등 특정 기능을 수행하는 것을 말한다. 이제 연구가 시작되고 있는 시점이라 어떤 단백질들이 어떻게 뭉쳐 특정 기능을 수행하고 또 필요 없으면 해체될 수 있는지 알려지지 않았다. 한 가지 명확하게 알려진 것은 세포 내에서 이런 역동적인 막 없는 소기관들의 생성과 소멸에 이상이 생겨 뭉쳐진 단백질들이 해체되지 못하면 파킨슨병이나 알츠하이머병 등 다양한 퇴행성 뇌 질환의 원인이 된다는 것이다. 막 없는 소기관들의 존재는 세포가 작고 단순한 것 같지만 아직 우리가 이해하고 있는 생명의 작동 원리는 아주 조금이라는 것을 다시 일깨우며 우리를 겸손하게 만든다.

지금까지 생명의 기본 단위인 세포가 어떻게 생겼고 세포 내 각 소기관이 어떤 기능을 하는지 살펴보았다. 하지만 간단하지 않다고 느끼는 독자들이 있을 것도 같다. 쉽게 앞에서 설명한 내용을 기억할 수 있도록 영시 운율이 담긴 「세포에 대한 시(The Poem of the Cell)」[◆5]를 소개하고자 한다. 미국의 많은 학교에서 학생들에게 세포에 대해 잘 기억하도록 노래에 붙여 가르친다는 이 시는 우리가 역사 시간에 암송하는 「태정태세문단세」 노래 같은 것이다.

소개하자면:	INTRO:
나는 세포	I am a cell
생명의 구조	A structure of life

내 부속품들에 대해 이야기해 주지.	I'll tell you my components
그리고 그들이 무슨 일을 하는지도	And what they all do
첫째로	First off
ATP를 갖고 있지	I have ATP
ATP와 미토콘드리아가	It and the mitochondria
에너지를 만들어 내지	Make energy
세포막	The cell membrane
또 내 절친이지	Is my buddy too
나를 감싸 주어	It covers me
너와 나를 보호해 주거든	To protect me and you
그 다음은 세포질	Then there's a cytoplasm
마치 투명한 젤리 같은데	Which is much like clear jelly
나를 가득 채우고 있어	It fills me up
마치 네 뱃속에 음식물이 차 있는 것처럼	Like food in your belly
소포체는 세상의 통로	The ER are passageways
마치 좋은 형제들과 비슷하지	They're close like good brothers
단백질을 가져다주지	Taking proteins
이곳에서 저곳으로	From one part to the other

골지체도 있지 There is a golgi body
그런데 이상한 이름에도 불구하고 But despite its odd name
내 우편을 배달해 준다네 It carries through mail

내 막을 벗어나면 Out of my membrane
나는 리소좀도 가졌는데 I have lysosome
식물에는 많지 않다네 There aren't many in plants
내 밥을 부숴 주지 It breaks down your food
그럴 수 있을 때마다 With much of a chance

아, 그 다음에는 내 핵 Ah, then there's my nucleus
나의 조정 본부 또는 브레인 My "control center" or "brain"
핵은 크로마틴을 나에게 제공하는데 It gives me chromatin
거기에서 나는 모든 정보를 얻지 From it, instructions I gain
그러나 핵도 But the nucleus needs
보호가 필요해 Protection too
그래서 핵도 막이 있어 And this is what its membrane
맡겨진 임무를 수행하고 있지 Is assigned to do

아주 작은 구조물들 Tiny structures
거기서 단백질을 만드는 Where proteins are made
그들이 리보솜이야 These are ribosomes

매일 그 일을 하지	They do that everyday
액포는	A vacuole
큰 물주머니 같다네	Is like a water balloon
안에 물을 담고 있어	Holding in water
네 안에서	Inside of you
나는 또 크로모솜도 갖고 있지	I also have chromosomes
정직히 말하자면,	Honest, I say
DNA와 함께	They contain protein
단백질도 갖고 있어	Along with DNA
내 친구 식물 세포도	My friend the plant cell
이런 부속품들을 다 갖고 있어	Has parts to it too
이제, 나는 없고 식물 세포만 있는 것	Now, I'll show these exclusives
그리고 식물 세포가 하는	And what they all do
모든 일을 보여 주지	
셀룰로스로 된 세포벽	The cellulose cell wall
아주 단단하고 강력하다네	Is sturdy and strong
식물 세포막 주위에 있지	Around a plant cell's membrane
그래서 수명이 아주 길지	It lasts very long

또 한 가지 부속품	There's one more component
오직 식물 세포에만 있는	Exclusive to plant cells
그것은 바로 엽록체라네	It's the chloroplast
거기서 광합성이	Where photosynthesis
아주 잘 일어나지	happens so well

이게 바로 세포라네	This is a cell
그리고 모든 내 부속품들	And all of my parts
꼭 퍼즐과 같지	It's like a puzzle
네 몸속에, 마치 예술품처럼	In your body, like arts
나는 네가 계속	I'll keep you feeling
좋은 상태로 있도록 해 줄게	Oh, so great
만약 몸을 잘 돌본다면	If bodily care
너는 보여 준 거야	You do demonstrate
얼마나 내가 복잡한지	I am complex
내 굴곡과 꼬임을 통해	Through my twists and bends
네가 많이 배웠길 바라	I hope you learned much
왜냐하면 이게 끝이니까.	'Cause this is the end.

5장

생명의 정보는 어떻게 작동하는가?

생명의 정보 ◆1, 2, 3

"인생은 불공평한 것이다. 그냥 받아들여라. (Life is not fair. Take it.)" 좋은 머리를 타고났기에 이런 말에는 가장 어울리지 않을 것 같은 윌리엄 헨리 '빌' 게이츠 3세(William Henry 'Bill' Gates III, 1955년~)가 한 말이다. 빌 게이츠의 말이 아니더라도 인생이 불공평하다는 생각은 오늘을 살아가는 우리만의 것은 아닌 것 같다. 『테스(*Tess of the d'Urbervilles*)』로 잘 알려진, 평생을 인간의 고통과 삶을 얽매는 부조리를 작품으로 표현했던 영국의 소설가이자 시인이었던 토머스 하디(Thomas Hardy, 1840~1928년)는 이미 100년도 전에 시 「유전(Heredity)」에서 부모로부터 받아 타고나는 유전 현상의 부조리함을 표현했다. 유전이 어떻게 가능한지, 유전 물질은 무엇인지 전혀 몰랐던 그 시절, 그는 몸, 목소리, 눈 등의 형질을 결정하는, 그러나 우리의 힘 밖에 있는 영속적인 존재로서의 유전 인자를 완벽하게 묘사해

냈다.

내가 바로 가문의 얼굴이다,
육체는 슬슬 닳아 버리나, 나는 살아남으니까,
불쑥 튀어나온 굴곡이며 흔적이며
까마득한 시간에서 이 근처 시간까지,
멀찍한 장소를 불쑥 건너뛰며,
망각을 훌쩍 넘으며 말이다.

세월이 유산이라고 물려준 이 관상,
휘어진 모양새나 목소리나 눈알 모양이나
인간이 헤아릴 시간의 거리를
경멸하는 게, 그게
바로 나다, 왜,
인간 속에 영원한 그것,
이제 그만 죽으라는 명령에도 아랑곳 않는
그것 말이다.

생명체의 특징을 결정하는 정보가 계속 다음 세대로 전해지는 유전 현상을 언급할 때 제일 먼저 떠오르는 과학자는 멘델이다. 수도사였던 멘델은 1865년 논문 「생물 잡종 형성 실험(Experiment in plant hybridization)」에서 완두콩 연구를 통해 부모 세대의 형질이 자손에게 일정한 법칙성을 띠고 전달됨을 최초로 밝혔다. 그러나 발표 당시 그의 논문은 그리 인정을 받지 못했고 널리 알려지지도 않았다. 그의 이론은 1900년 독립적으로 휘호 마리 더 프리스(Hugo Marie de Vries, 1848~1935년)와 카를 에리히 코렌스(Carl Erich Correns, 1864~1933년), 에리히 폰 체르마크(Erich von Tschermak, 1871~1962년)에 의해 재발견되었다. 그러나 생명의 기본 현상이 다음 세대로 전달되는 방법인 '어떻게'에 대해서는 설명하려 했지만 그 실체가 무엇인지는 설명할 수 없었다. 그래서 그냥 인자(factor)라고 표현했다.

DNA, 생명의 정보

한 세대에서 다음 세대로 계속해서 전해지는 생명의 정보인 유전 인자의 실체는 이제는 모두에게 친숙한 DNA다. DNA라는 물질이 생명체에 존재한다고 처음 알려진 것이 1869년이라고 보고되었으나 그 후 오랫동안 인류는 DNA가 무슨 기능을 하는지 전혀 알지 못했고 관심도 없었다. 지금은 초등학생도 다 아는 DNA가 유전 물질이고 생명의 정보라는 것이 밝혀지기 시작한 것은 채 80년도 되지 않는다. 생명체라는 공간과 시간 내에서 일어나는 현상을 물리적으로 설명하고자 했던 양자 역학의 대가인 물리학자 에르빈 루돌프 요제프 알렉산더 슈뢰딩거(Erwin Rudolf Josef Alexander Schrödinger, 1887~1961년)는 1943년 아일랜드 더블린의 트리니티 대학에서 행한 연설과 그 내용을 책으로 펴낸 역작 『생명이란 무

엇인가: 물리학자의 관점에서 본 생명 현상(*What Is Life?: The Physical Aspect of the Living Cell*)』에서 "생명은 정보이며 유전 정보는 '비반복성 결정체(aperiodic crystal)' 내 화학 결합의 배열 속에 담겨져 있을 것"이라고 예측했다.◆4 그러나 그 결정체가 무엇인지는 그때까지 아무도 정확히 알지 못했다.

생명의 정보가 DNA임을 처음 제시한 실험 결과는 1944년 오즈월드 에이버리(Oswald Avery, 1877~1955년)에 의해 발표되었다. 1928년 프레더릭 그리피스(Frederick Griffith, 1877~1941년)는 독성이 있는 폐렴균과 무해한 폐렴균을 가지고 독성이 있는 폐렴균을 끓인 후 쥐에 감염시키면 쥐에 아무 영향이 없지만 끓인 독성 폐렴균을 무해한 폐렴균과 섞어 쥐에 주입하면 쥐가 폐렴에 걸려 죽는 것을 관찰했다. 이런 결과는 끓여서 독성을 발휘하지 못하는 균의 어떤 성분이 무해한 균으로 전달되어 무해한 균의 성질을 바꾼 정보로 작용했던 것으로 설명할 수 있다. 그렇다면 이때 전달되어 무해한 균의 성질을 바꾼 물질은 무엇인가? 바로 이 질문에 답하기 위해 에어버리는 독성 균을 끓인 후 4장에서 언급한 대로 세포의 구성 성분인 단백질, DNA, 지질 성분을 분리해 각각 무해한 균과 섞은 후 쥐에 주입했을 때 쥐를 죽게 하는 성분을 분리했는데 그것이 바로 DNA이었다. 이러한 결과는 DNA가 생명체의 특성을 바꿀 수 있는 정보를 제공함을 의미한다. 그 후 1950년 앨프리드 데이 허시(Alfred Day Hershey, 1908~1997년)와 마사 콜스 체이스(Martha Cowles Chase, 1927~2003년)는 세균을 숙주로 하는 바이러스를 이용해 바이러스의 단백질 껍질과 내부의 DNA 중 DNA만 숙주로 들어가 바이러스를 재생산할 수 있음을 보였다. 이는 바이러스의 DNA가 바이러스를 만들 수 있는 정보를 제공하는데 충분하다는 것을 보여 준다. 이로써 DNA가 생명의 정보이며 유전 물질이라는 것이 증명된 것이다.

DNA의 구조

DNA가 생명의 정보를 제공하는 유전 물질이라면 당연히 그다음 질문은 DNA라는 것이 어떤 모양을 갖기에 유전 물질로 작용할 수 있는가이다. 그래서 미국과 유럽의 유수한 연구실에서 DNA의 구조를 밝히는 연구가 경쟁적으로 진행되었다. 1953년 케임브리지 대학교에서 연구하던 프랜시스 헨리 콤프턴 크릭(Francis Henry Compton Crick, 1916~2004년)과 제임스 듀이 왓슨(James Dewey Watson, 1928년~)은 DNA가 '이중 나선(double helix)' 구조를 이루고 있다고 제안하는 논문을 《네이처》에 발표했다. 단 세 페이지의 이 논문은 분자 생물학의 시작을 가능하게 한 20세기 가장 중요한 논문으로 평가된다. 왓슨과 크릭은 슈뢰딩거의 『생명이란 무엇인가』를 읽고 감동과 영감을 받아 유전 정보를 갖는 물질에 대한 연구를 시작하게 되었다고 밝히고 있다. 이 책 3장에서 DNA가 당, 인, 그리고 4종의 염기인 아데닌(A), 구아닌(G), 티민(T), 시토신(C)으로 이루어진 뉴클레오타이드 단위체가 연결된 중합체인 것을 공부했다. '이중 나선'이라는 말은 뉴클레오타이드가 계속 연결되어 이루어진 DNA 두 가닥이 꼬여 있다는 말이다.

왓슨과 크릭이 '이중 나선' 구조를 제안하는 데 가장 중요한 단서를 제공한 것은 오스트리아의 화학자 에르빈 샤가프(Erwin Chargaff, 1905~2002년)와 영국 킹스 칼리지(King's College)에서 엑스선 회절을 이용해 DNA의 구조를 연구하고 있던 물리학자 로절린드 프랭클린(Rosalind Franklin, 1920~1958년)이었다. 샤가프는 모든 생물의 DNA에서 염기인 아데닌(A)의 비율은 반드시 티민(T)과 같고 구아닌(G)의 비율은 시토신(C)과 같다는 것을 제시했다. 이는 DNA의 염기 중 아데닌(A)과 티민(T)이 짝을 이루고 구아닌(G)과 시토신(C)이 짝을 이룰 수 있다는 것을 의미한다. 프랭클린은 자신의 엑스선 회절 결과로부터 DNA가 이중 나선일 것이고 아마도 뼈대가 되는 구조는 바깥쪽에 있을 것이라고 비공식적으로 동료들에게 이야기했다고 전해진다.◆[5] 왓슨은 이로부터 DNA가 이중 나선 구조라는 확신을 얻었다고 한다. 덧붙이자면, 프랭클린은 역사상 가장 비운의 여성 과학자인 동시에 남성 중심의 과학계의 피해자로 언급된다. DNA의 엑스선 회절 결과도 사실상 비공식적으로 동료들에게 이야기했던 것임에도, 왓슨이 먼저 이론으로 정립해 발표했다. 왓슨은 이 비화를 이제는 이미 고전이 된 자서전 『이중 나선(*The Double Helix*)』에서 밝히고 있다.◆[6] 『이중 나선』에는 DNA의 구조를 둘러싼 과학자들의 미움, 시기, 협력, 고민 등 인간의 이야기가 등장한다.

왓슨과 크릭의 DNA 이중 나선 구조는 각각 당과 인이 결합해서 바깥쪽에 두 가닥의 DNA의 뼈대를 만든다. 안쪽에는 두 가닥 각각에 있는 염기들이 한쪽 가닥의 염기가 A인 경우는 다른 쪽 가닥의 염기 T와, C인 경우 G와 짝을 맞추어 배열되어 있다. 또 두 DNA 가닥은 직접적으로 강하게 결합하고 있지 않고 약하게 끌리는 결합으로 구조를 유지하고 있어 에너지를 가하면 두 가닥이 분리될 수 있다. 즉 사다리 같은 구조인데 사다리의 기둥에 해당하는 부분은 당과 인으로 이루어진 뼈대, 발을 놓는 평평한 부분은 염기가 마주 보고 쌍을 이룬 부분으로 생각하면 쉽게 이해가 될 것이다. 이런 사다리를 꼬아 놓으면 DNA 이중 나선 구조가 된다.

앞으로 공부하게 되겠지만 DNA 이중 나선 구조에서 DNA 염기 4종 각각의 짝이 정해져 있다는 것은 DNA가 유전 정보로 기능을 하는데 매우 중요한 성질로, DNA의 상보성(complementarity)이라고 한다. 발표 당시는 가설에 불가했던 DNA 이중 나선 구조가 큰 지지를 받은 이유는 그 구조가 유전 정보로서의 DNA의 기능을 설명하는 데 가장 적합했기 때문이다. 첫째 DNA 한 가닥에 연결된 뉴클레오타이드의 염기 배열 순서가 단백질을 구성하는 아미노산 순서에 대한 정보를 제공할 수 있다. 둘째 생명의 정보로서 가장 중요한 특징은 자기 복제를 통한 재생산인데 DNA 이중 나선 구조는 이를 설명하기에 매우 유용하다. 마주 보고 있던 DNA 이중 나선의 두 가닥을 에너지를 주어 분리하면, DNA의 염기는 A는 T, G는 C로 짝이 정해져 있으므로 각 가닥을 새로운 나머지 한 가닥의 DNA를 합성하는 주형(template)으로 사용할 수 있다는 것이다. 그 결과로 하나의 이중 나선이 정확히 복제되어 2개의 동일한 이중 나선을 만들 수 있다. 셋째, 진화와 생명의 다양성을 설명하려면 유전 정보가 변할 수 있어야 하는, 즉 변이(mutation)가 가능해야 한다. DNA를 구성하는 4종의 염기 중 A와 G, C와 T는 유사한 구조를 갖고 있어 외부의 자극에 의한 화학적인 반응으로 다른 것으로 바뀔 수 있고 이것으로 쉽게 변이를 설명할 수 있다.

DNA 이중 나선 구조에 대해 꼭 한 가지 더 기억해야 하는 내용이 있다. 마치 사다리의 기둥도 위는 얇고 아래는 두껍게 양끝이 다른 것처럼 DNA 이중 나선을 구성하는 마주보는 두 가닥 중 각 가닥의 양끝이 다르다는 것이다. 이 성질은 유전 정보로서 염기 배열 순서를 읽을 때 어느 쪽으로부터 읽을 것인가를 결정하기 위해 반드시 필요하다. 만약 양쪽 끝이 같다면 어느 방향으로 읽어야 할지를 모르게 될 것이기 때문이다. 각 가닥 DNA의 뼈대는 당과 인(P)이 한 번씩 번갈아 결합해 만들어졌으므로 뼈대의 한쪽 끝은 인(P), 다른 쪽 끝은 당이 된다. 인이 있는 쪽 끝은 5′(five prime이라고 읽는다.), 당인 쪽 끝은 3′(three prime)이다. 양쪽 끝이 다른 DNA 두 가닥이 마주 보고 이중 나선 구조를 만들 때 반드시 두 가닥은 서로 다른 반대의 쪽끼리 마주 보도록 결합한다. 그래서 DNA 이중 나선은 반대쪽끼리 마주보는 역평행(anti-parallel)이라고 이야기한다. 이 점은 같은 쪽끼리 마주 보고 있는, 즉 평형의(parallel) 사다리와 다르다.

유전자

DNA는 매우 긴 뉴클레오타이드의 중합체이며 많게는 수백만 개의 뉴클레오타이드가 연결된 두 가닥의 DNA가 이중 나선 염기쌍(base pair)을 이루고 있다. 연속하는 DNA 이중 나선 염기 서열(DNA sequence) 중 기능을 수행할 수 있는 단백질이나 RNA를 만들기 위한 정보를 제공하는 특정 부분의 염기 서열을 유전자라고 한다. 유전자는 대부분 단백질을 만드는 정보를 제공하지만 드물게 RNA 자체가 기능하는 경우는 그냥 RNA만 만들기도 한다. 긴 DNA 분자 내 모든 뉴클레오타이드의 염기 서열이 모두 유전자로 작용하는 것은 아니다. 실제로 유전자에 해당하는 DNA 염기 서열을 이루는 부분은 사람의 경우 전체 DNA의 2퍼센트 정도다. 그래서 지구에 존재하는 가장 효율적인 시스템인 생명체의 DNA 염기 서열에 유전자가 아닌 부분이 왜 이토록 많은 것인가가 오랜 세월 의문이었다. 2012년 발표된 연구 결과는 DNA 염기 서열 중 대부분을 차지하는 80퍼센트 이상의 부분은 2퍼센트 정도에 해당하는 유전자의 발현을 정교하게 조절하는 스위치 기능을 수행한다고 밝혔다.◆7 유전자가 그 유전자 정보에 해당하는 단백질이나 RNA를 만들기 위해 언제, 어디서, 얼마나 발현되는가가 생명체가 제대로 기능을 수행하는 데 무척이나 중요하기에 유전자 정보보다 그 유전자의 발현을 조절하는 스위치 부분에 해당하는 정보가 수십 배가 많다는 것이다.

DNA는 두 가닥의 이중 나선이므로 두 가닥 중 어느 가닥이 유전자로 기능을 수행하는가 하는 의문이 들 것이다. 두 가닥 모두 각각 유전자로 기능을 수행할 수 있다. 두 가닥의 동일한 부분이 한꺼번에 유전자로 사용되는 것이 아니라 DNA 염기 서열 중 어떤 유전자는 한쪽 가닥을, 어떤 유전자는 반대쪽 가닥을 유전자에 대한 정보로 이용한다.

유전자의 발현: 센트럴 도그마

지구에 존재하는 1000만 종 이상의 생명체 중 인간이 확인한 모든 (바이러스는 완전한 생명체라고 볼 수 없으므로 제외할 때) 생명체는 DNA를 유전 정보로 갖고 있다. 그리고 놀라운 것은 셀 수 없이 많은 생명체가 DNA의 염기 서열(sequence) 내에 담겨 있는 정보를 이용해 생명을 유지하는 방법이 같다는 것이다. 이 방법을 '센트럴 도그마(central dogma)'라고 한다. 어느 학문에서 감히 어떤 현상을 두고 센트럴 도그마라고 이름 붙일 수 있을까? 그러나 생명체가 유전 정보를 이용하는 방법, 즉 유전 정보 해독법이 모든 지구 생명체의 모든 세포에서 동일하므로 이렇게 명명되었다. 이는 생명체가 유전 정보를 이용하는 방법이 지구 생명의 역사에서 단 한 번 개발된 후 종이 다양화됨에도 불구하고 계속 동일한 방법이 사용되어 오고 있음을 의미한다. 이런 사실을 인지하고도 진화를 믿지 않는다면 그것이 더 놀라운 일이 될 것이다.

유전자 해독법인 센트럴 도그마는 아주 간단하다. DNA→RNA→단백질. DNA 염기 서열 중 유전자에 해당하는 부분의 DNA를 주형으로 RNA가 만들어지고, 이 RNA 정보로부터 다시 단백질이 만들어진다는 것이다. DNA 내에 존재하는 유전자에 해당하는 정보를 읽어 내는 과정, 즉 DNA 염기 서열 정보로부터 RNA를 만드는 과정을 전사(轉寫, transcription)라고 한다. 아마도 유전자에 해당하는 부분의 정보를 사진을 찍는 것처럼 복사해 낸다는 의미로 이렇게 명명한 것이다. 그렇다면 세포 내에 눈이 있는 것도 아니고 소리를 낼 수 있는 것도 아닌데 어떻게

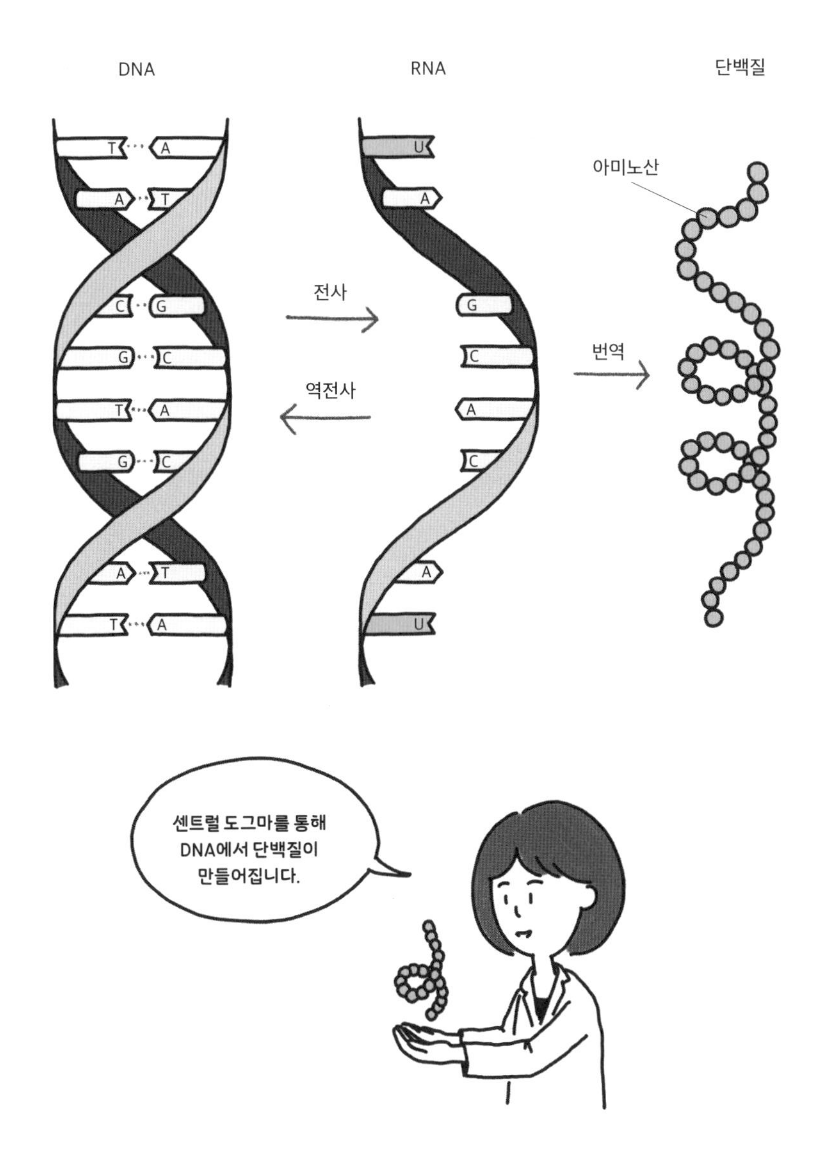

그림 10 **모든 생명체에 적용되는 유전 정보를 사용하는 기본 원리인 센트럴 도그마.**

염기 서열인 DNA 정보를 읽어 낼 수 있는가? 앞에서 DNA 이중 나선 구조를 설명할 때도 이야기했지만, DNA 염기 4종 각각의 짝이 정해져 있다는 것이 유전자의 정보를 읽어 내는 데 매우 중요하다.

전사를 이해하기 위해 먼저 전사에 의해 만들어지는 RNA에 대해 살펴보자. 핵산인 RNA도 뉴클레오타이드의 중합체로, 그 뉴클레오타이드도 염기 4종으로 구성되어 있다. 염기 세 가지 아데닌(A), 구아닌(G), 시토신(C)는 DNA와 같고 DNA의 티민(T) 대신 유라실(U)을 갖고 있다. RNA도 DNA와 유사하게 A는 U와 G는 C와 짝을 이루는 상보성을 갖는다. 또한 DNA가 이중 나선 구조로 서로 상보성의 염기 배열을 갖는 DNA 두 가닥이 서로 마주 보고 결합하고 있는 반면, RNA는 한 가닥으로 안정하게 존재하며 같은 가닥 내에 존재하는 상보적인 염기들이 부분적으로 짝을 이루어 꼬여 있는 특정 3차 구조를 만들기도 한다.

전사에 의해 유전자 염기 서열을 읽어 낸다는 것은 유전자가 있는 DNA 이중 나선 부분의 상보적으로 결합해 있는 두 가닥 염기 짝을 푼 후, 그중 한 가닥에 존재하는 유전자 염기 서열의 정보에 따라 상보적인 RNA를 합성해 내는 것이다. 이렇게 유전자 DNA 염기 서열에 상보적으로 합성되어 유전 정보를 담아 단백질이 합성될 수 있도록 그 정보를 전달해 주는 RNA를 특별히 mRNA라 한다. 그러므로 전사가 진행되고 있는 유전자에서는 부분적으로 DNA와 합성되고 있는 RNA의 염기가 서로 상보적으로 결합하고 있는 형태가 나타난다. DNA의 A는 RNA의 U와, T는 A와, C는 G와, G는 C와 결합한다. 또 DNA와 RNA는 모두 화학적으로 5′ 쪽에서 3′ 쪽 방향으로만 합성될 수 있기에 유전 정보를 읽는 방향이 정해진다. 유전자의 염기 서열을 다 읽어 내면 그 유전자에 해당하는 합성된 mRNA는 DNA로부터 떨어져 나오고 전사 과정 동안 잠시 벌어졌던 유전자의 DNA 두 가닥은 다시 결합해 이중 나선을 회복한다.

전사로 유전자 염기 서열 정보에 따라 합성된 mRNA로부터 단백질을 만드는 과정을 번역(translation)이라고 한다. 핵산의 정보를 다른 종류의 화합물인 단백질로 바꾸는 것이기에 마치 다른 언어로 바꾸는 것과 같다고 해서 이렇게 명명되었다. 핵이 따로 없이 유전 정보인 DNA가 세포질에 있는 원핵세포에서는 전사 후 번역이 그대로 진행된다. 유전 정보인 DNA가 핵 내부에 존재하는 진핵세포에서는 전사는 DNA가 있는 핵 내에서 진행되지만 mRNA 형태로 읽어 낸 유전 정보로부터 단백질을 합성하는 번역은 세포질에서 이루어진다. 따라서 전사된 mRNA는 번역을 위해 먼저 핵막을 통과해 세포질로 이동된다. 이렇게 세포질로 이동한 mRNA는 단백질 합성 공장으로 알려진 리보솜과 결합하고 리보솜에서 mRNA 염기 서열에 따라 단백질 합성이 진행된다.

그렇다면 어떻게 mRNA의 염기 서열 정보에 따라 그에 해당하는 단백질이 만들어질 수 있을까? 핵산의 서열을 이루는 염기의 종류는 네 가지, 단백질을 이루는 아미노산은 20종이다. 그러므로 4종의 염기의 서열은 20종 아미노산에 대한 코드를 제공해야 한다. 이제 약간의 수학을 적용해 보자. 만약 염기 1개가 1개의 아미노산에 대한 코드로 작용한다면 염기가 네 종류이므로 우리는 단 4개의 아미노산에 대한 코드밖에 만들 수 없다. 만약 염기 2개가 아미노산 1개에 대한 코드로 기능을 수행한다면 염기가 4종이므로 $4 \times 4 = 16$, 즉 16개의 아미노산에 대한 코드를 만들 수 있다. 그런데 아미노산은 총 20종이므로 적어도 코드는 20개 이상이 필요하다. 염기 3개가 아미노산 1개에 대한 코드로 기능을 한다면 4종의 염기로 만들 수 있는 코드는 4 × 4 × 4 = 64로 64개의 코드를 만들 수 있고, 20종의 아미노산에 대한 코드를 만들기에 충분하다. 이런 계산을 바탕으로 실험해 본 결과, mRNA로 전환된 유전자의 염기 서열은 3개의 염기 서열이 하나의 아미노산에 대한 정보를 제공함을 확인했다. 3개의 염기가 하나의 아미노산에 대한 코드를 만든다고 해 '트리플렛 코돈(triplet codon)'이라고 한다.

실제로 아미노산 수에 비해 코드의 수가 많으므로 하나의 아미노산에 대해 여러 개의 코드가 있는 경우도 있고 또 단백질 합성의 시작과 끝을 지정해 주는 코드도 있다. 리보솜에 결합된 유전자로부터 mRNA 형태로 합성해 읽어 낸 염기 서열을 읽다가 특정 코드(모든 생물에서 이 시작 코드는 5′AUG3′이다.)가 나오면 아미노산을 가져와 단백질 합성을 시작하고 계속 3개씩 염기 서열을 읽어 내려가면서 그 염기 서열 코드에 해당하는 아미노산을 가져와 연결해 염기 서열 정보에 따라 한 줄로 아미노산이 계속 연결된 단백질이 합성된다. 또 계속 읽어 가다가 단백질 합성을 끝내라는 염기 서열 코드를 만나면 더 아미노산을 가져와 결합하지 않고 단백질 합성을 끝내게 된다.

다음 의문은 mRNA를 어느 쪽부터 읽어 그 염기 서열 순서에 따라 단백질을 합성하는가 하는 점일 것이다. 앞의 전사에서 유전자의 DNA를 읽어 상보적 mRNA를 합성할 때 mRNA는 반드시 5′ 쪽부터 3′ 쪽 방향으로만 합성될 수 있다고, 즉 DNA와 RNA의 모든 핵산은 양 끝이 다른 화합물이라고 설명했다. 그러므로 mRNA를 번역해 그 염기 서열 순서에 따라 아미노산을 가져와 단백질을 합성할 때도 5′ 쪽부터 읽어 가면서 단백질을 만든다.

더 중요한 의문점은 어떻게 mRNA 염기 서열의 트리플렛 코돈 정보에 해당하는 아미노산을 정확히 가져와 단백질을 합성하는가 하는 것이다. 여기서도 핵산을 구성하는 염기의 상보성, 즉 염기가 결합할 수 있는 짝이 정해져 있는 것이 중요한 기능을 한다. tRNA(transfer RNA)라고 알려진 또 다른 RNA 분자가 아미노산 운반책으로의 기능을 수행한다. tRNA의 t는 아미노산을 전달해 준다는 transfer의 첫 자를 딴 것이다. tRNA는 mRNA 염기 서열의 각 코드에 맞는 아미노산을 가져와 단백질을 합성할 수 있도록 3개의 mRNA 염기 서열 코돈 각각에 해당하는 20종의 아미노산을 운반해 준다. 각 tRNA는 RNA 서열 중간에 자신이 운반하는 아미노산의 코돈과 매치되어 결합할 수 있는 트리플렛 코돈에 상보적인 3개의 염기 서열(anti-codon)을 갖고 있다. tRNA는 오직 mRNA의 코돈(codon)과 tRNA의 안티코돈이 정확히 맞아 상보적으로 결합했을 때만 자신이 운반해 온 아미노산을 전달하므로 mRNA 염기 서열 정보에 따른 단백질 합성이 가능해진다. 또 다른 의문점은 mRNA의 염기 서열 3개씩을 한 아미노산에 대한 코드로 번역해 갈 때 띄어서 읽는가 아니면 계속 연속으로 읽는가 하는 점인데, 띄어 읽지 않고 연속으로 읽는다.

이렇게 센트럴 도그마의 전사, 번역을 통해 유전자의 DNA 염기 서열 정보는 그에 해당하는 단백질로 전환된다. 일반적으로 유전자에서 그 정보의 최종 산물인 단백질이 만들어지면 유전자가 발현되었다고 한다.

유전자의 이상과 유전병

방금 유전자가 그 염기 서열 정보에 따라 단백질로 발현되는 과정을 살펴보았다. 그렇다면 유전자의 염기 서열에 변이가 생겨 하나의 염기가 다른 것으로 바뀌거나 염기를 갖는 뉴클레오타이드 하나가 기존 DNA 염기 서열에 끼어들면 어떻게 될까? 이렇게 유전자 염기 서열에 변동이 생기는 것을 돌연변이(mutation)라고 한다. 3개의 염기 서열이 하나의 아미노산에 대한 정보를 제공하는 코돈이 되므로, 염기 서열의 염기 하나가 다른 염기로 바뀌었을 경우 특정 아미노산에 대한 코돈이 바뀔 수 있다. 그렇게 되면 아미노산이 염기 서열의 정보에 따라 순차적으로 연결되어 단백질이 만들어질 때 변이가 있는 부분이 원래 아미노산이 아닌 다른 아미노산으로 대체된다.

이런 작은 변화가 어떤 결과를 일으킬 수 있을까? 3장에서 단백질의 기능은 물이라는 생체 환경에서 단백질을 구성하고 있는 아미노산의 성질에 따라 3차의 입체 구조가 형성되어 결정된다고 설명했다. 따라서 유전자의 염기 서열 하나가 바뀌어 그 유전자로부터 만들어지는 단백질의 아미노산이 다른 것으로 대체될 때, 대체되는 아미노산이 운이 좋아 원래의 것과 유사한 성질이라면 문제가 없지만, 다른 성질일 경우 전체 단백질의 입체 구조가 변하게 되고 단백질은 원래의 기능을 수행할 수 없게 될 수 있다. 변이가 생긴 유전자의 단백질이 생체에서 아주 중요한 기능을 하는 경우 염기 서열 하나가 변화된 작은 변이가 생명체에 치명적일 수 있다. 실제로 테이삭스병(Tay-Sachs disease) 등 많은 치명적인 유전병에서 이런 경우를 보게 된다.

또 유전자에 핵산을 이루는 단위체인 뉴클레오타이드가 새로이 끼어 들어가는 변이가 생긴 경우, 염기 서열은 3개씩 띄우지 않고 연속적으로 읽히므로 그 변이가 일어난 지점 아래에 있는 모든 코돈은 하나씩 밀려 원래 유전자와는 완전히 다른 유전 정보로 읽히게 될 것이다. 따라서 이런 변이를 포함하는 정보에 따라 만들어지는 단백질은 원래 단백질과는 완전히 달라질 것이고, 원래 단백질이 수행하던 기능을 완전히 잃어버리게 될 것이다. 이 또한 많은 경우 치명적이다. 이렇게 작은 변이가 생명체에 아주 치명적인 효과를 유발할 수 있으므로 유전 정보가 무섭다고 하는 것이다. 요즘 자주 쓰이는 말로 나비 효과(butterfly effect)가 있다. 초깃값의 미세한 차이에 의해 결과가 완전히 달라지는 현상을 뜻하는데, 유전자 염기 서열의 미세한 차이가 생명체에 가져오는 효과는 내가 아는 가장 극심한 나비 효과의 전형이 아닌가 싶다.

그러나 생명체에 변이가 반드시 나쁜 것만은 아니다. 유전자의 변이는 개개의 생명체에게는 유전 정보의 미세한 변화로 비정상적인 기능을 통해 유전병이라고 일컫는 질병을 유발할 수 있다. 하지만 전체 종의 입장에서 생명체는 개개의 변이를 통해서 환경 변화에 더 잘 적응하고 살아남을 수 있는 유리한 변이를 갖는 개체들이 계속 선택되어 번식하고 종을 유지할 수 있게 해 주는 중요한 기능을 수행한다. 그 흥미로운 예를 피에서 산소를 운반하는 데 중요한 단백질인 헤모글로빈 변이에서 찾아볼 수 있다. 헤모글로빈 유전자에 변이가 생겨 하나의 아미노산이 다른 것으로 바뀌면 입체 구조가 변해 보통은 원반형인 적혈구가 낫 모양으로 바뀌고 빈혈에 걸린다. 하나의 유전자에 대한 정보를 부모 양쪽에서 받아 두 카피씩 갖고 있는데 헤모글로빈의 경우 2개가 모두 변이라 낫 모양의 적혈구만 만들어지게 되면 극심한 빈혈 증세를 보인다. 그러나 하나의 유전자가 정상이고 다른 하나가 낫 모양의 변이가 있는 경우는 빈혈은 증세가 거의 없고 다만 말라리아에 걸릴 확률이 아주 낮아지는 것으로 보고되었다. 헤모글로빈 유전자의 변이는 말라리아가 성행하는 아프리카 지역의 사람들에게 많이 존재한다고 한다. 환경에 적응하는 변이를 갖는 유전자가 선택되는 것을 보여 주는 좋은 예이다.

유전자 발현 스위치

유전자는 어떻게 언제 자신이 발현하는지 알까? 모든 유전자의 염기 서열은 그 앞에 프로모터(promoter)라는 발현을 위한 직접적인 스위치로 작용하는 염기 서열을 갖고 있다. 유전자의 염기 서열에 따라 mRNA를 합성해 내는 전사의 기능을 수행하는 단백질이 프로모터에 결합해 유전자를 발현시킨다. 프로모터 스위치는 각 유전자의 발현을 직접 조절한다. 앞에서 생명체의 전체 DNA 중 유전자인 부분은 상대적으로 아주 적고 유전자의 발현을 정교하게 조절하기 위한 스위치에 해당하는 염기 서열이 대부분이라고 언급했다. 즉 다양한 세포 내외의 환경에 반응해 각각의 유전자 발현을 정교하게 언제, 어디서, 얼마나 많이, 얼마나 오래 등의 조건으로 조절할 수 있는 다양한 간접 스위치들이 존재하고 유전자 주변과 멀리 떨어진 부분까지 널리 퍼져 있다. 프로모터의 효율성을 조절하는 이런 간접 스위치를 인핸서(enhancer)라고 한다. 또한 여러 유전자의 발현은 세포 내외의 환경 변화로 다양하게 조절된다. 타고난 유전자들이 어떤 조합으로 어떻게 켜지고 꺼지는가는 스위치인 프로모터에 의존하게 되고, 이 프로모터가 다양한 환경에 반응하는 인핸서에 의해 조절된다. 따라서 생명체의 유전자가 동일하다고 해도 환경에 따라 유전자의 발현이 여러 가지 다양성을 갖고 재구성될 수 있다는 것이다.

유전자의 발현 스위치 조절은 인류 역사의 오랫동안 인간을 설명하는 논쟁의 중심이 되어 왔던 '본성과 양육'이 만나는 접점을 제공한다. 인간은 유전자라는 타고난 본성이 어떻게 발현되는가의 환경에 따른 양육으로 발현이 조절되어 본성과 양육이 함께 유연하게 작용하고 있다는 것이다. 유전자 시대의 본성과 양육에 대한 명저인 『본성과 양육: 인간은 태어나는가 만들어지는가(*Nature Via Nurture: Genes, Experience, and What Makes us Human*)』를 쓴 매트 리들리(Matt Ridley, 1958년~)의 말을 빌리면, 유전자는 환경에 반응하는 감수성의 축도가 되며, 생명체를 유연하게 환경에 적응하게 하는 수단으로 작용한다고 볼 수 있다.◆8

세포 내에서 유전 정보 DNA의 구조

이제 우리는 생명의 정보인 DNA가 이중 나선의 매우 긴 뉴클레오타이드 중합체이고 어떻게 단백질 합성을 위한 정보를 제공하는지 이해했다.

그러나 세포를 현미경으로 보아도 DNA는 직접 관찰되지 않는다. 그렇다면 DNA는 세포 내에서 어떤 구조와 모양을 하고 있을까? 원핵세포에서 DNA는 5′ 쪽 끝과 3′ 쪽 끝이 서로 연결된 하나의 큰 원형의 모양을 하고 있다. 진핵세포에는 종마다 수는 다르지만 긴 DNA 가닥이 염색체 형태로 존재한다.

1913년 초파리를 이용해 유전 현상을 연구하던 유전학자인 토마스 몰건(Thomas Morgan)은 어떤 물질이 유전 현상의 정보를 제공하는가는 몰랐지만 유전 현상의 중심 기능이 세포의 핵 내에 있는 염색체(chromosome)에 있음을 증명했다. 염색체는 보통 세포를 관찰하면 잘 보이지 않지만 분열하고 있는 세포에서는 현미경으로 직접 관찰된다. 진핵생물에서 DNA의 긴 염기 서열은 몸을 구성하는 각 세포 내부의 핵에 염색체라는 구조로 존재하며, 사람은 세포마다 동일한 46개(부모 각각에서 받은 23쌍) 염색체를 갖고 있다. 하나의 염색체는 보통 수백만 염기쌍의 아주 긴 하나의 이중 나선 DNA다. 그러므로 사람의 각 세포에는 염색체가 46개이므로 유전 정보 제공자로서의 DNA 분자도 46개 존재한다.

DNA는 지름 20옹스트롬(10^{-10}미터)의 이중 나선으로 아주 가느다랗고 긴 실 모양을 하고 있다. 염색체는 DNA라는 한 줄의 아주 긴 실의 실타래라고 볼 수 있다. 우리 몸은 보통 10조~100조(10^{13}~10^{14}) 개의 세포로 이루어져 있고 지름은 세포 종류마다 약간씩 다르기는 하지만 보통 100마이크로미터(100μM, 10^{-6}미터) 정도다. 하나의 세포에 존재하는 46개 염색체의 DNA를 모두 합한 총 길이는 약 2미터다. 세포마다 이 정보를 모두 갖고 있으니 몸을 구성하고 있는 DNA의 총 길이는 2미터에 전체 세포 수를 곱

한 20조~200조 미터가 되고 환산하면 지구에서 태양까지 70~700번 왕복할 수 있는 길이다. 이런 계산을 해 보면 정말 몸 안에 우주가 있음을 실감할 수 있다.

더욱 놀라운 것은 어떻게 2미터나 되는 DNA가 지름이 수 마이크로미터에 불과한 세포핵이라는 구조 속에 엉키지 않고 존재하면서 유전 정보로서 기능을 수행할 수 있는가이다. 세포 내에 조밀하게 DNA를 패킹(packing)할 수 있는 특별한 방법이 존재하리라 상상할 수 있다. 실제 세포의 핵 안에서 DNA는 엉키지 않도록 DNA가 히스톤(histone)이라는 구형 단백질을 감아 지름 10나노미터의 꿰어진 구슬이 계속 연결된 모양으로 존재한다. 이렇게 DNA는 히스톤 구슬을 감은 형태로 유전자를 발현시키기도 하고 그 자체가 복제되기도 한다. 또한 세포 분열을 위해 복제된 DNA를 더 굵은 지름의 실로 거듭 꼬아 두꺼운 타래를 만들기도 한다. 굵은 노끈을 자세히 보면 가는 실 여러 겹이 꼬여 만들어진 것처럼 분열을 위해 아주 굵은 노끈처럼 꼬여 있는 염색체는 현미경으로 관찰할 수 있다.

유전자만이 아니다: 후생 유전학

유전 정보 자체는 본래 부모에게서 받아 타고나는 것이고 인간의 신체와 마음을 표현하는 뇌의 구조를 만든다. 그러므로 유전 정보인 DNA에 내재된 유전자는 생명체로서 인간의 근본적인 생명 현상에 더해 인간의 마음이 학습하고 기억하고 모방하고 각인하고 문화를 흡수하고 본능을 표현하는 데 꼭 필요한 것이다. 앞에서 다양한 환경에 반응해 프로모터가 조절되어 유전자의 발현 조절이 가능하다고 설명했다.

요즘 생명 과학계에서 이야기하는 환경에 의한 유전체 발현 조절 방법은 프로모터의 조절에 의한 직접적 조절 이외에 세포 내에 존재하는 DNA의 패킹을 조절해 넓은 범위의 DNA 구조를 발현하기 쉽게 풀어 열거나 발현할 수 없도록 닫을 수 있다는 패킹에도 초점을 맞추고 있다. 이 책에서도 DNA 패킹이 아주 긴 DNA가 작은 세포핵 안에 존재하는 데 매우 중요함을 설명했다. 실제로 세포의 핵 안에서 어떻게 DNA가 패킹되었는가는 DNA 내에 내재하는 유전자의 발현 조절에도 매우 중요한 기능을 수행한다. 또한 다양한 DNA의 패킹 방법이 외부 환경에 의해 예민하게 조절되고 있다고 알려지고 있다.

최근 생명 과학을 공부하는 학자들의 가장 중요한 관심사 중 하나는 어떻게 DNA가 핵 내에서 패킹되고 그 패킹 방법이 어떻게 외부 환경에 의해 변화되거나 다음 세대로 전달될 수 있는가 하는 질문이다. 역사에서 기근이 계속된 지역에서 살아남은 이들의 DNA는 그 패킹이 변화해 기근 속에서도 살아남는 방법으로 유전자의 발현이 조절되었고 그 정보가 자손까지 전해지고 있다고 알려진다. 패킹 방법에 따라 동일한 DNA와 그 안에 담긴 유전 정보라도 발현이 되어 기능을 수행할 수 있는가 없는가가 달라지기 때문이다. 이러한 연구 분야를 후생 유전학(epigenetics)이라 하는데, 풀어 보면 '유전학(genetics) 위(epi-)에 있는 학문'이라는 의미다. 유전 정보인 DNA 염기 서열 자체의 돌연변이가 다음 세대로 전해지는 기존 유전학을 넘어 DNA 염기 서열 자체는 변화하지 않고 유전자의 발현과 그에 따른 개체의 성질을 변화시킬 수 있는 다음 세대까지 전해질 수 있는 변화를 총칭한다. DNA의 염기 서열 자체가 변화하지 않고 발현을 조절하는 방법은 세포 내 패킹을 변화시키는 것이다.

현재까지 가장 잘 알려진 DNA의 패킹을 조절하는 방법은 DNA 염기 서열 중 시토신(C)에 메틸기를 붙이는 것과 염색체에서 DNA를 감고 있는 히스톤 단백질에 메틸기나 아세틸기를 떼거나 붙이는 것이다. DNA의 시토신에 메틸기를 붙이거나 히스톤의 아세틸기를 떼어내면 DNA가 더 촘촘하게 패킹되어 그 DNA 부분이 제대로 열릴 수 없으므로 이 부분에 있는 유전자들이 발현되지 못한다. 그러나 어떻게 이 패킹 정보들이 세포가 복제될 때 그대로 딸세포로 전해질 수 있는가는 잘 알려져 있지 않다. 보통은 정자와 난자를 만드는 과정에서 이 패킹 정보들이 다 백지화되는데 그렇지 않은 경우도 있어 무엇이 어떻게 DNA 패킹을 조절하는 스위치 정보로 이용되는가 등의 질문에 대한 해답은 아직도 연구 중이다. 단지 현재 명확한 것은 세포 안과 밖의 환경 변화에 DNA 패킹이 예민하게 반응해 유전자 발현을 조절할 수 있다는 것이다.

후생 유전학은 우리가 DNA, 즉 타고난 본성에 의해서만 결정되는 것이 아니라 환경이 타고난 DNA를 발현시키는, 즉 양육에 의해서도 조절됨을 보여 주는 또 다른 증거를 제시한다. 후생 유전학이 역사적으로 계속 논란되어 온 본성과 양육 논쟁을 과학적으로 직접 연결해 주고 있음을 볼 수 있다. 인간을 결정하는 것에 대한 인류의 오래된 질문 '본성이냐 양육이냐?'의 답을 찾는 열쇠로 많은 과학자들이 일란성 쌍둥이에 관심을 갖고 있다. 일란성 쌍둥이는 동일한 유전 정보를 갖고 있으므로 출생 후 각각 다른 곳에 입양되어 다른 환경에서 자란 쌍둥이를 비교하면 지능, 질병, 인성 등 인간을 결정하는 주요 요인을 알 수 있다는 것이다. 나이 들며 관찰되는 일란성 쌍둥이 간 차이는 동일한 유전 정보를 갖더라도 어떤 유전자가 얼마나 발현되는가의 스위치가 환경에 의해 조절될 수 있다는 최근의 후생 유전학의 좋은 예가 되기도 한다.

후생 유전학이라는 용어는 1942년 영국 에딘버러 대학교 교수였던 콘래드 핼 워딩턴(Conrad Hal Waddington, 1905~1975년)이 전능의 배아 세포가 발생 과정에서 동일한 유전 정보를 가졌으나 점차로 기능이 한정된 조직의 세포로 분화함을 설명하기 위해 처음 만들어 사용했다. 그러나 그 개념은 모든 유기체는 형태가 없는 것으로부터 특정 형태를 갖도록 만들어진다는 아리스토텔레스의 이론까지 소급해 갈 수 있다. 또한 다윈에 가려 완전히 틀린 것으로 치부되었던 라마르크의 용불용설도 환경을 통해 획득한 형질이 DNA 패킹을 조절해 다음 세대로 전해지는 경우에는 맞는 가설일 수 있음을 보여 준다. 외부 환경뿐 아니라 오늘 내 삶의 방식이 내 DNA의 패킹 방법을 변화시킴으로서 내 자손들에게까지 영향을 미칠 수도 있다는 것이 후생 유전학이 던지는 중요한 메시지다.

시스템 생물학(system biology)이라는 새로운 생물학 분야는 생명체를 단순한 유전자 발현의 합이 아닌 유전자들의 다양하고 복잡한 상호 작용을 통해 유지되는 교향악이나 혹은 매우 복잡한 네트워크로 설명하고 있다. 시스템 생물학의 관점으로 보면, 각 유전자의 발현이 환경을 통해 미세하게 다르게 조절될 때 다양한 유전자들의 발현 조절의 합으로서 동일한 유전 정보로부터 얼마나 다른 결과들이 도출될 가능성이 있는지 설명할 수 있다. 또한 최근의 생명 과학 연구 결과들은 인간에 대한 이해에 본성과 양육이라는 이분법적 사고로 접근하는 것이 한계가 있음을 보여 주고 있다. 본성, 즉 유전된 생명체의 정보인 DNA와 환경이 상호작용하면서 만들어 내는 다이내믹한 오케스트라의 음악이 바로 생명이고 인간이기 때문이다. 즉 생명이란 경험(양육)을 통한 다이내믹한 본성의 발현이라고나 할까?

6장
유전 정보 해독과 그 의미는 무엇인가?

생명 정보의 해독[1,2]

미국 아이들이 처음으로 책 읽기를 배울 때 가장 많이 읽는 닥터 수스(Dr. Seuss), 즉 테오도르 수스 가이젤(Theodor Seuss Geisel, 1904~1991년)의 책 중 『나는 눈 감고도 읽을 수 있어요!(*I Can Read With My Eyes Shut!*)』에는 이런 구절이 나온다. "더 많이 읽을수록 너는 더 많은 것을 알게 되고, 더 많이 배울수록 너는 더 많은 곳으로 갈 수 있다." 이 말은 일반적으로 진리다. 특히 세상에 나온 지 얼마 되지 않아 가능성이 열려 있는 아이들에게는 더욱이. 그러나 어른이 되면서 어디로 가야 하는가를 모를 때 더 많은 곳으로 갈 수 있다는 것이 꼭 좋은 것은 아니라는 것을 점차로 알게 된다.

생명체의 유전 정보를 읽고 해독해 생명체의 비밀을 풀고 싶어 하던 인류도 더 많이 유전 정보를 읽어 내면 더 많은 가능성이 열릴 것이라고 기대하고 있었던 듯싶다. 이제 유전 정보에 대해 더 많이 알게 되었고 우리가 갈 수 있는 곳은 많아졌다. 그런데 인류는 이제 정말 어디로 가고 싶은 것일까? 유전 정보 해독을 통해 우리가 마주한 포스트 게놈 시대(post-genomic era)를 생각하면 나는 알베르트 아인슈타인(Albert Einstein, 1879~1955년)의 말이 떠오른다. "너무 지식이 적은 것은 위험하다. 너무 많은 것도 마찬가지다." 물론 답은 각자 다르겠으나 이 장을 읽으면서 인류가 손에 쥐게 된 유전 정보 문제에 대해 함께 고민해 보았으면 싶다.

염기 서열 해독 방법

생명체의 DNA는 네 종류의 염기, A, T, G, C 서열이 이중 나선 구조로 쌍을 이루고 있어 유전자에 대한 정보를 제공한다. 이 생명체의 DNA를 읽어 내 유전 정보를 해독할 수 있게 된 것은 DNA 시퀀싱(sequencing)이라는 염기 서열 해독 기술 덕분이다. DNA 해독 기술인 시퀀싱은 DNA를 구성하는 각 염기의 서열을 순서대로 읽어 내는 것을 말한다. DNA 시퀀싱은 1977년 하버드 대학교 교수 월터 길버트(Walter Gilbert, 1932년~)와 대학원생이던 앨런 맥삼(Alan Maxam, 1942년~), 케임브리지 대학교의 프레더릭 생어(Fredrick Sanger, 1918~2013년) 박사에 의해 각각 독립적으로 처음 개발되었다.

맥삼-길버트 방법은 네 종류의 염기 각각에 특이적인 화학 반응을 일으켜 잘리게 한 후 그 자리를 읽어 내는 화학적 접근이었다. 생어 방식은 DNA 이중 나선을 복제할 때 A, T, G, C 중 각 하나씩 끝을 이을 수 없는 뉴클레오타이드를 섞어 사용해 특정 염기에서 더 복제가 일어나지 않고 끝나게 한 후 끝부분을 비교해 읽어 내는 것이다. 길버트와 생어는 이 공로로 1980년 노벨 화학상을 수상했다. 그러나 생어 방법이 더 효율적이어서 이후 DNA 염기 서열 해독은 주로 생어 방식으로 이루어졌다. 처음에 이 방법이 개발되었을 때는 실험실에서 수동의 화학 반응을 통해 한 번에 100~150개의 염기 서열을 읽어 내는 기술 수준이었으나 앞으로 이야기할 인간 유전체 해독 프로젝트가 진행되면서 염기 서열 해독이 많이 빨리 이루어져야 함에 따라 염기 서열 해독 방법은 빠른 속도로 기계화, 자동화되었다.

염기 서열 해독 기술과 더불어 유전체 DNA의 염기 서열을 밝히는데 지대한 공헌을 한 기술은 바로 PCR라고 일컫는 중합 효소 연쇄 반응이다. PCR는 아주 미량, 심지어는 한 분자의 이중 나선 DNA 조각으로부터 DNA의 원하는 부분을 복제, 증폭시킬 수 있는 분자 생물학적 기술이다. 1983년 바이오테크놀로지 회사 세터스(Cetus)의 연구원이던 캐리 멀리스(Kary Banks Mullis, 1944~2019년)는 특정 DNA 서열을 증폭하기 위한 방법을 처음 고안해 중합 효소 연쇄 반응이라고 불렀다.

PCR는 일련의 3단계 반응을 30~40회 정도 반복해 DNA 조각을 수십만 개로 증폭시킨다. 첫 번째 단계는 이중 나선의 DNA를 열을 주어 변성(denaturation)시켜 염기 쌍의 결합을 해체함으로써 두 가닥의 DNA를 각각 한 가닥으로 분리하는 것이다. 분리된 각각의 DNA는 새로운 DNA를 합성하기 위한 주형(template)으로서 역할을 하게 된다. PCR의 두 번째 단계는 결합(annealing)으로 주형의 염기 서열에 따라 상보성을 갖는 염기의 뉴클레오타이드를 가져와 이중 나선 구조를 합성해 낼 수 있도록 온도를 낮추어 DNA 합성 반응의 시발체(primer라고 불리는 몇 개의 뉴클레오타이드로 이루어진 작은 DNA 조각들)를 주형 DNA에 결합하는 것이다. 세 번째 단계는 신장(elongation)으로 이제 DNA 주형에 결합한 시발체의 뒤에 연속해 주형의 염기 서열에 따라 상보성을 갖는 염기의 뉴클레오타이드를 가져와 이중 나선 구조를 새로 합성해 내는 것이다. 그러나 처음 PCR를 고안했을 때 반응에서 사용했던 DNA를 주형대로 합성하는 DNA 중합 효소는 열에 약했기 때문에 매번 이중 나선 가닥을 분리하는 변성을 위해 열을 가하면 그 기능을 잃어버리므로 주기마다 이 효소를 새로 넣어야 했고 생성할 수 있는 DNA의 최대 길이는 400개의 염기쌍에 불과했다.

처음 PCR를 고안했던 멀리스는 1988년 뜨거운 온천수에 사는 생물도 DNA를 합성해 생명을 유지할 수 있음에 착안해 온천 미생물(*Thermophilus aquaticus*)의 DNA 중합 효소(Taq이라고 명명되었다.)로 획기적으로 PCR의 효율을 끌어올릴 수 있는 논문을 보고했고, 그 후 1993년 이 공로로 노벨 화학상을 받았다. 열에 강한 이 중합 효소를 이용해 그냥 시험관에 주형 DNA, DNA를 합성해 내는 재료가 되는 네 종류 염기의 뉴클레오타이드, 에너지원인 ATP, 그리고 시발체를 넣고 온도만 올렸다 내렸다 반복하면 DNA를 기하 급수적으로 증폭할 수 있게 된 것이다. 이러한 발견은 PCR의 효율을 월등히 끌어올렸고 PCR는 분자 생물학 연구의 속도를 엄청나게 가속시켰다. 《뉴욕 타임스》는 이 발견을 두고 "생물학의 역사는 PCR 이전과 이후로 나뉘게 될 것"이라고 대서특필하기도 했다.

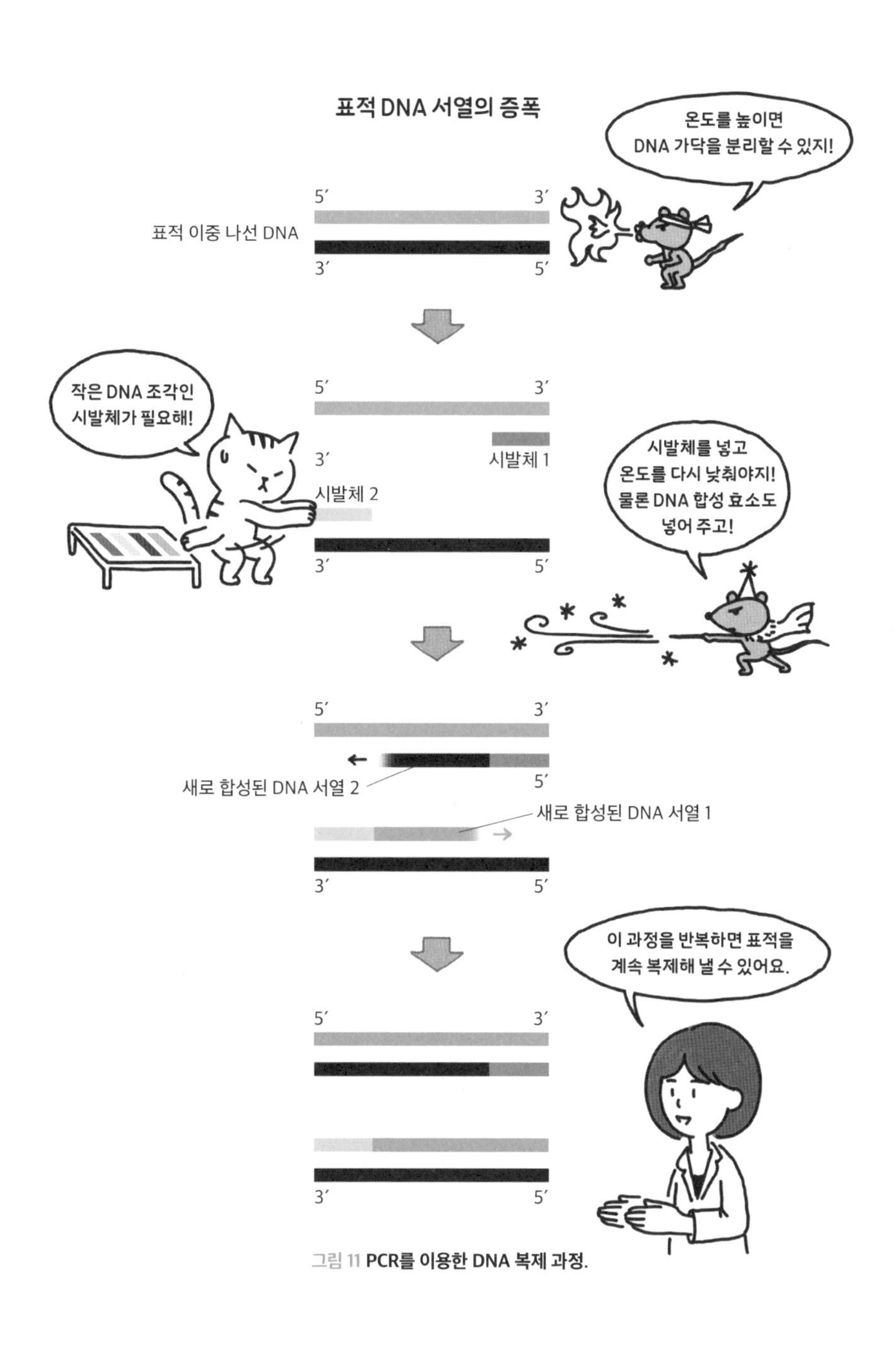

그림 11 **PCR를 이용한 DNA 복제 과정.**

PCR 기술로 사람의 유전 정보 전체인 유전체와 같은 매우 복잡하며 양이 지극히 미량인 DNA 용액에서 연구자가 원하는 특정 DNA 조각만을 선택적으로 증폭시킬 수 있게 되어 인간 유전체 해독 프로젝트를 기술적으로 가능하게 했다. 또한 PCR는 DNA 증폭에 필요한 시간이 2시간 이내로 짧으며, 실험 과정이 단순하고, 모든 과정을 전자동으로 기계로 증폭할 수 있다. 따라서 PCR와 여기서 파생한 여러 가지 기술은 현재 분자 생물학, 의료, 범죄 수사, 생물의 분류 등 DNA를 취급하는 작업 전반에서 지극히 중요한 역할을 담당하고 있다. 지난 몇 년간의 세계적인 코로나19 대유행으로 PCR는 일반인에게도 익숙한 용어가 되었다. PCR의 원리는 몰라도 코로나 바이러스 감염 여부를 판정하기 위해 PCR 검사를 요구하는 경우가 많았기 때문이다. PCR는 매우 예민하기에 심지어 단 하나의 바이러스만 존재해도 그 유전 정보를 증폭해 낼 수 있다.

인간 유전체 해독 프로젝트 ◆3, 4

생명체 각각이 갖고 있는 유전 정보 전체를 이르는 말이 유전체(genome, 게놈)다. 인간을 인간으로, 바나나를 바나나로, 즉 다양한 생물 각각을 만들 수 있는 유전 정보 전체를 우리는 그 생물의 유전체라고 부른다. 우리 몸을 구성하고 있는 수십조 개의 세포 각각에 유전체 정보가 담겨 있다. 인간 유전체를 해독한다는 것은 인간 DNA 전체의 A, T, G, C 네 종류 염기의 개수와 그 순서를 결정하는 작업이다. DNA 염기 서열 해독이 기술적으로 가능해지자 인간 유전체인 23개 염색체의 30억 염기쌍의 서열을 읽고 해석하려는 인간 유전체 프로젝트(Human Genome Project)가 1990년에 시작, 13년간 진행되어 2003년 공식적으로 완성되었다. 이미 20년 전이다. 이 프로젝트는 인간뿐 아니라 효모, 초파리, 예쁜꼬마선충, 아기장대, 마우스, 침팬지 등 생명 현상을 연구하는 데 중요한 모형 생물의 유전체 해독 작업도 함께 진행했다. 이 작업에 30년 전 금액으로 총 30억 달러(약 3조 원)의 막대한 예산이 투입되었고 미국 에너지부와 미국 국립 보건원(National Institutes of Health, NIH)가 주도했다.

시작 당시에 많은 학자들이 막대한 예산을 당장 인간에게 유용한 후천성 면역 결핍증(acquired immune-deficient syndrome, AIDS) 치료 등의 질병 연구에 우선 사용해야 한다고 반대했으나, 생명 과학 분야에서 주도권을 갖고자 하는 미국 정부는 의지를 굽히지 않았다. DNA 구조를 밝힌 후 분자 생물학 분야의 대부가 된 왓슨 등 일부 과학자들은 유전체 정보가 궁극적으로 유전병의 치료를 위해 꼭 필요하다는 믿음으로 이 프로젝트의 실현을 위해 적극적으로 노력했다. 인간 유전체 정보는 의학 및 생물학의 발달을 가져오고 암이나 알츠하이머 등 유전자 이상으로 인한 질병 치료에 도움이 되리라 기대되었다.

이 프로젝트에는 미국과 영국을 중심으로 16개국 연구소가 참여했고 1998년 바이오 테크 기업인 셀레라 지노믹스(Celera Genomics) 사가 설립되어 인간 유전체 프로젝트 팀과 경쟁했다. 두 팀의 경쟁은 인간 유전체 프로젝트의 완성을 계획보다 앞당길 수 있었고, 2000년 인간 유전체 지도의 초안이 완성되었다. 2000년 6월 26일 빌 클린턴(Bill Clinton,

1946년~) 미국 대통령과 토니 블레어(Tony Blair, 1953년~) 영국 수상이 인간 유전체 프로젝트의 결과를 발표했다. 그 역사적인 자리에서 클린턴은 "인류는 오늘 역사에서 가장 중요한 지도를 갖게 되었습니다."라고 이야기했다. 이후 지속적으로 정확도를 높이는 보완 작업이 수행되어 2003년 완성된 인간 유전체 염기 서열이 인류에게 공개되었다. 그러나 2003년 완성된 인간 유전체 염기 서열에는 약 15퍼센트에 해당하는 부분이 빠져 있었다. 그 후 인간 유전체 정보는 계속 보완되었고 2021년 5월 마침내 빠진 부분이 없는 전체 인간 유전체 염기 서열을 완전히 읽어 냈다는 발표가 나왔다.

그렇다면 인류는 왜 이토록 많은 인적, 물적 자원을 투입해 인간 유전체의 정보를 해독하고자 한 것일까? (인간 유전체 사업은 주로 미국을 중심으로 이루어졌고 영국, 일본 등의 협력을 받았다.) 어렸을 때 플라스틱 부품들을 설명서대로 조립해 비행기나 탱크를 만드는 장난감을 가지고 논 기억이 있을 것이다. 간단한 장난감을 조립하기 위해서도 부품의 리스트 어떤 부품을 어떤 순서로 붙여야 하는지 알려주는 설명서가 필요하듯 매우 복잡한 인간이라는 유기체를 이해하기 위해서는 먼저 그 부품 리스트가 필요하다. 인간 유전체 프로젝트를 통해 이제 생명체의 부품 리스트인 모든 유전자의 정보를 얻어 낸 것이다. 이 부품 리스트를 이용해 복잡한 생명체의 조립 방법과 유지 원리를 알아 갈 수 있으리라고 기대했다. 또 유전 정보에 이상이 생겨 유발되는 수많은 유전병에 대한 실마리를 찾을 수 있을 것으로도 기대되었다. 이런 이유로 선진국들은 거대한 연구비를 지원해 유전체 속에 감추어진 비밀을 풀고자 한 것이다. 또한 인간 유전체 프로젝트는 유전체 정보가 인류 전체의 공동의 유산이라는 믿음 속에 진행되었기에 완성 후 그 귀중한 정보가 무료로 공개되었다. 만약 특정 유전자의 염기 서열을 알고 싶다면 지금 NIH의 NCBI(National Center for Biotechnology Information) 웹사이트에서 유전자 이름만 치면 3초 내로 알 수 있다.

인간 유전체는 어떤 특징이 있는가?◆5, 6

인간 유전체 프로젝트 결과, 사람의 유전체는 약 30억 개의 염기쌍으로 구성되었다고 알려졌다. 그 정보의 양을 이해하기 쉽게 환산해 보면 여백 없이 A, T, G, C 글자로 가득 채운 A4 용지를 90미터 이상 쌓아 올릴 수 있을 정도의 정보량이다. 인간 유전체 전체의 염기 서열이 발표되었을 때 가장 놀라웠던 사실 중 하나는 인간을 만들고 유지하는 유전자의 수가 예상보다 엄청나게 적다는 것이었다. 전체 염기 서열 중 유전자에 대한 정보를 암호화한 부분은 2퍼센트도 채 되지 않았고, 인간은 복잡하므로 10만 개 이상의 유전자를 갖고 있으리라는 예상과 달리 고작 2만 개 정도의 유전자를 갖고 있다는 것도 알게 되었다. 또한 그 놀라움은 인간과 다른 생물의 유전자 수를 비교하면서 더욱 커졌다. 매우 고등한 동물로 자부하는 인간은 맥주나 빵을 만들 때 넣는 효모(6000개)보다 겨우 3.5배 많은 유전자를 갖고 있었고, 과일 주변을 날아다니는 초파리(1만 4000개)의 1.5배, 그리고 아주 작은 지렁이(예쁜꼬마선충, 1만 8000개)보다는 겨우

1.1배 많은 유전자를 갖고 있었다.

복잡한 생물(나는 '고등'이란 인간의 시각에서 온 단어를 의식적으로 사용하지 않으려 한다.)과 상대적으로 단순한 생물의 유전자 수는 큰 차이가 없으나 전체 유전체의 크기, 즉 염기 서열 개수는 많이 차이가 난다. 유전자 개수의 차이가 크지 않은 사람과 초파리를 비교할 때, 사람의 유전체가 30억 염기쌍인 것에 비해 초파리는 약 1억 7000개 염기쌍이다. 아주 작은 선형동물인 예쁜꼬마선충(*Caenorhabditis elegans*)의 유전자 수는 약 1만 8000개로 인간 유전자 수에 근접하고 있으나 그 유전체 전체 염기쌍은 1억 개 정도로 인간 유전체의 3퍼센트에 불과하다. 이렇게 일반적으로 진화 과정에서 최근에 출현한 복잡한 생물로 갈수록 유전자 수에 비해 유전체의 크기가 커지는 현상이 관찰된다. 그렇다면 진화 과정에서 아무 유전자도 암호화하지 않는 유전체의 영역이 왜 복잡한 생명체로 갈수록 더 많아지고 유전체 전체의 크기가 증가했을까?

생명체가 매우 효율적이고 경제적인 시스템인 것을 고려할 때, 복잡한 생물로 갈수록 기능도 불분명한 염기 서열이 많고 유전체의 크기가 매우 커진다는 사실은 유전체 해독 후 이해하기 어려운 의문점이었다. 유전체가 커질수록 각 세포가 갖고 있는 유전체 전체를 복사해 증식하는 데 에너지가 많이 들기 때문이다. 그러나 이런 결과는 단순히 유전자 하나하나뿐 아니라 이 유전자들이 어떻게 조절되는가와 이 유전자들이 어떻게 네트워크를 이루는가가 생물을 만드는 정보를 제공하는 데 매우 중요할 것임을 시사한다. 실제로 유전체 프로젝트 이후 진행된 연구로 유전자를 암호화하지 않는 유전체의 다른 부분들은 유전자의 발현을 정교하게 조절하는 스위치 기능을 한다는 것이 밝혀졌고 현재도 이런 가능성이 입증되고 있다.

인간과 다양한 생물의 유전체 정보가 알려준 가장 놀라웠던 사실은 전혀 연관성이 없어 보이는 다른 생물들이 갖고 있는 유전체들의 유사성이었다. 막연하게 진화를 이해하던 우리에게 유전체 프로젝트는 분자 수준에서의 증거를 제시하고 있다고나 할까? 빵이나 맥주를 만들 때 넣는, 보통 생물이라고 인식조차 하지 못하는 효모의 유전체에 의해 만들어지는 단백질 중 약 46퍼센트가 인간에게도 존재한다. 또한 크기가 1밀리미터인 예쁜꼬마선충의 유전체에 의해 만들어지는 전체 단백질의 43퍼센트, 바나나 전체 단백질의 50퍼센트, 초파리의 전체 단백질의 61퍼센트, 복어 전체 단백질의 75퍼센트가 인간의 유전체에 의해 만들어지는 단백질과 매우 뚜렷한 유사성을 보인다. 즉 겉보기에는 이토록 다른 생명체들이지만 적어도 유전자 수준에서는 생명 현상을 유지하는 데 필요한 유전자와 이에 의해 조절되는 메커니즘이 진화하면서 그대로 보존되어 사용되고 있다. 2005년 밝혀진 진화상 인간과 가장 가깝다는 침팬지의 유전체 염기 서열은 침팬지와 인간이 98퍼센트 정도의 유전 정보를 공유하고 있음을 보여 주었다. 침팬지와 인간의 차이는 전체 유전체에서 겨우 2퍼센트의 염기 서열 차이가 만들어 낸 결과라는 것이다.

더욱 놀라운 것은 이렇게 다른 생물의 유전체를 구성하는 유전자들이 DNA 염기 서열상으로만 유사한 것이 아니라 그 기능도 매우 유사하게 보존되어 있다는 것이다. 따라서 다른 생물 간에 유사성을 갖는 두 유전자를 인위적으로 바꿔치기해도 기능이 그대로 유지된다. 쉽게 설명해 보자면, 초파리나 효모에서 특정 유전자를 제거한 뒤 이 유전자와 유사성을 보이는 사람 유전자를 대신 집어넣어도 제대로 기능을 수행해 생명이 유지된다. 이러한 다양한 생물 종 간의 유전체 수준에서의 기능적 유사성은 우리에게 이 지구에 존재하는 다양한 생물들이 본질적으로는 동일한 방법으로 생명을 유지하고 있음을 알려준다.

인종, 외모, 몸매, 능력 등 서로 매우 다르게 보이는 인간은 99.9퍼센트 이상의 동일한 유전 정보를 갖고 있다. 즉 단 0.1퍼센트 미만의 유전 정보 차이가 인간 사이의 다름을 만드는 이유인 것이다. 정말 대동소이(大同小異)란 이럴 때 써야 하는 말이 아닌가 싶다. 또한 인간의 역사에서 반목과 전쟁 등의 원인이 되곤 했던 민족이나 인종의 차이 역시 유전체 정보로는 구분할 수 없다고 한다. 역사적으로 인종이나 종족은 늘 차별의 원인이 되어 왔다. 이를 이유로 1994년 르완다에서 후투 족이 투치 족 80만 명을 학살하기도 했다. 인간 유전체 프로젝트의 관심사 중 하나도 인종을 유전 정보로 정의할 수 있는가였다.

2003년 공식적으로 인간 유전체 프로젝트가 종결된 후 유전체 연구를 진행했던 연구자들은 정부의 지원을 받아 '인간 유전체의 차이와 인종(Human Genome Variation and Race)'에 관한 연구와 워크숍을 진행했다. 현재 우리가 인종이라 부르는 것에 속한 사람들의 염기 서열을 비교했으며 인종을 과학적으로 정의할 수 있는지에 대한 연구와 토론을 진행했고 그 결과를 2004년 《네이처 제네틱스(*Nature Genetics*)》에 발표했다. 그들의 결론은 다음과 같았다. "DNA 연구 결과는 현대 인간 내에서 피부나 머리카락 등의 색깔에 대한 개인 차이가 있으나 인종이라 부를 만한 유전자 간 차이의 패턴은 존재하지 않는다." 이 발표 이후 인종 차별주의자(racist)에 대한 사전적 정의는 "분리할 수 있는 인간의 인종들은 존재하지 않는다는 인간 유전체 프로젝트의 결과에도 불구하고 여전히 인간이라는 종 내에 인종이 존재한다는 믿음을 계속 갖고 있는 개인이나 집단"으로 규정되었다. 아무런 과학적 근거가 없는 종족이나 인종을 구별하며 미움과 분노를 투사하는 것은 유전체의 시각에서 바라보면 정말로 도토리 키재기인 것이다.

개인 유전체 해독 시대

2003년 인간 유전체 프로젝트는 성공적으로 완료되었지만 가장 큰 문제는 막대한 비용과 시간이었다. 처음 인간 유전체 프로젝트를 시작할 때 사용했던, 1세대라 불리는 생어 DNA 염기 서열 해독 기술은 정확도는 높지만 대규모 염기 서열 분석이 불가능하고 시간과 비용이 많이 드는 단점이 있었다. 일루미나(Illumina) 사가 처음 개발한 2세대 NGS(Next Generation Sequencing) 기술은 대량 병렬 염기 해독 방법을 사용해 한 번 읽어 낼 수 있는 DNA의 양이 매우 크고 읽는 시간을 크게 단축했다. 2013년 1월 라이프 테크놀로지 사는 개인 유전체를 100만 원으로 하루에 읽어 낼 수 있는 사무실 프린터기 크기의 이온 프로톤 염기 서열 해독기를 개발했다고 발표했다. 이후 빠르게 3세대, 4세대 염기 서열 해독기가 개발되었고 유전체 해독을 위한 비용과 시간은 아주 빠르게 감소하고 대중화되었다. 이제는 다양한 생물의 유전체만 해독하는 것이 아니라 생명체의 각 조직이나 단일 세포 수준에서 전체 유전체 중 어떤 유전자가 얼마나 발현되는가도 아주 쉽고 빠르게 알아낼 수 있게 되었다. 이런 NGS 기술의 발전은 짧은 시간에 생명 과학의 연구 방법과 의료에 대한 접근을 완전히 바꾸고 있다.

이미 2010년 과학 저술가인 케빈 데이비스(Kevin Davies)는 『유전체 해독 100만원 시대(*The $1,000Genome: The Revolution in DNA Sequencing and the New Era of Personalized Medicine*)』에서 유전자 해독이 싸고 간편해지는 새로운 맞춤 의료 시대에 대한 전망을 담아냈다.◆7 그의 예측대로 적은 비용으로 개개인의 유전체 정보를 하루 만에 읽어 내는 기술이 가능해짐에 따라 의료 서비스의 혁신적 변화가 가능해졌다. 미래의 약은 머리가 아플 때 타이레놀을 먹는 것같이 모든 사람에게 똑같은 약을 처방하는 것이 아닌 개인 유전체 정보를 바탕으로 가장 적합한 약을 찾는 '맞춤형 약'으로 발전해 가고 있다. 실제로 같은 암이라도 유전체 내 변이된 유전자들의 조합에 따라 항암 치료의 예후가 달라지거나 특정 치료법에 대한 효과가 다르게 나타나는 것이 이미 여러 경우 보고되었고, 환자 암 조직의 유전체 정보를 이용해 가장 적합한 치료법을 찾는 것이 일반화되었다. 따라서 우리는 개인의 유전 정보에 기반해 미리 취약한 질병을 찾아내 예방하거나 최적의 치료법을 찾아내는 개인 맞춤형 정밀 의료(precision medicine) 시대를 살게 되었고 이런 추세는 더 가속화될 것이다.

잘 알려진 예가 배우 안젤리나 졸리(Angelina Jolie, 1975년~)다. 그녀의 가계는 변이되었을 때 유방암과 난소암 발병을 높이는 BRAC1 유전자의 변이를 갖고 있고 그녀의 모친도 유방암으로 사망했다고 한다. 그녀는 유전자 검사 결과 BRAC1 변이로 유방암과 난소암의 발병 가능성이 크다는 의사의 소견에 따라 2013년 양쪽 가슴 절제술을 받고 2015년에는 난소 제거 수술을 받았다. 그녀가 세계적으로 유명한 배우기에 이러한 내용이 전 세계적인 뉴스가 되었지만, 생각보다 많은 여성이 유전자 검사에 따른 예방적 수술을 받고 있다.

인간 유전체의 염기 서열이 갖는 의미와 유전자들의 정확한 기능을 이해하기 위해서는 유전체 염기 서열에서 미세한 차이가 있고 겉으로 질병이나 신체 조건 등으로 드러나는 표현형이 다른 많은 이들의 유전체 정보가 필요하다. 그러므로 NGS로 유전체 해독이 저비용으로 쉽게 가능해지면서 많은 이들의 유전체 정보를 축적해 유전체의 의미를 알아내기 위한 시도가 계속되었다. 2008년 미국, 영국, 중국이 중심이 되어 1000 유전체 프로젝트(1000 Genomes Project)가 발족했다. 이 프로젝트는 한두 명의 유전체 정보를 읽는 것이 아닌 적어도 다양한 민족 1000명 이상의 유전체를 빠른 속도로 읽어 내는 것이었다. 인간마다 존재하는 0.1퍼센트 미만의 미세한 유전적 차이 중 질환과 관련된 차이를 발견하고 의학적으로 유용한 정보를 얻는 것이 목적이었다. 2010년 1000명 유전체 초안이 발표되었고 2013년 3월 아마존(www.amazon.com)을 통해 이 정보가 일반에게 공개되었다. 개인에게 정확한 맞춤형 의료 서비스를 제공하기 위한 발판으로 인간 유전체 정보의 의미를 더 정확히 이해하기 위해 NIH는 '우리 모두의 연구 프로그램(All of Us Research Program)'을 진행하고 있다. 2015년 버락 후세인 오바마 2세(Barack Hussein Obama II, 1961년~) 대통령 때 계획되어 2016년 시작된 이 프로그램은 참여에 자원한 성인 100만 명의 유전체 정보를 읽는 것을 목표로 10년간 진행 중이다.

유전 정보의 해독은 우선 인간의 질병 중 우리 몸을 구성하는 유전자 정보의 이상으로 발생하는 암이나 당뇨병 등 일반적으로 유전병이라고 통칭되는 질병들에 대한 이해와 진단을 매우 쉽게 만들었다. 또한 태아의 경우 양수를 채취해 시행하는 유전자 검사를 통해 많은 유전병에 대한 가능성을 예측할 수 있다. 물론 현재의 의료 기술로 유전병에서 어떤 유전자의 이상으로 어떤 단백질 부품이 어떻게 잘못되었는지 진단한다고 해서 그 치료가 모두 가능한 것은 아니다. 이미 유전 정보에 따라 개체가 만들어지는 중이거나 개체가 만들어지고 난 후에 이미 갖고 있는 유전자를 대체할 수 있는 방법(유전자 치료)이 세포 수준이 아닌 생명체 개체 수준에서는 아직 성공을 거두고 있지 못하기 때문이다. 그렇기에 우리가 이전에는 운명으로 받아들였던 유전 정보의 이상 여부에 대한 사실을 치료법도 없이 꼭 알아야만 하는가의 논쟁은 지금도 현재 진행형이다. 또한 이런 이유로 이제는 기술적으로 가능해진 유전체 정보를 수정할 수 있는 CRISPR 유전자 가위를 인간 수정란에도 적용해야 한다는 주장이 윤리적인 문제에도 불구하고 끊임없이 제기되고 있다.

태아의 경우 양수 검사로 질병 관련 중요 유전자 검사를 할 수 있을 때는 이미 임신 6개월이므로 이때 유전병의 존재 가능성을 안다면 부모들은 이미 거의 사람의 형태를 갖춘 태아를 낙태할 것인가 아닌가의 어려운 도덕적 선택을 해야만 한다. 요즘은 가계에 유전병에 해당하는 변이 유전 인자가 존재할 경우 자연 임신이 아닌 인공 수정을 통해 수정된 배아의 유전 정보를 미리 검사한 후 유전자에 이상이 없는 배아를 감별해 착상시키는 맞춤형 시험관 아기 시술이 많이 시행되고 있다. 이는 우리가 기능을 알고 있는 유전자들을 중심으로 어느 정도 맞춤 아기가 가능함을 시사한다.

의사의 처방 없이 개인이 직접 회사에 유전체 검사를 의뢰해 정보를 얻는 것을 DTC(direct to customer)라고 한다. 우리나라에서는 현재 DTC 유전자 검사 결과를 소비자에게 제공하는 것을 어떤 질병까지 허용할 것인가에 대해 회사, 정부, 시민 단체 등의 합의가 이루어지지 않은 상황이고 개인 정보 보호법 등과 맞물려 난항을 겪고 있다. 그러나 이미 세계적으로 개인의 유전체 정보를 검사해 제공하는 상업적 목적의 많은 회사가 성업 중이고 전체 유전체가 아닌 실제로 발현되는 유전자 전체 검사의 가격은 100달러 이내로 저렴하다. 대표적으로 투엔티스리앤드미(23andMe)나 패밀리 트리 DNA(Family Tree DNA) 등의 기업은 개인의 유전체에 변이된 유전자들을 모두 찾아내 질병의 가능성을 예측해 주는 서비스부터 조상이나 친부모, 친척 찾기 등의 서비스를 제공한다. 필요하다면 DNA 검사용 조직을 쉽게 다른 나라 회사로 보내 검사받을 수 있는 세계화된 세상에서 우리나라만의 규제나 합의가 얼마나 큰 효력이 있을지는 잘 모르겠다.

「CSI」 등 TV 범죄 수사극에서 아주 쉽게 볼 수 있듯이 우리 개개인은 모두 조금씩 다른 DNA 염기 서열을 갖고 있으므로 범죄 수사 과학(forensic science)에서 유전 정보는 개인의 신원을 확인하는 데도 매우 유용하게 이용되고 있다. DNA를 쉽게 증폭할 수 있는 PCR 기술과 DNA 염기 서열을 읽는 NGS 기술의 발달로 아주 적은 혈흔이나 정액, 머리카락 등의 생체 시료에서도 DNA를 이용한 신원 확인이 가능하다. 이 기술은 DNA 지문(DNA fingerprinting)이라고도 하는데 현재 일반적으로는 인간 유전체 중 개인마다 달라지는 정도가 심한 13개 부분의 DNA를 비교하면 이 부분이 모두 일치하는 사람이 존재할 확률은 거의 없으므로 개인의 신원을 쉽게 확인할 수 있다고 알려져 있다.

심지어 DNA 유전 정보를 이미 고인이 된 역사의 인물의 유전체 정보를 알아내고 역사적 사실을 밝히는 데 사용하고 싶어 하는 학자들도 있다. 제16대 미국 대통령 에이브러햄 링컨(Abraham Lincoln, 1809~1865년)에 대한 다큐멘터리 「링컨의 숨은 살인자?(Lincoln's Secret Killer?)」가 2011년 제작되기도 했다. 몇몇 학자들은 링컨의 팔다리가 비정상적으로 길다는 것 때문에 처음에는 그가 팔다리가 길어지는 유전병인 마르판 신드롬(Marfan Syndrome)에 걸렸을 것이라고 주장했다.◆8 또 2007년에는 링컨의 사망 원인이 권총을 이용한 암살이 아니라 내분비계 종양이었다는 의문이 제기되었다. 이들은 링컨이 사망할 때 흘린 혈흔이 남은 옷에서 DNA를 채취해 검사하자는 의견을 제시했고 실제로 DNA 검사를 진행할 수 있는 생체 샘플을 찾고자 노력 중이다. 이런 사실 때문에 현대 유전학의 사회적 문제를 다룬 책을 저술하면서 필립 레일리(Phillip Reilly)는 책 제목을 『에이브러햄 링컨의 DNA(*Abraham Lincoln's DNA*)』라고 명명하기도 했다.◆9 또한 러시아의 마지막 황녀였던 아나스타샤를 자처하던 여인은 사후 DNA 검사를 통해 가짜로 밝혀지기도 했다. 아직 약간은 황당한 이야기지만 이렇게 역사적인 인물들의 DNA 유전 정보를 손에 넣는 것이 가능해지면 그들의 유전 정보를 갖는 인간을 재생하려는 시도가 이루어지지 말라는 보장이 없다.

개개인의 유전체 검사가 손쉬워지고 유전 정보가 데이터화된 현재 가장 우려되는 사회 문제는 유전 정보의 유출 가능성이다. 예를 들어 개인 의료 보험이나 생명 보험이 현재는 나이에 따라 가입자를 차별하고 있지만 개인의 유전체 정보를 갖게 되어 특정 질병에 걸릴 가능성을 유전 정보로부터 예측할 수 있다면 이를 근거로 가입자를 경제적으로 차별하게 될 것이다. 이윤을 추구하는 기업 입장에서 유전 정보의 질병이나 중독, 우울증 등의 가능성을 근거로 고용에 차별을 가할 수도 있다. 또 아마도 결혼 정보 업체에서는 유전자를 근간으로 '귀골(貴骨)'이 아닌 '귀 DNA' 그룹을 선별하고자 할 것이다. 즉 사회에서 유전 정보에 근간을 둔 인간의 차별이 가능해질 수 있다. 실제로 몇 년 전 공산주의 사회인 중국에서는 유전자 검사 결과를 학생들의 진로 지도에 활용하겠다고 발표해 전 세계적인 우려를 불러왔다. 또 프랑스는 학생 보호를 목적으로 모든 교사의 유전 정보를 확보하겠다고 발표해서 큰 논란을 불러일으키기도 했다. 개인 유전체 정보 프라이버시와 차별 문제가 수면에 떠오르고 있는 것이다. 따라서 날로 쌓여 가는 개인 유전체 정보와 더불어 개인의 중요한 프라이버시로서 혈액 등 생체 샘플에 대한 관리, 그로부터 쉽게 얻어낼 수 있는 유전 정보에 대한 관리와 사용에 대한 법적 장치 등의 마련이 우리 사회에 매우 필요하다. 또 현재 대부분의 나라에서 범죄자들의 유전 정보를 데이터화해 보관, 사용하고 있다.

유전 정보가 쉽게 얻어질 수 있는 시대를 살며, 이제 인권의 차원에서 누구의 유전 정보가 어떤 근거로 확보되어야 하고 어떻게 관리되어야 하는가에 대한 질문을 진지하게 물어야 할 시점에 와 있다. 우리 사회는 과연 과학과 기술의 발전 속도를 따라가고 있는 것일까?

우리는 정말로 우리의 유전 정보를 알고 싶은가?

이미 1930년대 올더스 레너드 헉슬리(Aldous Leonard Huxley, 1894~1963년)는 『멋진 신세계(*Brave New World*)』에서 인간이 유전 정보에 의해 수정에서 양육까지가 모두 계획되고 조절되고, 고민과 좌절이 없는 끔찍한 인간 사회의 탄생을 예고한 바 있다. 이 '멋진 신세계'가 실현된 듯, 아기가 태어나자마자 그 자리에서 피 한 방울을 뽑아 전체 유전 정보를 읽어 내 부모에게 아이가 앞으로 특정 질병에 걸릴 확률과 아이의 신체적, 정신적 능력을 설명하는 사회가 있다. 또 아이들의 미래는 그들의 유전 정보에 따라 그에 맞도록 통제되고 교육된다. 생명 과학이 가져올 미래에 대한 전망을 그린 앤드루 니콜(Andrew Niccol, 1964년~) 감독의 명작 「가타카(GATTACA)」의 한 장면이다. 1997년 발표된 이 영화는 『멋진 신세계』에서 영감을 받았다고 한다. 제목도 4종의 DNA를 구성하는 염기(G, A, T, C)를 무작위로 배열해 만든 이름이다.

10여 년 전 수업 시간에 이 영화를 보고 학생들에게 "본인이나 자식의 유전 정보에 대해 알고 싶은가?"를 주제로 토론을 하게 했다. 학생들은 알고 싶은 쪽과 알고 싶지 않은 쪽이 반반 정도였다. 또 알고 싶은 내용도 대부분은 아주 치명적인 질병에 관련되는 것만 알고 싶고 다른 부분은 알고 싶지 않다고 했다. 그런데 재미있는 점은 대부분 자신의 유전체 정보는 알고 싶지 않다고 했으나, 많은 학생들이 자신의 아이에 대한 유전 정보는 알고 싶어 했다는 것이다. 그러나 최근 급속도로 일반화된 유전체 해독 기술은 이런 토론 자체를 무의미하게 만들었고, 포스트게놈 시대에 태어나고 자란 요즘 학생들은 유전자 검사 자체와 얻을 수 있는 정보에 대해 매우 긍정적이다.

현재까지는 아기가 태어나면 발바닥에서 피를 몇 방울 뽑아 생장에 치명적인 영향을 미치는 유전병 관련 유전자 30개 정도를 스크린해왔다. 그러나 이제 유전체 해독 기술의 비용이 아주 저렴해졌으므로 「가타카」에서처럼 모든 신생아의 전체 유전체 정보를 읽어 질병뿐 아니라 평생의 식이, 운동 등을 관리하자는 주장이 나타나고 있다. 그리고 이러한 주장은 현재 미국을 중심으로 극심한 찬반 논쟁을 일으키고 있다. 아이의 유전체 정보를 알게 되면 모든 것이 확실해질 것 같으나 사실은 부모가 결정해야 하는 불확실성은 더 높아진다. 이 정보를 어디까지 얼마나 신뢰하고 어떻게 아이를 키울 것인가를 결정해야 하기 때문이다.

유전체 정보는 지금 당장 암 등 질병에 걸린 환자들에게 최적의 치료법을 찾는 유용한 정보를 제공할 수 있다. 그렇다면 지금 건강한 정상인이 앞으로 특정 질병에 걸릴 가능성을 예측하기 위해 이용하는 것은 어떠한가? 유전체 정보 자체는 쉽게 읽을 수는 있지만 어떻게 해석하고 어떻게 사용해야 할지 정확히 예측할 수 없는 것이 과학적 한계인 현재 상황에서 꼭 유전체 정보를 읽어야만 하는가? 당장 나타나지 않고 많은 세월 후에 나타날 수 있는, 예를 들어 알츠하이머나 암 등의 발생 가능성을 알고 사는 것이 필요한가, 유전체 정보를 어디까지 얼마나 알아야 하는가 등에 대해서도 논란이 뜨겁다. 결국 개인이 취향에 따라 결정할 문제인가?

NIH에서 인간 유전체 프로젝트 실현을 가능하게 했던 왓슨의 경우를 보자. 그는 인간 유전체 프로젝트 이후 염기 서열 해독 기술의 빠른 진보에 기여하기 위해 자신의 유전체를 읽도록 했다. 그 결과로 그는 자신이 복용하고 있던 혈압약이 본인의 유전체 정보와 맞지 않음을 발견했고 유전체 정보로 유용하게 이 문제를 해결할 수 있었다. 그러나 그가 절대로 알고 싶지 않다고 이야기한 정보가 있었다. 바로 그의 가계에 내려오는 알츠하이머의 가능성에 대한 정보였다. 그럼 누가 무슨 기준으로 어디까지 유전체 정보를 알려야 하는가? 질문은 있되 답을 알 수 없는 이 문제에 대해 답은 호킹 박사의 말로 대신하고 싶다. "지식의 가장 큰 적은 무지가 아니다. 그것은 지식에 대한 환상이다."

거대 과학으로서의 생명 과학

인간 유전체 프로젝트의 성공은 미국 과학계에 엄청난 자신감을 불어넣고 막대한 부가 가치를 창출했다. 2013년 4월 오바마 대통령은 다음 미국의 과학 프로젝트는 인간의 뇌에 관한 것이 될 것이라며, 인간 뇌의 기능을 이해하기 위해 뇌의 수십조 개의 신경망 연결에 대한 지도를 그리는

30억 달러 프로젝트를 곧 시작할 것이라고 발표했다. 이 자리에서 그는 기존 인간 유전체 해독에 투자했던 30억 달러가 1달러당 140달러에 해당하는 부가 가치를 창출했다고 언급했다.

거대 과학(big science)은 처음에는 원자탄 개발을 위해 시작했던 맨해튼 프로젝트나 입자 가속기 등 물리학 분야에서 시작되었다. 그러나 인간 유전체 프로젝트의 성공으로 거대 과학의 대상이 이제는 막대한 시장성과 경제성 및 인간에 대한 호기심을 바탕으로 생명 과학으로 그 중심을 옮기는 결과를 초래했다. 거대 과학은 막대한 비용과 인력, 시간이 투자되어야만 성공할 수 있기에 인간 유전체 프로젝트가 성공을 거두게 되면서 생명 과학 연구의 거대 과학화와 과학의 정치에 대한 예속을 초래했다. 생명 과학 연구가 거대 과학의 형태로 진행될 경우 그 연구는 앞선 기술력과 경제력을 갖고 있는 몇몇 선진국을 중심으로 배타적으로 진행되기 쉽다. 재정적으로는 긴 세월 동안 막대한 투자를 감당해야 하는 특성 때문에 정부의 예산, 즉 국민의 세금으로 진행될 수밖에 없다. 인간 세상에서 정치적으로 결정되지 않는 문제가 있을지 모르겠지만, 특히나 거대 과학의 경우 이러한 특성상 어떤 과학 프로젝트를 어떻게 진행할 것인가의 과학적 결정이 매우 정치적으로 이루어질 수밖에 없는 상황임을 시사한다. 또한 유한한 세금의 재원이 한 프로젝트로 쏠림에 따라 과학의 균형적인 발전을 어렵게 만드는 결과도 초래했다. 연구비가 반드시 필요한 것이 과학의 특성이기 때문이다. 따라서 거대 과학이 긴 안목에서 과학 발전을 위한 올바른 방향인지 판단하기는 어렵다. 이러한 문제에도 불구하고 인간 유전체 프로젝트 이후 각 나라는 앞다투어 막대한 비용, 엄청난 물리적 자원, 인력, 기술력을 투입하는 방향으로 생명 과학 연구 방향을 수정해 생명 현상에 대한 호기심이 그 목적이 아닌 경제 성장 동력으로서 높은 부가 가치가 기대되는 프로젝트 위주로 생명 과학 연구가 진행되는 결과를 초래했다.

7장
인간에 의한 생명의 변형은 무엇을 의미하는가?
생명의 변형과 합성*

아! 하느님, 저에게
바꿀 수 없는 것을 받아들이는 마음의 평안과
바꿀 수 있는 것을 바꾸는 용기와,
그리고 이 둘을 구별할 수 있는
지혜를 주시옵소서.

20세기 초반 공산주의, 나치즘, 산업화되는 자본주의 등, 정치 사회적 혼란이 극심했던 시대를 살며, 기독교 신앙을 어떻게 현실의 정치와 사회 속에 접목할 수 있을까를 고민했던 신학자 칼 폴 라인홀드 니부어(Karl Paul Reinhold Niebuhr, 1892~1971년)의 유명한 기도문 중 일부다. "바꿀 수 있는 것"과 "바꿀 수 없는 것"은 물론 사회나 정치적 제도의 문제였을 것이다. 그러나 나는 판단이 어려운 일을 마주할 때마다 기도문을 암송하며, 그가 나처럼 과학과 기술의 발전이 인간의 사회와 일상에 변화를 가져오는 20세기 후반, 21세기의 오늘을 살았다면 '바꿀 수 있는 것'과 '바꿀 수 없는 것'이 무엇이었을까 생각해 본다.

그중에서도 가장 어려운 것이 생명과 관련되는 기술이다. 인간을 위한다는 명분으로 진행되고 또 실제로 도움이 되는 경우도 있는 생명의 변형이나 더 나아가 지구에 존재하지 않는 생명체를 인위적으로 만들어 내는 생명의 합성까지, 이를 가능하게 하고 계속 더 그 수위를 높여 가고 있는 생명 과학 기술의 발전을 우리는 그냥 바꿀 수 없는 추세로 받아들여야 하는지 아니면 이 추세에 제동을 걸기 위해 노력해야 하는지 고민하게 된다. 물론 우리가 사는 자본주의 시대에 막대한 시장성의 가능성을 갖는 생명을 변형하거나 합성하는 과학 기술의 발달에 제동이 걸릴 수 있을지도 의문이지만 그냥 받아들이기도 무언가 편안하지 않다. 왜 이렇게 과학은 우리를 우리의 지혜로 분별하기 어려운 질문을 향해 걸어가도록 몰아가는 것일까? 이 지혜는 나만 부족한 것인가? 이번 7장에서는 생명의 변형과 생명체의 합성에 대해 논의하면서 여러분과 함께 고민하는 과정에서 이 지혜를 찾아볼 수 있었으면 싶다.

생물의 변형과 바이오테크놀로지

유전 공학(genetic engineering)이나 바이오테크놀로지(biotechnology)라는

단어가 한국 사회에 알려지지 않았던 1980년 초쯤이었다고 기억된다. 말씀이 좀 거칠었으나 통찰력이 깊었던 고등학교 시절 생물 선생님은 한번은 수업 시간에 들어오시더니 대뜸 "지금 우리 주위에 있는 동물이나 식물은 다 병신들이야."라고 하셨다. 원래 정상인 놈들은 인간에게 유용하지 않아 모두 대부분 사라졌거나 눈에 띄지 않는 곳에서만 살고, 인간의 의도에 맞는 것들과 인간의 의도대로 변형된 것들만 선택되어 주위에 존재한다는 말씀이셨다. 그때는 그 속에 숨어 있는 큰 의미를 이해하지 못하고 지나쳤는데 후에 유전 공학, 인간에 의한 생명체의 변형에 대해 공부하면서 다시 생각났다. 이 말씀을 통해 바이오테크놀로지 혹은 유전공학이 발전하기 전에도 인류는 계속 생명의 인위적 변형을 진행해 왔음을 깨닫게 된 것이다.

인간의 역사가 시작된 이래, 특히 농경과 목축의 시작과 동시에 인류는 생명체를 변형시키는 일을 시작했다. 변형의 대상은 주로 우리의 먹을거리가 되었던 식물과 동물로, 적어도 수천 년 동안 인류는 같은 종 안에서도 인간에게 유리한 변이를 갖는, 소위 우량 형질을 갖는 개체를 골라내어 이들끼리 혹은 보통 개체와 의도적으로 교배시키거나 접목해 생명체를 인간의 의도에 적합한 식물과 동물로 변형시켜 온 것이다. 이런 사실을 생각해 보면 인간에 의해 지구의 생태계가 얼마나 변화해 왔을지, 인간이 없었다면 지구 생태계는 지금 어떨지 상상이 안 된다. 그러나 인류 역사의 오랜 세월 동안 생명체의 변형은 같은 종끼리의 교배를 통해서만 가능했다. 그러다 20세기 후반 분자 생물학의 발달로 생물의 인위적 변형은 새로운 전환기를 맞는다.

DNA가 유전 물질이라는 것과 DNA가 기능을 수행하는 기전을 밝혀내면서 시작된 분자 생물학은 1970년대에 들어오면서 생명체에서 특정 유전자를 분리하고 그 기능을 알아낼 수 있는 기술을 제공했다. 또한 1970년대 들면서 6~20개의 염기쌍으로 이루어진 DNA의 정해진 특정 염기 서열을 인식해 자를 수 있는 제한 효소(restriction enzyme)라는 유전자 가위들을 다양한 미생물에서 발견했고 이들을 원하는 유전자의 DNA를 자르고 붙이는 데 이용할 수 있게 되었다.◆2 원래 미생물이 이 제한 효소를 갖고 있는 것은 다른 생명체나 바이러스의 DNA가 들어왔을 때 그 유전 정보를 잘라 없애려는 일종의 방어 기전이었다. 그것을 인간이 여러 종의 미생물에서 각기 다른 염기 서열을 인식하는 다양한 제한 효소를 발견하고 분리해서 대량 생산해 염기 서열에 따라 DNA를 마음대로 자르고 붙일 수 있는 도구로 개발하게 된 것이다.

한편 유전자를 생물 내로 쉽게 전달해 발현시킬 수 있도록 하는 유전자 전달책으로 사용 가능한 벡터(vector, 매개체)도 발견되어 이용하기 쉽도록 개발되었다. 제일 처음 개발된 매개체는 세균에 유전자를 임의로 전달, 발현시킬 수 있는 플라스미드(plasmid)였다. 플라스미드는 원래 세균이 자신의 유전체 이외에 추가로 갖고 있는 작은 원형의 DNA로 몇 개의 유용한 유전자를 갖고 있으면서 이 유전자를 이 세균에서 저 세균으로 쉽게 전달할 수 있다. 세균이 서로 유전 정보를 교환하는 방법으로 이용되어 온 것이었다. 이런 플라스미드를 목적에 맞게 원하는 유전자의 DNA를 제한 효소로 잘라 쉽게 붙여넣을 수 있도록 변형해 개발했고 이를 유전자 전달의 매개체로 사용할 수 있게 되었다. 또 식물에 공생하는 미생물 아그로박테리움속(*Agrobacterium*)의 플라스미드는 식물에 유전자를 전달하는 매개체로, 동물 세포를 숙주로 하는 바이러스는 동물에 유전자를 전달하는 매개체로 각기 개발되었다.◆3 이렇게 해 유전 공학이라고 불리는, 자연적으로는 서로 전혀 유전 정보를 주고받을 수 없는 동떨어진 종들 간에서 인간의 의도대로 인간이 필요한 유전자를 집어넣고 발현시키는 생물의 변형이 가능해진 것이다. 이렇게 우리의 의도대로 유전 정보가 변형된 생명체를 형질 전환(transgenic) 생물이라 하고 대개는 GMO 혹은 LMO(living modified organism)라고 부른다.

유전자의 기능을 밝히고자 하는 순수 과학적 동기가 아닌 경우 유전자를 사용한 인위적 생명체의 변형은 크게 두 가지 목적을 갖는다. 첫 번째는 변형된 생명체에서 인간이 원하는 물질을 손쉽게 대량으로 얻는 것이다. 두 번째는 변형된 생명체 자체의 경제적 가치를 원래 생명체보다 월등히 높이는 것이다.

첫 번째 목적을 달성하기 위해서 가장 많이 변형시키는 것은 세균으로 과정도 아주 간단하다. 플라스미드에 발현시키고 싶은 단백질에 대한 유전자를 잘라 붙인 후 하나의 세포로 이루어진 단세포의 세균 세포에 주입해 배양하면 된다. 세균은 20분마다 분열해 증식하므로 하루만 배양해도 엄청난 양의 원하는 단백질을 얻을 수 있다. 미생물을 이용해 원하는 물질을 대량으로 얻게 된 첫 번째 사례가 바로 혈당을 조절하는 단백질인 인슐린(insulin)이다. 당뇨병 환자들은 하루에도 몇 차례씩 인슐린 주사를 맞아야 해 많은 인슐린이 필요하다. 그러나 이렇게 유전 공학적 방법을 사용하기 전까지는 인슐린을 소, 돼지 등 동물의 피에서 분리

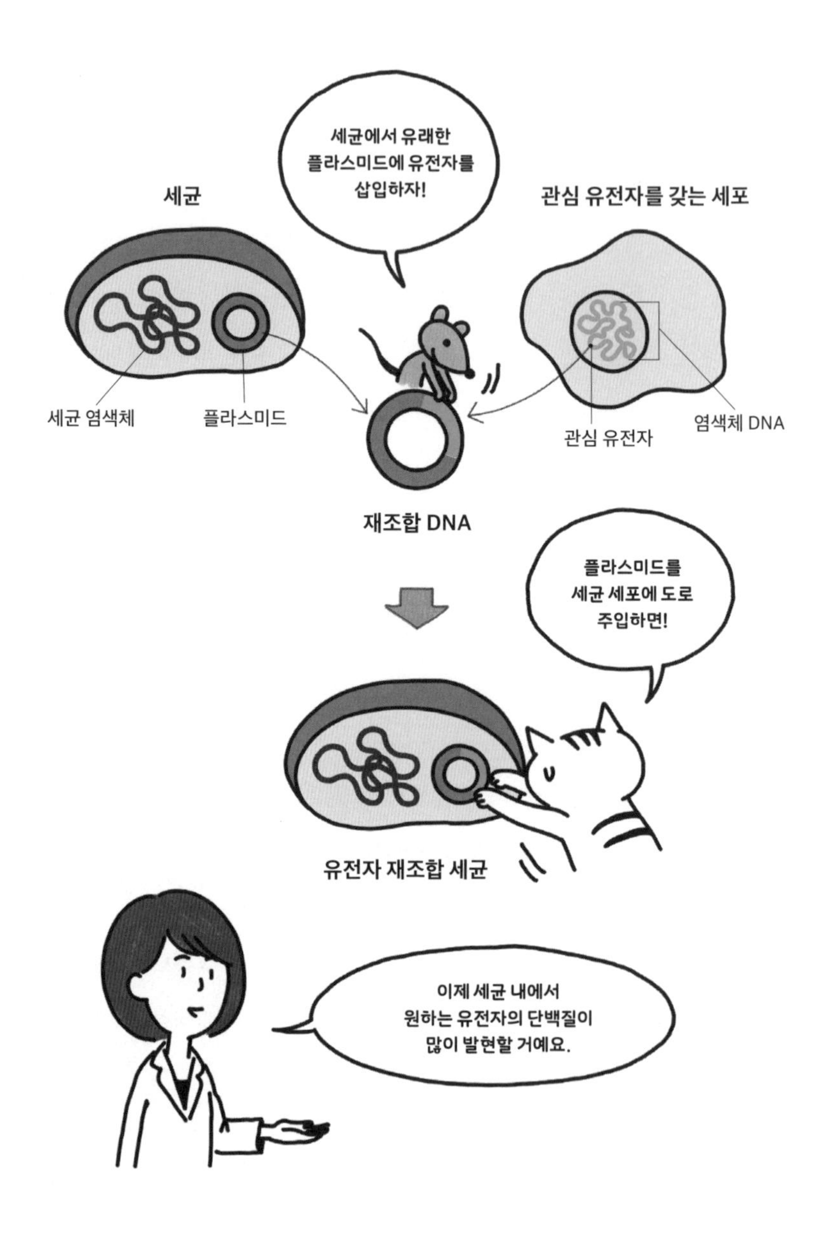

그림 12 플라스미드를 이용한 유전자 재조합 세균 만들기.

했고, 1회 주사 분량의 인슐린을 얻는 데 동물의 피가 20리터 이상 필요했다고 한다. 상식적으로 생각해도 인슐린 주사가 비쌀 수밖에 없었다. 1980년대 초반이 되어서야 대장균에 사람의 인슐린 유전자를 주입해 인슐린을 적은 비용으로 대량 생산할 수 있게 되었고 인슐린의 가격을 대폭 낮출 수 있었다. 이후 대장균을 비롯한 다양한 미생물에 인간 유전자를 주입해 항바이러스제, 면역 증강제인 인터페론, 성장을 촉진하는 성장 호르몬, 예방 주사용 백신 등 수많은 단백질 치료제를 손쉽게 대량 생산할 수 있게 되었다.

설명한 것처럼 미생물은 세포 하나가 생물인 단세포 생물이고 동물이나 식물에 비해 손쉽게 인간이 원하는 유전자를 넣을 수 있으며 증식 속도가 매우 빠르므로 원하는 물질의 생산율이 매우 높은 장점이 있다. 또한 유전자 변형 미생물은 식량 문제, 의약품 문제, 공해 등 환경 문제 등을 해결할 수 있는 수단으로 기대를 모으고 있다. 특히 환경 오염 물질을 효율적으로 분해해 제거할 수 있는 미생물을 새로 찾아내거나 그런 기능의 유전자를 찾아내 다른 미생물에 넣어 발현시키는 연구는 현재 아주 활발히 진행되고 있다. 실제로 미국 걸프 만에 유출된 원유를 제거하는 데도 미생물이 사용되었으며 이탈리아 성당의 천장에 그려진 프레스코화를 청소하고 원래의 색깔을 복원하는 데도 미생물이 사용되었다.

인간의 단백질 중 몇몇은 생산된 후 인체에서 기능을 수행하기 위해 변형되는데 미생물은 이런 변형을 수행하지 못하는 경우가 있다. 이런 경우는 단순한 유전자 변형 미생물 대신 주입된 유전자에 의해 생산된 단백질을 인간의 생체에서 일어나는 것과 유사하게 변형시켜 기능이 있는 형태로 생산할 수 있도록 포유동물을 단백질 생산을 위한 도구로 사용한다. LMO 동물을 이용해 공인된 의약품을 생산한 첫 사례는 2009년 미국 식품 의약국(Food and Drug Administration, FDA)에서 의료용으로 승인된 항트롬빈 III(antithrombin III)이다. 항트롬빈 III은 혈전 치료제로 인간의 혈관 안에서 혈전을 녹이고 혈액을 묽게 만드는 단백질의 일종이다. 미국의 젠자임 트랜스제닉(Genzyme Transgenics Corp, GTC) 사는 1998년 인간의 항트롬빈 III을 생성하는 유전자를 추출해 이를 산양의 유선(乳腺)에서 발현될 수 있는 프로모터(6장에서 설명한 유전자 발현 스위치)에 붙여 산양에 이식했다. 이렇게 변형된 유전 정보를 갖는 산양은 산양유에 항트롬빈 III을 다량 함께 발현해 분비하므로, 원래 동물의 혈액에 아주 미량으로 존재하는 항트롬빈 III이 산양유와 함께 계속 대량 생산되도록 만드는 데 성공하게 된 것이다. 그 외에도 빈혈 치료제인 조혈 촉진 인자 등 다양한 의약품을 LMO 동물의 우유나 소변 등 분비물을 통해 대량으로 생산하려는 여러 가지 시도가 계속되어 오고 있다. 또한 오메가-3 불포화 지방산을 만들도록 변형한 돼지, 빨리 자라 시장성이 있도록 성장 호르몬을 과다하게 분비하도록 변형된 연어, 인간 초유에 풍부한 항바이러스성 물질인 락토페린 유전자를 이식한 젖소 등의 유전자 변형 동물이 인간의 필요로 만들어졌다.

보통 친숙하게 GMO라 불리는 유전자 변형 식물은 인류의 식량 문제와 에너지 문제를 해결해 줄 것으로 기대를 모으며 영역을 확장해 가고 있다. 식물 유전자 변형의 시작은 농작물의 생산성과 시장성을 높이기 위해 시작되었다. 1994년 미국 칼진(Calgene) 사가 잘 무르고 썩지 않는 토마토를 개발했고 1995년 미국 몬산토(Monsanto) 사가 자사의 제초제인 라운드업에 저항성이 있는 콩, 해충에 저항성을 갖는 옥수수를 출시한 이후 GMO 농산물은 전 세계적으로 대규모로 재배되기 시작했다. 이들이 사용한 제초제 저항성 유전자는 미생물에서, 해충에 저항성이 있는 유전자는 독소를 만들어 해충을 쫓는 동물에서 온 것이었다. 앞에서 설명한 대로 자연적으로는 서로 유전 정보를 주고받을 가능성이 전혀 없는 생명체끼리의 유전자 교환이 인간 때문에 시작된 것이다. 또한 이 성공으로 해충과 제초제에 견딜 수 있는 유전자 변형이 많은 먹을거리 식물들, 감자, 토마토, 벼, 밀, 호박 등의 농작물로 확대되었거나 진행 중이다.◆4 2015년에는 최초의 동물 GMO로 성장 호르몬 유전자를 도입해 기존 연어보다 빠르게 성장한 연어가 FDA 승인을 받고 시장으로 출시되었다.

GMO 식물은 바이오 연료의 생산을 가능하게 해 줄 대체 에너지원으로도 기대를 모으고 있다. 식물의 많은 부분을 차지하는 탄수화물의 한 종류이나 식용으로는 적합하지 않은 셀룰로스를 유전자 변형을 통해 에탄올 같은 에너지원으로 전환하는 연구가 활발히 진행되고 있다. 최근에는 미생물로부터 얻은 3종의 효소 유전자를 옥수수에 이식해 잎과 줄기의 셀룰로스를 에탄올의 원료에 해당하는 탄수화물의 일종으로 전환하는 데 성공했다는 보도도 있었다. 이렇게 되면 옥수수는 식용으로, 잎과 줄기는 바이오 연료를 만드는 재료로 활용될 수도 있다.

우리나라를 비롯해 많은 나라의 소비자 단체들은 GMO가 인체에 유해할 수 있다며 이에 대해 반대를 표명해 왔다. 그러나 3장에서 생명을 구성하는 화학 성분을 살펴본 대로 GMO도 원래 갖지 않던 유전자를 가질 뿐 모두 생명체의 구성 성분인 탄수화물, 단백질, 지방, 핵산으로 구성되어 있고 우리가 섭취하면 모두 그 단위체들로 다시 잘게 부서지는 소화 과정을 거쳐 세포에 흡수, 사용되므로 과학적으로는 특별히 인체에 해가 될 가능성이 거의 없다. 그러나 이런 생물, 특히 열린 공간에서 재배되며 다른 생물로 가득 찬 환경과 계속 반응하고 있는 해충이나 제초제에 저항성을 갖는 생물이 길게 볼 때 지구 생태계에 어떤 영향을 끼치게 될지는 예측하기 어렵다. 즉 생태학적 측면에서 GMO로 인한 부정적 영향의 가능성을 배제하기 어렵다는 것이다. 이러한 위험한 가능성 때문에 유전자 재조합 기술에 반대하는 사람들은 "생태계를 대상으로 한 룰렛 게임"이라고까지 부르며 그 심각성을 경고해 왔다.◆5 당장 기아에 허덕이는 인류 앞에서 생산성이 훨씬 우월한 GMO를 놓고 생태계 문제를 우선시하는 것이 옳은가, 아닌가? 역시 답하기 어려운 질문이다.

생명체를 설계하는 합성 생물학의 시대로◆6, 7

2000년대 들어서며 인간 유전체 프로젝트가 마무리될 무렵부터 원하는 유전자 1~2개를 집어넣어 생명체를 변형시키는 유전 공학의 시대는 차라리 소박했다고 느껴지게 하는 새로운 개념의 연구가 시작되었다. 다름 아닌 합성 생물학(synthetic biology)이다. 합성 생물학은 '자연 세계에 존재하지 않는 생물 구성 요소와 시스템을 설계하고 제작하거나 자연 세계에 이미 존재하고 있는 생물 시스템을 재설계해 새로이 제작하는 분야'

로 정의된다. 간단히 말하면 새로운 시스템의 생명체를 설계하고 만들어 내겠다는 것이다. 도대체 합성 생물학이 무엇인지 일반인들이 몇 년간 의아해하고 있는 사이 2010년 5월 크레이그 벤터(J. Craig Venter, 1946년~)가 이끄는 연구진은 「화학적 합성 유전체에 의해 제어되는 세균 세포의 창조(Creation of a bacterial cell controlled by a chemically synthesized genome)」를 《사이언스》에 발표했다. 미코폴라스마 미코이데스(*Mycoplasma mycoides*)의 장 속에 기생하는 아주 단순한 세균의 유전체를 유전자 데이터베이스의 정보로부터 인공적으로 합성한 후, 다른 종의 세균에 이식시키고 원래 이 세균이 갖고 있던 유전체는 제거해 합성된 유전체 정보만으로 유지되는 새로운 생명체를 만들었다는 논문이었다. 이 새로운 생명체가 생명의 가장 큰 특징으로 여겨지는 자기 복제에 의한 재생산과 대사 등 정상적인 생명체의 기능을 수행함을 보였다.◆[8] 이로써 정말 데이터베이스의 유전 정보를 이용해 생명체를 설계하고 설계에 따라 유전 정보를 합성하며 생명체를 설계한 정보에 따라 만들어 내는 새로운 시대가 열린 것이다.

'합성 생물학'이라는 명칭에는 생물학이라는 단어가 들어가 있지만 합성 생물학의 주요 개념은 순수 과학이라기보다는 공학에 가깝다.◆[9] 단지 설계해 만드는 대상이 기계나 건축물이 아니라 생명체라는 것뿐이다. 합성 생물학의 출현 배경에는 인간 및 다양한 생물의 유전체 프로젝트로 여러 생명체의 유전체 정보가 축적되면서, 생명체의 정보와 기능을 유전자 정보의 네트워크로 전체의 시각에서 조망하는 시스템 생물학적(systems biology) 접근이 가능해졌다는 학문적 역사가 있다. 기존 분자 생물학이 생명체와 생명 현상을 이해하기 위해 생명 현상을 수행하는 하나하나의 개별 유전자들을 찾아 그 기능을 분석하는 방법으로 접근하는 것이었다면, 합성 생물학은 이제 각 구성 요소들에 대한 정보가 많이 축적되었으므로 각 구성 요소들이 어떻게 복잡한 상호 작용을 통해 생명체를 구성하고 기능을 수행하는가를 하나의 시스템으로 통합적 방법으로 접근하겠다는 것이다.◆10

생명체의 유전체를 설계하기 위해서 축적된 유전체 정보와 이에 대한 지식, 막대한 정보를 처리할 수 있는 컴퓨터, 나노(10억분의 1) 수준의 화학적 미세 조작이 필요하므로 합성 생물학은 바이오테크놀로지, 정보공학, 나노 기술 등이 결합한 대표적인 융합 학문으로서의 특성을 갖는다. 또한 기술적으로 합성 생물학이 가능해진 것은 뉴클레오타이드로부터 DNA, 즉 유전자를 합성하는 기술이 급속히 발전하고 그 비용이 급감한 덕분이다. 오랫동안 DNA 합성 기술의 한계는 DNA를 길게 만들기 어렵다는 것이었는데, 2010년 이후부터는 심지어 수만 개의 뉴클레오타이드를 갖는 DNA의 합성이 가능해졌다. 또 많은 생명체의 유전체가 해독되고 그 정보들이 축적되면서 생명체의 특정 기능을 설계하기 위한 유전자의 종류가 많아졌다. 마치 레고 장난감에서 다양한 모양의 블록이 여러 종류로 많아야만 이들을 조립해 더 다양한 모양의 것들을 만들 수 있는 것과 같은 이치다.

그렇다면 많은 과학자가 합성 생물학을 통해 얻고자 하는 것은 무엇일까? 크게 두 가지의 다른 목적과 접근 방식으로 나누어 볼 수 있겠다. 인간 유전체 프로젝트를 주도했던 과학자 중 하나인 벤터의 연구 그

롭은 합성 생물을 최초로 탄생시키면서 그 합성 유전체의 염기 서열 내에 참여한 연구자 전원의 이름과 물리학자 리처드 필립스 파인만(Richard Phillips Feynman, 1918~1988년)이 죽기 전 남겼다는 경구 "만들 수 없는 것은 이해하지 못한다."를 새겨 넣었다. 이 말이 합성 생물학의 목적을 요약하고 있다. 만들 수 없는 것은 이해하지 못하므로 생명체를 진정으로 이해하기 위해서는 인공적으로 만들어 보아야 한다는 것이다. 마치 컴퓨터가 어떻게 작동하는가를 가장 쉽게 알기 위해서는 컴퓨터를 뜯어서 부품부터 다시 조립해 보아야 한다는 것과 같은 논리다. 이렇게 생명체를 만들어 보는 합성 생물학을 통해 궁극적으로 생명체에 대한 완벽한 근본 지식을 얻겠다는 것이다. 실제로 벤터는 자서전에서 다음과 같이 밝혔다. "나는 진정한 인공 생명을 창조해서 우리가 생명의 소프트웨어를 이해하고 있다는 사실을 보여 줄 생각이다." 생명체를 만들어 생명의 지식을 밝히고자 하는 학자들은 화학 물질에서 시작해 생명체의 구성 요소를 만들고 더 나아가 생명체까지 가는 보텀업(bottom-up) 접근을 취하고 있다. 새로운 생명을 만들기 위해 기존 지구의 생물에는 존재하지 않는 새로운 형태의 염기나 화합물을 이용해 유전자를 만들고 이들을 발현할 수 있는 시스템을 설계하는 연구도 진행하고 있다.

이미 합성 생물학은 생물학보다는 공학에 가깝다고 했는데 또 다른 합성 생물학의 목적은 많은 부분의 유전자 조작을 통해 의약품 생산, 환경 오염 물질 제거, 에너지 생산 등 인간의 목적대로 설계되어 기능을 수행하거나 필요한 물질을 만들어 낼 수 있는 인공 생명체를 개발하는 것이다. 즉 이 목적의 합성 생물학은 생명체를 'DNA라는 소프트웨어가 담긴 유전자 회로로 구성된 하나의 기계' 정도로 인식하고 '가장 효율적인 유전자 생산 설비의 구축'을 목표로 한다. 이런 접근은 앤드루 데이비드 엔디(Andrew David Endy, 1970년~) 스탠퍼드 대학교 교수가 MIT 재직 당시 공학 배경의 동료들과 처음 시작했기에 연구 방식도 매우 공학적이었다. 자연계에 존재하는 생명체의 유전자를 모두 분리한 후 데이터화하고 변형, 재조합하는 톱다운(top-down) 방식으로 합성 생물학에 접근하고 있다. 목적에 따라 유전자를 마치 레고 블록의 부품처럼 만들고 다양하게 조합한 후 미생물에 삽입하는 연구를 진행하는 엔디의 연구나, 식물의 유용 유전자를 대량으로 미생물에 삽입해 미생물을 살아 있는 미세 화학 공장으로 이용하려는 제이 키슬링(Jay Keasling, 1964년~)의 연구가 대표적이다. 그들의 공학적 전략이란 엔디의 표현대로다. "생명체를 제작하기 쉽게 하는 것으로 생명체의 생명 현상을 컴퓨터 부품처럼 단순화시키고 이로부터 인간에게 유용한 특성과 물질을 대량으로 얻겠다."

공학적 전략에서는 생명체 제작을 쉽게 하기 위해 유전체 변형 과정을 DNA, 부품(part), 설비(device), 시스템(system) 등 4단계로 구분해, DNA는 유전 물질, 부품은 DNA의 기본적인 기능을 수행하는 장치, 설비는 인간이 요구하는 기능을 수행하도록 부품이 다양하게 조합된 장치, 그리고 시스템은 이런 다양한 설비의 조합으로 설명했다. 또한 설비와 시스템 수준에서 독립 기능을 수행할 수 있는, 표준화된 '생명 부품'을 만들고 바이오브릭(biobrick)이라 명명했다. 2006년 설립된 바이오브릭 재단(BioBricks Foundation)의 홈페이지(http://biobricks.org)와 생명체를 설계하는 데 필요한 다양한 기본 부품을 제조하는 바이오패브(BioFab)

프로젝트의 홈페이지(http://biofab.org)에는 이미 수만 개의 바이오브릭이 등록되어 누구나 무료로 사용할 수 있다. 또 누구나 관심 있는 연구자들은 구조와 기능이 명확한 각 바이오브릭을 조합해 컴퓨터에서 이들의 작동 여부를 먼저 시뮬레이션한 후 이 DNA를 실제로 합성해 원핵세포인 세균이나 진핵세포인 효모에 집어넣고 그 결과를 확인하도록 독려하고 있다. 이들은 새로운 바이오브릭을 더 많이 찾아내고 합성 생명체 생산을 독려하고자 2009년부터 매해 대학생 1000명 이상이 참여하는 iGEM(International Genetically Engineered Machine, 국제 유전 공학 기계) 행사도 개최하고 있다. 또 IT 산업의 혁신이 주차장을 빌려 시작한 많은 작은 벤처에서 왔음을 상기하고 합성 생물학의 혁신을 위해 일반인이 합성 생물학에 실제로 참여할 수 있도록 동네에 지역 실험실(community lab)을 만들고 지원해 줄 것을 제안했다. 뉴욕, 보스턴 등에서 처음 만들어졌던 지역 실험실은 현재 전 세계적으로 250여 개 도시에서 운영 중이다. 이런 일련의 시도를 통해 원하는 생명체를 설계해 손쉽게 만드는 것뿐만 아니라 이런 추세의 대중화를 시도하고 있는 것이다.[◆11, 12]

과학과 기술 모두 양날의 칼이지만 합성 생물학 발전 속도를 보며 합성 생물학이 현재의 의약, 에너지, 환경 문제 등을 해결해 줄 수 있을 것이라는 장밋빛 청사진과 함께 한편으로 두려움을 떨쳐 버릴 수가 없다. 우선 이렇게 설계되어 만들어진 합성 생명체가 1장에 나오는 생명의 특징을 보인다면 모두 생명체로 받아들여야 하는가 하는 생명 윤리의 철학적 문제가 있다. 조만간 더 복잡한 소위 고등 동물로 확대될 합성 생물학의 미래를 생각하면 생명 윤리는 눈 감고 지나갈 수 없는 문제다. 또 더 시급하게는 안정성과 보안의 실질적인 문제가 발등에 떨어져 있는 상태다.

합성 생물학의 시발지인 미국과 영국 등에서도 이렇게 설계되어 만들어진 합성 생명체의 안정성을 보장할 수 있을까, 누가 합성 생물학의 위험성을 대비하고 통제할 것인가, 어떤 제도적 장치들이 마련되어야 할 것인가 등에 대해 논의만 진행하고 있을 뿐, NIH가 제시한 유전자 재조합 기술에 대한 업그레이드된 프로토콜 이외의 법규나 구체적인 가이드라인이 제시되지 못하고 있다. 이런 가운데 앞에서도 언급한 대로 바이오브릭과 정보가 모두 대중에게 공개되고 대중의 실험이 독려되고 있어 안정성과 보안에 대한 논의를 더 복잡하고 어렵게 하고 있다.

실제로 합성 생물학의 안정성에 대한 논의가 뜨거운 가운데 2012년 6월《네이처》에는 조류 독감 바이러스에 합성 생물학 방법을 약간 적용했을 때 아주 쉽게 인간에 감염될 수 있는 형태의 조류 독감 바이러스로 만들 수 있다는 것이 보고되어 합성 생물학이 갖는 위험성을 환기했다.◆[13] 1918년 제1차 세계 대전보다 더 많은 5000만 명의 생명을 앗아 간 것으로 추정되는 스페인 독감 바이러스를 2005년 다시 실험실에서 합성해 복원했고 마음만 먹으면 많은 치명적인 바이러스를 실험실에서 쉽게 만들어 낼 수 있는 상황이다. 이런 이유로 코로나19 팬데믹 초기에 이 바이러스가 중국의 실험실에서 인위적으로 만들어졌다는 소문이 끊임없이 돌기도 했다. 이런 사실은 합성 생물학이 바이오 테러를 위한 생물 무기 생산에 쉽게 적용될 수 있다는 것을 의미한다. 만약 테러 집단에서 이런 시도를 해도 막을 방법이 없는 상황이다. 이러한 위험성 때문에 북한과 대치하고 있는 우리의 상황에서 내부에서 어떤 연구가 진행되고 있는지 알기 어려운 북한의 합성 생물학 발전 추세도 그냥 무심히 지나칠 수 없는 내용이기도 하다. 가장 두려운 것은 우리 사회에서 합성 생물학이 단지 새로운 경제적 이익을 창출할 수 있는 새로운 테크놀로지 정도로만 인식되고, 그 함의나 안정성, 보안 문제, 규제 등에 대해 정책적 고민이나 열린 논의가 없다는 점이다.

합성 생물학에 대한 어떤 태도가 올바른 것인지 지혜가 부족한 나는 알 수 없지만 마하트마 간디(Mahatma Gandhi, 1869~1948년)의 말을 떠올리면서 7장을 마무리하려 한다. 과학이 가져올 미래는 예측할 수 없지만 현재의 나는 내가 책임감을 느끼는 일은 꼭 해야만 한다고.

> 나는 미래를 예견하고 싶지 않다. 나는 현재의 문제를 잘 처리하는 것에만 관심이 있다. 신은 나에게 바로 다음에 올 순간에 대해서도 제어할 힘을 주시지 않았다.

8장
생명체의 교정과 편집에 경계가 있는가?

생명의 교정과 편집[◆1]

단단히 접혀진 꽃봉오리,

내가 널 위해 바라는 것은

다른 그 누구도 그렇게 바라지 않을 것:

흔히 하는 아름답거라,

혹은 순진함과 사랑의 샘이 흘러 넘치거라

따위가 아닌-

사람들 모두 그렇게 바랄 테고

만약 정말 그게 가능해진다면

글쎄, 너는 행운의 소녀겠지.

그러나 만약 그렇지 않을 것이라면, 그렇다면

네가 평범하기를:

다른 여인들처럼

보통의 재능을 갖고

너무 못나지 않고 너무 잘생기지도 않고,

보통이 아닌 그 어떤 것도

널 잡아당겨 균형을 잃게 하지 않기를,

그것은, 자체로서는 실행이 불가능해,

다른 모든 것의 작동을 정지시키니까?

사실, 네가 둔하기를-

만약 그것이 숙련되고,

조금의 틈도 보이지 않고, 유연하고,

강세가 없고, 매혹시키는,

행복을 잡을 수 있는 것을 일컫는다면.

영국의 가장 위대한 전후 시인이라 일컬어지는 아서 필립 라킨(Arthur Philip Larkin, 1922~1985년)은 친한 친구였던 소설가 킹슬리 윌리엄 에이미스(Kingsley William Amis, 1922~1995년)의 첫째 딸 샐리 머바노이 에이미스(Sally Myfanwy Amis, 1954~2000년)가 태어난 이튿날 「어제 태어난(Born Yesterday)」을 썼다고 한다. 그는 이 시에서 갓난아기가 아름답고 뛰어나게 자라게 해 달라는 일반적인 주위 사람들이 전하는 축복 대신에 차라리 보통의 평범한 아이로 자라게 해 달라는, 심지어는 둔했으면 좋겠다는 간절한 바람을 이야기하고 있다. 만약 이것이 이토록 불확실한 세상에서 행복을 잡을 수 있는 가장 좋은 방법이라면. 자신의 아이가 없었던 시인의 순진한 바람일까? 자신의 아이가 우수하고 잘생기고 뛰어나길 바라는 대부분의 대한민국 부모에게는 세상 물정 모르는 시인의 한심한 축복일지도 모르겠다.

어려서 들었을 때는 별로 감흥이 없었으나 자라면서 실감하게 되었던, 그리고 나중에 내 아이들을 키우면서 가장 도움이 되었던 이야기는 "평범한 부모 밑에서 평범한 사람으로 태어난 것을 정말 감사해야 한다."와 "아이는 숨겨서 키워야 한다."라는 것이었다. 살아오면서 이 말들에 숨어 있는 진실의 무게를 여러 번 느꼈다. 경쟁이 치열한 우리나라에서 아이들을 키우면서 마음이 흔들리는 순간이 여러 번 있었지만 이런 말들 덕분에 그나마 중심을 잡을 수 있었던 것 같다. 그래서 나는 이 시를 읽을 때마다 그 어느 미사여구보다도 먼저 인생을 산 선배로서 아이를 염려하는 시인의 진심 어린 축복을 공감할 수 있다. 그러나 너무나 불확실한 오늘을 사는 이 땅의 대부분 부모에게 이 시의 진심이 얼마나 전해질 수 있을지 잘 모르겠다.

나는 최근에 일반인을 대상으로 하는 강의 도중 맞춤 아기에 대한 질문을 던졌다가 심한 충격을 받았다. 주로 20대 후반과 30대였던 청중 대부분이 만약 맞춤 아기 기술로 더 건강하고 더 능력이 뛰어난 아기를 얻을 수 있다면 맞춤 아기 시술을 하겠느냐는 질문에 단 하나의 예외도 없이 모두가 그렇다고 대답했다. 2013년 이후 CRISPR-Cas9이라는 유전자 가위 기술로 인간은 7장에서 이야기했던 미생물이나 식물 동물의 GMO를 넘어 인간의 유전 정보 전체인 유전체 내 유전자들을 의도한 대로 교정하거나 편집할 수 있는 기술을 손에 넣게 되었다. 그리고 2018년 11월에는 인류 최초로 인간 수정란의 특정 유전자를 의도대로 교정한 쌍둥이 여아가 중국에서 탄생했다. 이미 인류가 유전체 교정을 가능하게 하는 기술을 손에 넣고 있는 상태에서 대부분의 젊은 세대가 맞춤 아기 기술에 대해 긍정적이라면, 정말 맞춤 아기로 아기가 태어나는 것이 보편적인 미래가 그리 멀지 않았다는 생각이 들었기 때문이다. 이번 8장에서는 우리가 어떻게 유전체 전체를 의도대로 교정하거나 편집할 수 있는 기술을 손에 넣었고 이 기술을 인간 유전체에 적용할 수 있는 범위는 어디이며 그 의미는 무엇일까 함께 생각해 볼 수 있으면 좋겠다.

모든 생물의 유전체에 적용할 수 있는 유전자 가위 CRISPR-Cas9 [◆2]

맞춤 아기는 인간이 특정 기능의 유전자를 분리하고 임의로 다른 세포나 생명체에 발현시킬 수 있게 된 유전자 재조합 기술이 시작되었던 1970년대부터 망령처럼 우리 곁을 떠돌던 이슈였다. 그러나 10년 전만 해도 우리는 전체 유전체를 대상으로 원하는 유전자 부분만을 잘라내거나 바꿀 수 있는 기술을 갖지 못하고 있었다. 그래서 맞춤 아기는 헉슬리의 소설 『멋진 신세계』나 영화 「가타카」 등 생명 과학 기술로 야기될 수 있는 디스토피아를 그리는 SF 속 이야기일 뿐 이렇게 빨리 현실이 될 수 있을지 아무도 예상하지 못했다. 그러나 2013년 이후부터 급속히 적용 가능해진 CRISPR-Cas9이라는 유전자 가위 기술은 이 모든 것을 가능하도록

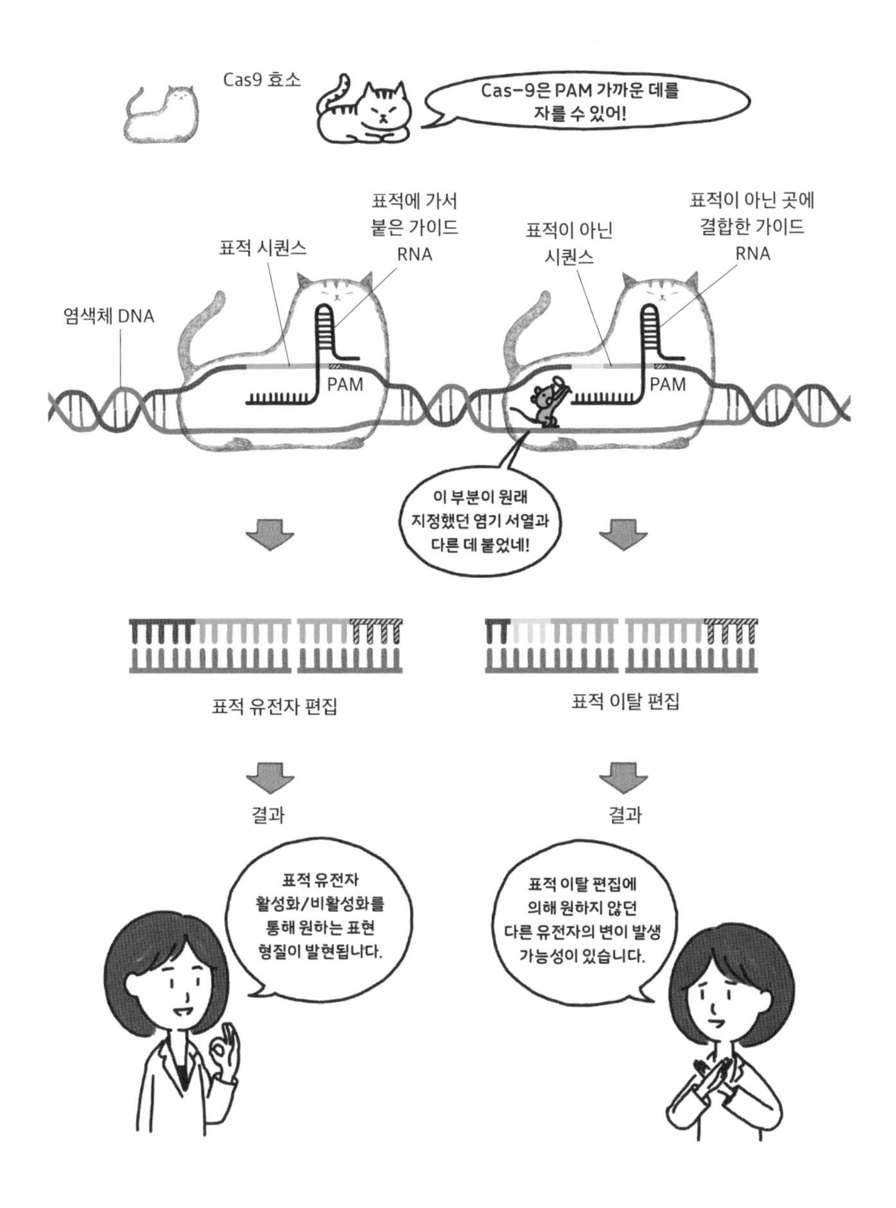

그림 13 **유전자 가위에 의한 유전체 편집과 표적 이탈.**

했다.

CRISPR-Cas9 유전자 가위 기술은 세균이 갖고 있는 적응 면역 시스템을 응용한 것이다. 세균은 침입한 바이러스의 유전 정보를 절단해 자신의 유전체 내에 짧은 DNA 염기 서열로 저장하고 있다가, 다음에 같은 유전 정보를 갖는 바이러스가 침입하면, 저장된 정보로부터 RNA를 발현한다. 발현된 RNA 조각은 침입한 바이러스 DNA의 염기 서열과 상보적 짝을 이루고 이렇게 인식된 바이러스 DNA는 잘려져 무력화된다. 세균은 침입한 바이러스의 유전 정보 중 21개의 DNA 염기 서열을 CRISPR라고 부르는 유전자 사이에 끼워 넣어 저장한다.

CRISPR, 즉 간헐적으로 반복되는 회문 구조 염기 서열 집합체(Clustered Regularly Interspaced Short Palindromic Repeats)라는 어려운 유전자의 이름은 이 유전자가 갖고 있는 구조적인 특성에서 유래했다. 후에 이 바이러스가 다시 침입하면 세균은 저장된 정보를 포함하는 CRISPR 유전자를 RNA로 발현시킨다. 발현된 RNA는 보관되었던 바이러스의 유전 정보 염기 서열의 21개 염기와 서로 상보적으로 짝을 이룰 수 있다. 따라서 재침입한 바이러스의 유전 정보와 결합한다. 세균에서 CRISPR 유전자가 발현되면 이 유전자 가까이 있는 또 다른 유전자인 Cas9(CRISPR-associated 9, CRISPR과 관련된 유전자들 중 아홉 번째라는 의미)도 함께 발현된다. 이 Cas9 유전자로부터 만들어진 단백질은 직접 DNA 이중 나선 구조를 자르는 가위 기능을 수행한다. 그래서 CRISPR-Cas9 시스템은 정확히 재침입한 바이러스의 유전 정보를 찾아가 결합하는 CRISPR 부분과 바이러스가 기능할 수 없도록 그 유전 정보를 잘라 버릴 수 있는 Cas9이 함께 작동하는 유전자 가위다.

CRISPR-Cas9 유전자 가위 기술이 일반적인 분자 생물학 기술로 발전될 수 있었던 것은 제니퍼 앤 다우드나(Jennifer Anne Doudna, 1964년~)와 에마뉘엘 마리 샤르팡티에(Emmanuelle Marie Charpentier, 1968년~)라는 두 여성 과학자의 발견 덕분이다. 이들은 세균의 바이러스 염기 서열뿐 아니라 임의의 21개 DNA 염기 서열을 CRISPR 유전자에 삽입해도 발현되면 이 시스템이 삽입된 염기 서열과 상보적인 DNA 부분을 찾아가 자를 수 있다는 것을 보였다. 즉 CRISPR 유전자 안에 자르고자 하는 부분에 해당하는 DNA 염기 서열 21개만 지정해 넣어 주고 Cas9이라는 유전자와 함께 발현시키면 어느 세포에서나 이 가위가 작동할 수 있다는 것이다. 샤르팡티에와 다우드나는 이 발견의 공로로 2020년 노벨 화학상을 함께 수상했다. 노벨상을 여성 과학자끼리만 수상한 첫 번째 경우였다고 한다.

CRISPR-Cas9 유전자 가위는 이전에 발견되었던 DNA를 절단할 수 있는 제한 효소 등 다른 유전자 가위와 비교할 때, 유전체 전체의 DNA에 적용할 수 있는 특이성이 매우 높은 가위였다. 이 가위는 21개 염기 서열을 인식하는데 DNA를 구성하는 네 종류의 염기 A, T, G, C가 무작위적으로 반복되는 유전체에서 21개 염기 서열이 일치할 확률이 매우 낮기 때문이다. 그러므로 우리는 2013년 이후, 유전체에서 잘라낼 유전자 부위를 지정하는 역할을 하는 CRISPR 유전자와 실질적으로 유전자를 자르는 가위 역할을 하는 Cas9 단백질로 구성된, 유전체 내에서 원하는 특정 유전자 부분의 DNA만을 선택적으로 자를 수 있는 특이성이 높은 유전자 가위를 손에 넣게 되었다. 이 가위는 유전체 내에서 특정 유전자를 잘라 제거하거나 잘린 부분에 다른 유전자를 끼워 넣는 등의 작업을 높은 효율로 가능하게 한다.

CRISPR-Cas9 유전자 가위 기술은 곧 아주 빠른 속도로 거의 모든 생물에 적용되었다. DNA 혁명이라 불리며 모기부터 식물, 동물, 인간 세포까지 다양한 대상의 유전체 교정을 성공적으로 수행할 수 있었다. 세균의 유전자를 다른 생물에 집어넣어 발현시키기에 유전체를 편집이나 교정한 후에도 이 유전자들이 계속 세포나 생물에 남아 있다는 문제점은 그 후 우리나라의 김형범 교수 연구진에 의해 극복되었다. CRISPR와 Cas9 유전자 대신 자르고자 하는 염기 서열에 대한 상보적인 염기 서열을 포함하는 CRISPR에서 유래한 RNA를 합성해 이미 단백질로 정제된 Cas9와 함께 세포에 직접 넣어 주는 방법을 개발한 것이다. 세포 내에서 RNA와 단백질은 곧 분해되어 없어지므로 이렇게 넣어 준 CRISPR RNA와 Cas9은 일시적으로 의도했던 유전체 부분을 잘라 유전체 편집을 유도한 후 곧 소멸한다. 따라서 원하는 유전체 편집의 기능은 수행하되 유전자 가위의 흔적이 남지 않는 것이다.

인간 배아와 수정란에 적용된 CRISPR-Cas9

2013년부터 인간과 관련성이 있는 거의 모든 동물과 식물의 수정란이나 초기 배아에 CRISPR 유전자 가위 기술이 성공적으로 적용되어 유전체가 편집된 다양한 생물이 만들어졌다. 또 이 기술을 다양한 인간 세포에 적용하는 연구가 활발히 보고되기 시작했고 CRISPR-Cas9은 일반적인 분자 생물학 연구 방법으로 정립되어 생명 과학 연구의 효율을 엄청나게 증가시켰다. 인간의 질병의 원인과 치료 가능성을 밝히고 면역 세포를 암 세포를 잘 공격할 수 있도록 변형시킨 CAR-T와 같은 새로운 면역 세포 치료법을 개발하는 데도 응용되었다. 그렇지만 아무도 CRISPR 기술이 이렇게 빨리 인간 배아에 적용될 것이라고는 생각하지 못했다. 그러나 이 기술이 일반화되기 시작한 지 채 3년도 되지 않은 2015년 4월, 중국 중산 대학교 황쥔주(黃軍就, 1980년~) 교수 연구진은 CRISPR 유전자 가위 기술을 이용해 인간 배아의 유전자를 편집했다는 연구 결과를 발표했다. 이 연구는 불임 클리닉에서 제공 받은 인공 수정 후 '폐기된' 인간 배아를 대상으로 베타 지중해 빈혈(β-thalassemia) 질환에 관여하는 혈액 단백질 중 하나인 헤모글로빈-베타 유전자를 편집하는 실험을 진행했다. 그러나 유전자 편집 여부를 확인하는 과정에서 전체 유전자가 아닌 단백질로 전환되는 부분만의 변이 여부만을 판정한 허술한 실험 내용이었고 '극히 일부' 배아에서만 낮은 효율로 편집이 확인되었다.

인간 배아에 CRISPR 유전자 가위 기술을 최초로 적용한 황쥔주 교수의 연구는 발표 후 과학계에 많은 논란을 불러일으켰다. 배아 연구를 찬성하는 쪽은 인간 배아 유전자 편집을 통해 인간에게 의미 있는 유용한 과학적 성과를 얻을 수 있으며, 정해진 가이드 라인을 따른다면 문제될 것이 없다는 입장이었다. 그러나 CRISPR 분야의 선구자인 다우드나를 비롯한 많은 과학자들은 인간 배아의 유전자 변형을 시도하는 연구에 반대하며 당장 중단해야 한다고 강력히 주장했다. 찬반 의견이 첨예한 가운데 2015년 말인 12월 부랴부랴 미국 워싱턴 DC에서 인간 유전체 교정에 관한 국제 정상 회의가 처음으로 열렸다. 1차 회의에서 인간 배아 연구는 지속하되 착상시켜 아이를 출산하지는 말자는 암묵적 합의가 도출되었다.

2016년 2월 영국은 착상하지 않는다는 조건으로 영국은 프랜시스 크릭 연구소의 인간 배아 유전자 편집 실험을 승인했다. 이 연구는 인간 배아의 초기 발생 과정에 대한 정보를 얻기 위한 목적이라고 밝혔다. 그 후 중국, 스웨덴 등도 인간 배아에서의 유전자 교정에 관한 연구를 허가했다. 2016년 4월, 중국 광저우 대학교 의과 대학의 판용(范勇, 1981년~) 박사는 인간 배아의 유전체를 편집한 두 번째 연구 결과를 발표했다. 그는 2014년 4월과 9월 사이에 시험관 아기 시술 과정에서 도태된 213개의 인간 난자를 기증받아 CRISPR 유전자 가위 기술을 이용해 CCR5 유전자의 돌연변이를 유도하는 실험을 진행했다. CCR5는 에이즈를 일으키는 HIV 바이러스가 숙주인 인간의 T 면역 세포를 감염시키는 통로로 이용되는 T 세포 표면에 있는 단백질을 만드는 정보를 제공한다. 따라서 CCR5 유전자에 돌연변이를 유도해 CCR5 유전자가 기능을 수행할 수 없도록 편집하면 HIV가 T 세포에 침입하지 못하게 되어 에이즈에 대한 내성을 지니게 된다. 놀라운 것은 중국에서 인간 배아 유전체 편집을 대상으로 한 두 발표가 1년의 시차도 나지 않지만 두 번째 연구 결과는 큰 윤리적 반향을 일으키지 않았다는 것이다. 그 1년 사이 전 세계적으로 착상은 하지 않는 대신 인간 배아를 대상으로 하는 유전체 편집에 대한 연구는 인정하는 쪽으로 방향이 잡힌 것처럼 보였다.

2017년 8월에는 착상되면 인간으로 발생할 수 있는 정상 인간 수정란에 CRISPR-Cas9 유전자 가위를 적용해 특정 유전자 교정에 성공했다는 연구 논문이 보고되었다. 미국 오리건 보건 과학 대학교의 슈흐라트 미탈리포프(Shoukhrat Mitalipov, 1961년~) 교수 연구진과 서울대 김진수 교수 연구진 공동 연구 결과였다. 이 연구는 MYBPC3라는 유전자의 변이를 교정했다. MYBPC3 유전자의 변이는 심장 근육이 비대해져 심실벽이 두꺼워지는 심근증이 나타나는 유전성 심장 질환의 원인이다. 운동 선수처럼 심장 근육을 많이 사용하는 젊은이들의 돌연사를 유발하는 중요 요인으로 알려져 있다. 이 유전 질환은 부모 중 한쪽에서만 변이 유전자를 물려받아도 증세가 나타나는 우성 유전 질환으로 부모 중 한 쪽이 환자라면 50퍼센트의 확률로 자녀에게 전해진다. 이 연구는 MYBPC3 유전자에 변이가 있어 염기 4개(GAGT)가 사라진 정자와 정상 난자를 인공 수정시키고 이때 아버지 쪽의 MYBPC3 변이를 교정하는 것을 목적으로 진행되었다. 그 결과 높은 비율로 난자가 갖고 있던 정상적인 MYBPC3 유전자를 주형으로 해서 수정된 배아에서 아버지 쪽에서 받은 MYBPC3 유전자가 정상적인 유전자로 교정되었다고 보고되었다. 또한 유전 정보가 교정된 배아들은 모체에 착상할 수 있는 단계인 '배반포기'까지 정상적으로 발달할 수 있었다고 보고했다. 보통 유전자 가위 시스템의 문제점으로 지적되는 유전체 내에서 의도하지 않은 임의의 염기 서열을 자르는 표적 이탈 효과를 확인한 결과 표적 외에 절단된 곳도 없었다고 했다. 이러한 결과는 기술적으로 인간의 수정란에서 변이 유전자를 표적으로 정확하게 유전자 가위가 작동할 수 있음을 보여 주었다. 즉 기술적으로는 이제 인류가 인간의 수정란을 교정해 잘못된 부분을 고칠 수 있는 기술력을 손에 넣었다는 의미였다.

유전자 교정 맞춤 아기의 탄생

2018년 11월 27일부터 홍콩에서 열린 제2차 인간 유전체 교정에 관한 국제 정상 회의(The Second International Summit on Human Genome Editing) 전야제에서 허젠쿠이(賀建奎, 1984년~) 당시 중국 남방 과학 기술 대학교 교수가 폭탄 발언을 했다. CRISPR-Cas9 유전자 가위로 유전체의 정보를 교정한 쌍둥이 여아가 11월 세계 첫 번째 맞춤 아기로 이미 출생했다고 발표한 것이다. 허 박사는 에이즈를 일으키는 HIV 바이러스에 감염된 남성과 정상 여성 일곱 쌍의 배아를 변형시켜 HIV 수용체로 알려진 CCR5의 유전자를 교정해 배아들을 착상시켰고 그중 첫 번째로 쌍둥이 여아가 건강하게 태어났다고 했다. 허 박사는 자신이 맞춤 아기를 시도한 이유가 아버지 쪽 HIV 바이러스가 태아에게 전염될 가능성을 차단하기 위한 것이었다고 자신의 연구를 정당화했다.

교정된 인간 배아를 착상시키지는 말자고 암묵적으로 동의했던 전 세계 과학계는 이 폭탄 선언에 깜짝 놀랐다. 곧 회의를 위해 모여 있던 과학자들과 윤리학자 정책 결정자 등이 급히 모여 허 박사를 상대로 질의응답을 위한 세션을 열었다. 우선 실험의 절차가 과학적이었고 매 단계가 오류 없이 진행되었는지 확인했다. 즉 인간 배아에서 겨냥했던 CCR5 유전자가 없어졌는가를 제대로 확인했는지, CRISPR-Cas9 유전자 가위를 개체의 유전 정보 전체인 유전체에 적용할 때 발생할 수 있는 위험성인 표적 이탈 효과(off-Target effect), 즉 원치 않는 다른 유전 정보가 변형되지 않은 것을 검증했는지가 주요 질의 내용이었다. 허 박사는 착상 전 배아를 꺼내 유전체 정보를 읽는 착상 전 유전자 검사(PDG, preimplantation genetic diagnosis)로 확인했을 때 표적 이탈 효과는 관찰되지 않았다고 했다. 또한 이런 검증 과정을 거쳐 착상한 배아가 건강한 아기로 태어났다고 답했다. 그러나 조사 결과 이렇게 태어난 쌍둥이 중 루루(Lulu)는 두 CCR5 유전자 중 하나만 적중해 원래와는 다르지만 짧아진 HIV의 수용체 CCR5가 발현될 수 있다. 나나(Nana)는 정상적으로 태어났으나 의도하지 않은 돌연변이가 확인되었는데 앞으로 아기가 커 감에 따라 이 돌연변이가 어떤 결과를 가져올지 예측할 수가 없다. 일곱 쌍 부부의 나머지 수정란에 대한 질문에 대해 모두의 수정란에서 이런 시도를 했으나 발표된 쌍둥이 여아 외 나머지 배아들은 아직 착상시키지 않고 보류 중이라고 했다.

세계 첫 번째 맞춤 아기의 탄생 과정은 앞에서 언급한 쌍둥이 유전체에 발생한 과학적인 오류 가능성 이외에도 매우 심각한 두 가지 문제를 제기했다. 첫 번째는 부모가 HIV 보균자라도 태아에서 HIV 감염을 막을 수 있는 다른 여러 방법이 가능한데 왜 이렇게 위험한 배아 유전체 편집이라는 방법을 사용했는가 하는 것이다. 부모가 HIV에 감염된 경우 현재 기술로 인공 수정을 하는 과정에서 HIV 바이러스를 완전히 제거한 후 수정시키는 것이 충분히 가능하기 때문이다. 따라서 허 박사가 제시한 맞춤 아기를 시도한 이유가 정당화될 수 없었다. 이 시술을 허용한 커플에게 HIV 바이러스가 태아에게 전해지는 것을 막는 다른 방법들이 충분히 가능하다는 것을 제대로 설명했는지 매우 의심스럽다. 다른 방법이 있다는 것을 알았다면 정상적인 부모라면 자신의 아이에게 이런 위험한 방법을 선뜻 허용하지는 않았을 것이기 때문이다. 두 번째는 배아를 포함해 인간을 대상으로 하거나 난자나 정자를 포함해 인간에게서 얻은 모든 유래물을 대상으로 하는 연구의 절차에 관련된 문제다. 이런 연구는 진행하기 전에 미리 소속 기관의 생명 윤리 위원회(Institutional Review Board, IRB)에 연구 내용과 과정에 대해 보고하고 심의 규정에 따라 연구 대상자에게 가능한 위험성 및 관련 사항을 제대로 알리는 등 윤리적 절차에 따라 수행되는 것을 원칙으로 한다. 우리나라도 기관의 IRB가 제대로 작동되지 않을 때 발생할 수 있는 심각한 연구의 윤리 문제들을 황우석 교수 사건으로 체험한 바 있다. 이 맞춤 아기 연구의 경우 소속 기관에서 제대로 IRB 규정에 따른 심의가 이루어지지 않은 것으로 보인다.

중국 정부는 전 세계 과학계의 비난을 우려한 것인지 허 박사가 속한 기관의 IRB 심의 과정을 엄격히 조사하겠다고 밝혔다. 실제로 허 박사는 조사 후 구속되었고 3년 징역형을 선고받았다. 그러나 실제 중국의 여러 연구 기관에서 IRB 과정이 얼마나 실질적으로 잘 지켜지고 운영되고 있는지는 걱정스럽다. 또 중국에서 얼마나 많은 인간이나 인간 배아를 대상으로 한 유사한 실험이 진행되고 있는지 불분명한 것도 전 세계 과학계가 우려하는 부분이다. 보통 연구 결과는 동료 과학자들이 과학적으로 문제가 있는지를 검증할 수 있는 학술지에 발표하는 것이 전 세계 과학계의 절차다. 이런 이유로 노벨 생리 의학상 수상자로 2018년 인간 유전체 교정에 관한 국제 정상 회의를 주관한 데이비드 볼티모어(David Baltimore, 1938년~)는 이 맞춤 아기는 과학계가 자기 검증에 실패한 사건이라고 심각하게 논평하기도 했다. 또 CRISPR 유전자 가위 기술을 실용화한 다우드나는 즉각 성명을 발표하고, 이 연구는 정말 두려운 시도로 이번 사건을 계기로 인간 배아에 유전자 교정을 적용하는 경우 다른 선택지가 없을 때만 적용할 수 있도록 엄격히 제한하는 조치가 하루빨리 시행되어야 한다고 주장했다.

맞춤 아기의 한계 및 위험성

인간 수정란의 유전자 변이를 정확히 교정할 수 있다면 특히 혈우병이나 헌팅턴병처럼 한 유전자의 변이에 의한 이상으로 발생하는 많은 유전성 난치 질환을 근원적으로 치료하는 길이 열릴 수 있다. 그러나 맞춤 아기 시술은 아직 두 가지 기술적 장애가 있다. 한 가지는 표적 유전자에 정확하게 변이를 일으킬 수 있는 효율이 꽤 높기는 하지만 아직은 완전하지 않다는 것이다. 다른 하나는 원하는 유전자를 교정하는 과정에서 임의의 유전자에 원하지 않는 변이를 유발할 가능성도 크다는 것이다. 이를 보통 표적 이탈 효과(off-the-target effect)라고 부른다. 앞으로 CRISPR 유전자 가위 기술을 인간에 적용하기 위해서는 유전체 내 표적의 효율을 높이고 원하지 않는 부분에 무작위로 변이가 생성되는 것을 막는 이 두 가지 기술적 장애가 완전히 극복되어야 한다.

맞춤 아기를 다룬 유명한 SF 영화들 덕분인지 많은 이들이 맞춤 아기로 질병 가능성이 제외된 것 외에 외모나 체력, 지적 능력 등이 좋은 슈퍼 베이비를 상상하곤 한다. 그러나 영화의 상상 속에서 가능했던 인간 유전체를 교정하는 맞춤 아기 기술이 인간의 손에 들어왔다고 해서 영화에서처럼 외모나 능력이 우월한 인간을 만들 수 있다는 이야기는 아니다. 인간의 능력이나 성격 외모 같은 특징들은 여러 유전자가 환경과 복잡하게 상호 작용하면서 만들어 내는 결과다. 현재의 과학은 이 과정에 얼마나 많은 유전자가 어떻게 상호 작용하며 환경은 어떤 시기에 얼마나 어떤 방식으로 영향을 미치는지 전혀 이해하고 있지 못하고 있다. 또 과학이 단시간 내에 답을 내놓을 수 없는 과정이다. 따라서 영화에서처럼 우월한 인간으로서의 맞춤 아기가 만들어지는 것이 가까운 미래에는 불가능하다.

맞춤 아기 이외의 다른 선택지

단 하나의 유전자가 잘못되어 유전병이 발생하는 경우는 잘 알려진 것만 해도 200가지 이상이다. 이런 유전병을 근치시키는 방법으로 인간 수정란의 유전체에서 잘못된 유전자를 CRISPR 기술로 교정하자는 것이 맞춤 아기를 지지하는 과학계의 의견이다. 인간 수정란에 유전자 교정 기술을 적용한다면 물론 이 수정란에서 태어날 아기는 시험관 아기로 태어날 수밖에 없다. 그러나 체외 수정을 하는 시험관 아기 시술의 경우 우리는 이미 유전체 교정을 통한 맞춤 아기가 아닌 다른 선택지가 있다.

유전병에는 열성과 우성이 있다. 열성이면 부모가 모두 유전병을 일으킬 수 있는 변이 유전자를 갖고 있어야만 한다. 이때 그 자식이 유전병에 걸릴 확률은 4분의 1이다. 유전병이 우성이면 한쪽 부모만 변이 유전자를 갖고 있어도 자식은 유전병에 걸린다. 이때 확률은 2분의 1이다. 따라서 가계에 유전병이 있는데 유전병이 없는 정상 아이를 낳고자 한다면 시험관 체외 수정으로 수정을 한 후 착상 전 6장에서 언급했던 대로 유전자 검사를 통해 배아의 유전 정보를 검사해 정상적인 유전자를 갖는 배아를 골라 착상시켜 아이를 낳는 것이 얼마든지 가능하다. 이미 임상에서 검증되고 또 시행되고 있는 방법이며 비용도 많이 들지 않는다. 이런 저비용의 상대적으로 안전한 방법이 있는데 왜 우리에게 맞춤 아기 시술이 필요한지 꼭 생각해 보아야 한다. 만약 필요하다면 하나의 유전자 변이에 의한 치명적인 유전병의 경우로 부모 모두 열성 장애를 갖고 있어 정상 아기가 태어날 확률이 전혀 없는 경우에만 극히 제한적으로 고려해 볼 수 있을 것이다. 물론 이런 확률로 부모가 만나 아이에게서 유전병이 나타날 경우는 거의 없다.

인류는 이제 유전체를 교정해 맞춤 아기를 만들 수 있는 기술력을 손에 넣었다. 그리고 인류에게 큰 변화를 가져올 수 있는 기술일수록 정확하게 기술의 허와 실을 알아야 사회가 받는 충격을 최소화하면서 과학적인 변화를 수용할 수 있다. 이런 관점에서 맞춤 아기와 우월한 인간 탄생의 가능성을 동일시하는 현재 우리 사회의 분위기는 정말 위험스럽다. 이제는 공상 과학 영화나 소설에서 나와 냉정하게 맞춤 아기 기술의 한계와 가능성을 직면해야 할 때가 아닌가 싶다. 지금 우리에게는 인간 수정란이나 배아를 이용한 유전자 교정 연구와 맞춤 아기에 대한 실질적인 가이드 라인이 필요하다.

CRISPR-Cas9 유전자 가위를 이용한 유전자 치료[◆3]

유전체 중 단 하나의 유전자의 변이로 인해 발생하는 유전병이 200여 개나 알려져 있다. 그래서 유전자를 분리하고 또 세포로 다시 집어넣을 수 있는 DNA 재조합 기술이 가능해진 1980년대부터 인류는 이러한 변이 유전자를 바로 잡을 수 있는 유전자 치료를 꿈꾸었다. 초기 유전자 치료는 유전체에 작동시킬 수 있는 가위가 없었기에 유전체에서 변이가 일어난 부분만을 다시 정상적으로 수복하는 것은 방법론적으로 꿈꿀 수 없는 상황이었다. 대신 변이 유전자를 갖는 몸 안의 세포를 밖으로 꺼내 변이가 없는 정상적인 유전자를 집어넣은 후 세포를 다시 몸 안으로 넣는 것을 목표로 했다.

유전자를 세포 내부로 전달하기 위해서는 유전자 운반체를 사용해야 하고 인간 세포에서 유전자 운반체로 사용할 수 있는 도구는 바이러스밖에 없다. 또 몸에서 밖으로 꺼내어 정상 유전자를 전달한 후 다시 몸으로 집어넣을 수 있는 세포는 골수와 혈액 세포밖에 없다. 따라서

1990년 처음으로 FDA 승인을 받고 시도된 유전자 치료는 아데노신 디아미나제(Adenosine deaminase) 효소를 만드는 유전자의 이상으로 야기되는 면역 결핍증(adenosine deaminase-severe combined immunodeficiency, ADA-SCID)으로, 혈액의 T 세포를 꺼내 여기에 바이러스를 이용해 정상 유전자를 전달하는 것이었다. 이 치료를 받은 여아 둘 중 하나는 증세가 약간 호전되었으나 다른 한 사람은 별 효험을 보지 못했다. 이 유전자 치료 적용을 계기로 유전자 치료가 새로운 치료법이 될 수 있다는 희망으로 여러 유전자 치료가 시도가 계획되었다. 그러나 바이러스를 운반체로 사용한 유전자 치료로 인한 최초의 사망자로 기록되는 제시 겔싱어(Jesse Gelsinger, 1981~1999년)의 사례와, 연이어 골수의 조혈모세포의 바이러스로 인한 유전자 치료가 백혈병을 유발하는 사례가 보고됨에 따라 유전자 치료의 가능성에 제동이 걸렸다.

이러한 유전자 치료가 난치 유전병의 치료법으로 다시 떠오른 것은 CRISPR-Cas9 유전자 가위가 기술적으로 가능해지고부터다. 유전체 교정을 인간 수정란에 적용하는 것이 여러 윤리적 문제를 피할 수 없으므로, 먼저 성체에서 우선 몸 밖으로 꺼낼 수 있는 조혈모세포 등을 중심으로 세포의 유전체 내 변이된 유전자를 교정해 다시 몸으로 집어넣는 과정(ex vivo)을 유전자 치료에 적용하자는 것이었다. 이러한 치료를 위한 여러 벤처 회사들이 설립되었다. 대표적인 회사가 CRISPR-Cas9의 유전체 교정 기능을 처음 밝혔던 샤르팡티에가 중심이 된 CRISPR 테라피틱스(Therapeutics)와 미국의 장펑(张锋, 1981년~)과 다우드나가 참여한 에디타스(Editas) 등이다.

CRISPR-Cas9 유전자 치료는 미국 FDA 승인 하에 혈액 내 면역 세포의 유전체 정보를 변화시켜 암세포를 더 잘 죽일 수 있게 만드는 암 면역 치료법(cancer immunotherapy)으로 응용되기 시작했다. 또한 T 면역 세포가 HIV 바이러스에 감염되지 못하도록 HIV 수용체에 대한 유전자를 유전체에서 제거해 HIV 감염증을 치료하는 데 적용되었다. 산소를 운반하는 적혈구의 헤모글로빈 단백질의 유전자에 변이가 생겨 극심한 빈혈 증세를 유발하는 겸상 적혈구 빈혈(sickle-cell anemia)과 베타 지중해 빈혈 등의 유전병을 치료하기 위해 골수 세포에서 변이 유전자를 잘라내고 정상적인 유전자로 치환해 다시 인체에 넣어 주는 유전체 교정 치료에 대해서도 2023년 12월 FDA의 승인이 떨어진 상황이다.

현재에도 CRISPR-Cas9 유전자 가위를 유전체를 교정하는 인간 유전자 치료에 사용하기 위해 지정되지 않은 표적을 자르는 표적 이탈 가능성을 줄이는 더 정교하게 변형된 CRISPR 유전자 가위가 계속 개발되고 있다. 또한 유전자 치료의 CRISPR-Cas9 유전자 운반체로 이용되는 바이러스의 부작용을 줄이기 위해 이번에 코로나19 백신에도 사용되었듯이 바이러스 외에 CRISPR RNA 조각과 정제된 Cas9 단백질을 세포 내로 넣는 방법도 시도되고 있고 그 효율을 높이기 위한 연구도 진행 중이다. 이런 추세라면 머지않은 장래에 유전자 치료가 일반적인 암이나 유전병의 치료법으로 개발될 가능성이 매우 크다.

8장에서는 기술적으로 유전체를 임의로 교정하거나 편집할 수 있는 맞춤 아기의 가능성을 제시한 CRISPR-Cas9 유전자 가위에 대해 공부했다. 이 기술은 인류에게 모든 지구 생명체를 임의로 바꿀 수 있는 능력을 제공했고 한편으로는 그동안 불가했던 암과 여러 유전병에 대한 치료법으로 새로운 희망을 제시하고 있다. 이제 우리는 정말 양날의 검을 손에 넣게 된 것이다. 어쩌면 미래의 인류가 21세기를 돌아보며 유전자 가위의 발견을 인류 역사의 변곡점으로 꼽을 수도 있다. 이제 이 검을 어떻게 윤리적 논란을 최소화하며 유용하게 사용할 수 있을까?

9장
어떻게 생명이 다시 생명을 만드는가?
생명의 재생산◆[1, 2]

어렸을 때 생명체, 특히 동물이나 곤충을 좋아하기보다는 무서워했다. 부모님이 보여 주시는 「동물의 왕국」 텔레비전 프로그램에서 먹고 먹히는 생물들의 관계를 보는 것도 괴로웠다. 그래서 생물에 별 관심이 없던 내가 생명 과학을 공부할 수 있었던 것은 먼저 생명체 내부에서 일어나는 화학 반응을 공부하는 생화학으로 생명체에 접근하기 시작했던 덕분이라고 생각된다. 생화학을 공부했으나 생물 자체에 대해서는 깊은 생각을 하지 않고 학부를 보낸 후 유학을 갔다. 그 시절 청강했던 생물학 강의 첫 시간에 교수님이 "생명체의 존재 목적은 무엇인가?"라는 질문을 던졌다. 갑자기 한 대 얻어맞은 것 같았다. 인간의 존재 목적에 대해서는 많은 고민을 했지만, 일반적인 생물의 존재 목적에 대해서는 한 번도 깊이 생각해 보지 않았음을 그 순간 깨달았기 때문이다. 어떤 형태의 생명체든

이 세상에 온 것은 자신의 의지와 무관한 일일 텐데, 목적이라니? 즉 이 질문 자체에 대한 회의가 내 첫 번째 반응이었던 것 같다. 여러 의견으로 시끄럽던 학생들에게 교수님은 "생명체의 존재 목적은 재생산, 즉 번식이다."이라는 한 말씀을 던지고 수업을 끝냈다. 그럼 자신이 아이를 낳기 위해 사는 것이냐며 소리 내어 웃는 학생들도 있었다. 그 후로도 오랫동안 생명체에 대해 관찰하고 생각하면 할수록 그 질문과 답이 계속 생각났다. 이것이 생명 논리와 진화의 핵심 질문이라는 것을 깨닫게 된 것은 그 후로도 한참 뒤였다.

클린턴 리처드 도킨스(Clinton Richard Dawkins, 1941년~)는 이 질문과 답을 더 발전시켜 『이기적 유전자(*The Selfish Gene*)』와 『지상 최대의 쇼: 진화가 펼쳐낸 경이롭고 찬란한 생명의 역사(*The Greatest Show on Earth: The Evidence for Evolution*)』 등을 통해 생명체의 존재 목적은 생명체의 재생산인 번식을 넘어 더 작은 단위인 생명 정보, 즉 유전자의 재생산과 전달이라고 주장한다. 따라서 생명체는 단지 유전자라 불리는 분자들의 자기 복제를 위해 프로그램된 생존 기계로 설명되며, 자연 선택은 이 유전자를 대상으로 이뤄진다. 그리고 자기 복제자인 유전자가 자연에 의해 선택되는 기준은 긴 수명, 다산성, 그리고 복제의 정확성 등이다.[◆3, 4] 즉 유전자 재생산의 효율이라는 논리로 생명체의 행동 양식이 설명될 수 있다는 것이다. 이런 논리에 동의하든 동의하지 않든, 생명체의 가장 큰 특징이 재생산인 것만은 부인할 수 없다. 수없이 많은 재생산이 있었기에 지구에서 약 38억 년 우연히 생겨났던 생명체로부터 오늘의 내가 존재하게 된 것이다. 이번 9장에서는 생명이 어떻게 재생산되는지 그 작동 원리에 대해 알아보기로 한다.

DNA 복제

생명은 생명으로부터 만들어진다. 생명의 재생산은 가장 작은 생명의 단위인 세포의 복제(replication)부터 생각해 볼 수 있다. 머릿속에 세포 모양을 그려 보자. 핵 속에 DNA가 있고 밖에 세포질이 있는 세포를 1개에서 2개로 만들기 위해 만약 칼로 핵 가운데를 잘라 2개로 나눈다면 이를 복제라고 할 수 있을까? 이것은 복제라는 말에 위반된다. 복제는 원래와 같은 것이 똑같이 만들어졌을 때만 쓸 수 있는 단어인데 이 경우는 칼로 잘라 생긴 두 세포가 모두 원래 세포의 반밖에 내용물을 갖고 있지 않기에 복제가 아니다. 세포가 복제되기 위해서는 갖고 있는 내용물을 모두 2배가 되도록 만든 후 둘로 나누어야 한다.

세포의 내용물을 2배로 할 때 가장 중요한 내용물은 무엇일까? 바로 세포가 생명을 유지할 수 있도록 해 주는 유전 정보다. 그러므로 세포가 복제되어 자신과 동일한 세포를 하나 더 만들어 내기 위해서는 우선 생명 유지에 필요한 정보를 담은 세포의 유전체가 복제되어야 한다. 갖고 있는 DNA를 복제해야 새로운 세포를 만들 수 있는 것이다. DNA를 복제할 때 가장 중요한 것은 세포가 갖고 있던 유전 정보 전체를 가감 없이 온전한 형태로 복제해 내는 일이다. 이 과정에서 조금이라도 유전 정보가 변하고 손상된다면 새로 만들어진 세포는 복제하기 전 세포와 달라질 수 있고 생명 유지에 필요한 기능을 제대로 수행하지 못할 수도 있기 때문이다. 즉 세포의 복제에서 가장 중요한 것은 유전체의 안정성(genomic stability)을 유지하는 것이다.

6장에서 DNA의 이중 나선 구조의 가장 큰 장점 중 하나가 DNA 복제를 설명하기 쉽다는 것이라고 이야기했다. 그럼 그 과정에 대해 좀 더 자세히 살펴보자. 가장 중요한 사실은 DNA를 구성하는 뉴클레오타이드 염기 네 종류가 서로 짝이 정해져 있는 상보성(complementarity)이 있다는 것이다. 즉 A는 T와, G는 C와만 짝을 이루어 이중 나선을 이룬다. 그래서 두 가닥의 나선으로 이루어진 DNA가 각기 한 가닥으로 풀리고 각각이 주형으로 작용하면 그 한 줄의 DNA 가닥의 염기 정보에 따라 뉴클레오타이드가 순서대로 결합해 새로 반대편 가닥의 DNA를 합성해 낼 수 있다. 분리된 두 가닥의 DNA 이중 나선 각각에서 반대편 가닥의 합성이 동시에 일어나면 원래의 이중 나선과 같은 2개의 DNA 이중 나선이 만들어진다. 새로 만들어진 2개의 DNA 이중 나선은 모두 한 가닥은 원래의 주형 DNA, 다른 한 가닥은 새로 만들어진 DNA를 갖게 되는데 이것을 반보존성(semiconservative)이라고 부른다.

유전 정보가 핵에 있는 진핵세포에서는 적어도 수백만 염기쌍으로 이루어진 긴 DNA 한 분자가 염색체 하나를 구성해 존재한다. 수백만 염기쌍의 각 염색체의 DNA를 빨리 효율적으로 복제하기 위해, DNA 복제는 염색체 DNA의 한끝에서 시작해 다른 한끝으로 진행해 가는 것이 아니라 긴 하나의 염색체 DNA의 중간 여러 곳에서 부분적으로 이중 나선이 열리면서 시작된다. DNA의 이중 나선이 열려 복제가 시작되는 곳을

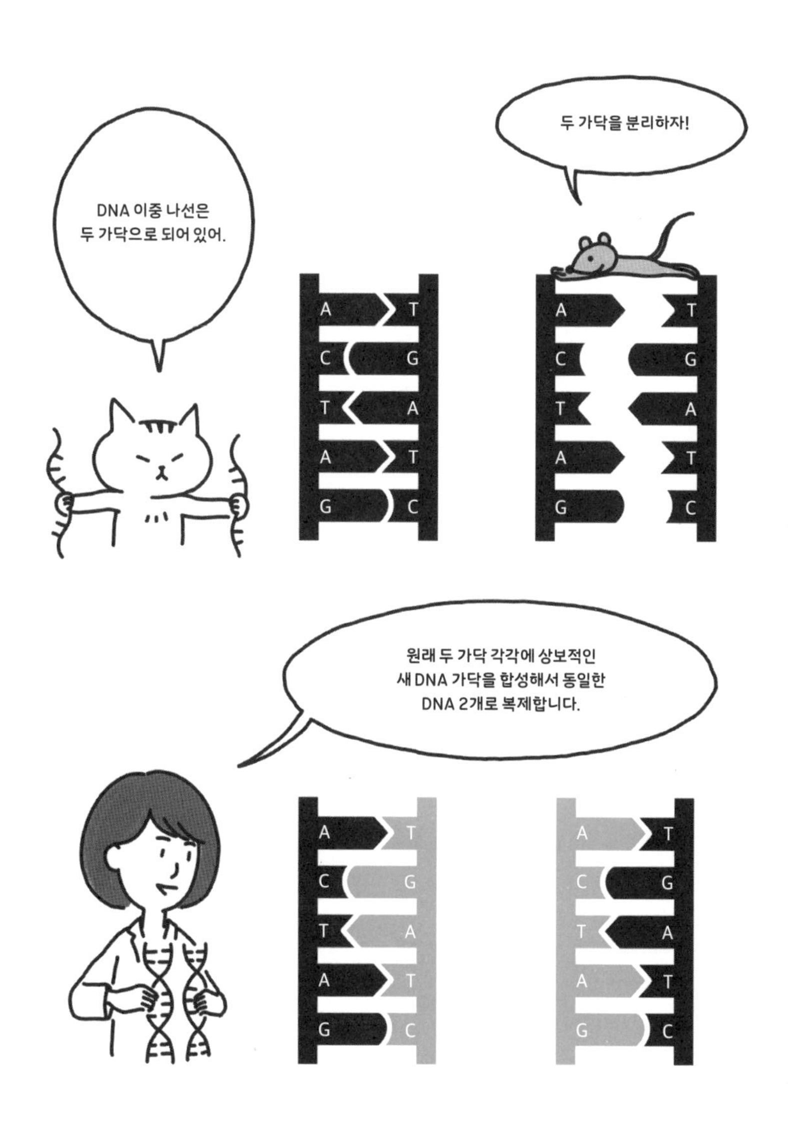

그림 14 **DNA 복제의 원리인 염기쌍의 상보성.**

복제 원점(replication origin)이라고 한다. DNA가 복제되기 위해 이중 나선이 열려야 하므로 복제가 시작되는 곳들은 마치 거품처럼 그 부분의 DNA가 벌어진다.

DNA 복제를 생각하면서 기억해야 하는 이중 나선 DNA의 또 다른 중요한 구조는 방향성이다. 6장에서 설명한 것처럼 DNA는 양 끝에 화학적 구조가 다른 5′ 쪽 끝과 3′ 쪽 끝을 갖는 방향성이 있고 안정된 이중 나선을 이루기 위해 서로 다른 쪽 끝이 마주 보는 역평행(anti-parallel) 구조를 만든다. 물리적인 DNA의 복제는 DNA 이중 나선의 한 가닥을 주형으로 뉴클레오타이드를 중합해 다른 쪽 DNA를 합성하는 DNA 중합 효소(DNA polymerase)에 의해 수행된다. 그런데 이 DNA 중합 효소는 뉴클레오타이드를 5′ 쪽 방향에서 3′ 쪽 방향으로만 붙여 갈 수 있고, 이미 앞에 3′ 쪽 끝이 있을 때만 그 뒤에 다음 뉴클레오타이드를 가져다 붙일 수 있다. 그래서 시발체(primer) RNA 조각이 있어야 DNA 합성을 시작한다. 문제는 DNA가 역평행하고 DNA 중합 효소는 5′ 쪽에서 3′ 쪽으로만 DNA를 합성해 갈 수 있기 때문에, 복제 원점부터 DNA 이중 나선이 점차 풀려 가면서 복제가 일어날 때 이중 나선의 한쪽은 연속해서 DNA가 합성될 수 있다. (이렇게 연속으로 합성되는 DNA 가닥이 선도 가닥(leading strand)이다.) 그러나 다른 한쪽은 DNA 이중 나선이 점차로 풀려 갈수록 반대 방향으로 DNA 조각들을 합성해 와 조각조각 붙여 가야 한다. (순차적으로 DNA 이중 나선이 풀리면서 조각조각을 합성한 후 연결해 만드는 가닥이 지연 가닥(lagging strand)이다.)

DNA를 합성하는 중합 효소는 새로운 DNA 가닥을 합성해 내는 기능뿐 아니라 복제하는 도중 염기쌍이 잘못되어 틀리거나 빠지면 이것을 바로잡기 위해 그 부분을 잘라내고 다시 맞게 합성해 붙이는 교정 기능도 수행한다. 따라서 DNA 중합 효소는 DNA 복제 과정이 오류 없이 유전체의 안정성을 유지하면서 진행될 수 있도록 한다. DNA 복제를 보여주는 그림들은 DNA를 두 가닥의 이중 나선으로 그리고 설명하지만 실제로 세포 내에서는 6장에서 설명한 것처럼 긴 DNA 가닥이 염색체를 이룰 때 히스톤 단백질 실패에 감겨 빽빽한 3차원 구조를 이루고 있다. 따라서 빽빽하게 패킹된 상태로 어떻게 정확하게 오류 없이 전체 유전체 DNA가 복제될 수 있는가는 생각할수록 참으로 신비로운 일이다.

세포 주기

하나의 세포가 자신과 동일한 세포를 복제해 내는 과정을 세포 주기(cell cycle)라고 한다. 세포 주기에서 가장 중요한 일은 앞에서 설명한 유전체 전체 DNA를 완벽하게 복제하는 것과 복제된 유전체 DNA를 오차 없이 정확하게 둘로 나누어 만들어질 두 딸세포로 분배하는 것이다. 세포가 자기 복제를 수행하기 위해 DNA를 복제하는 단계를 DNA를 합성한다는 의미로 합성(synthesis)의 첫 글자를 따서 S기라고 한다. 복제된 유전체 DNA를 정확히 둘로 나누어 만들어지고 있는 두 세포로 분배하는 과정을 M기라고 한다. 현미경으로 관찰할 때 실과 같은 구조에 의해 복제된 염색체가 나누어지는 것이 보이는 유사 분열(有絲分裂, mitosis, 체세포 분열)

의 영문 첫 글자를 딴 것이다. 복제된 유전체가 M기에 둘로 분리된 직후 두 유전체 사이에서 세포질 분열(cytokinesis)이 일어나 마치 밀가루 반죽이 둘로 나뉘듯 물리적으로 세포질이 분리되어 복제된 두 딸세포를 생성한다.

만일 S기와 M기만 반복되면서 유전체만 복제해 나누어 갖고 세포의 다른 성분들은 복제가 되지 않는다면 세포는 세포 주기를 통한 복제를 진행하면서 점점 더 크기가 작아지게 될 것이다. 그러나 실제 세포는 S기와 M기 사이에 세포의 구성 물질을 합성해 그 양을 늘리는 성장을 하면서 복제하므로 복제 후에도 일정한 크기를 유지한다. 이 세포 성장이 주로 일어나는 시기를 반복되는 S기와 M기의 사이(gap) 단계라는 의미로 첫 글자를 따라 G 단계라 한다. 세포 주기 동안에 두 번의 G 단계가 존재하는데, 한 번은 유전체 DNA 복제가 일어나기 이전인 G1이고 다른 한 번은 유전체 DNA가 복제된 후 둘로 나뉘는 M을 시작하기 이전인 G2이다. 따라서 세포 주기는 반드시 G1→S→G2→M 방향으로 진행되고 유전체의 안정성을 유지하기 위해 절대로 이미 진행해 온 전 단계로 돌아갈 수 없다.

그렇다면 세포는 언제 어떻게 자신이 세포 주기를 진행해 자기 복제를 해야 하는지 알게 되는 것일까? 수십억 년 살아남은 생명의 기본 단위답게 세포는 절대로 무작정 자기 복제를 수행하지 않는다. 반드시 환경과의 교감, 교통을 통해 자기 복제를 할 수 있는 상황인지 아닌지 먼저 판단한다. 그렇다면 여러분이 세포라면 자기 복제를 수행하기 전에 환경에서 무슨 조건을 살필 것인가? 세포는 우선 주위에 영양분과 산소가 충분

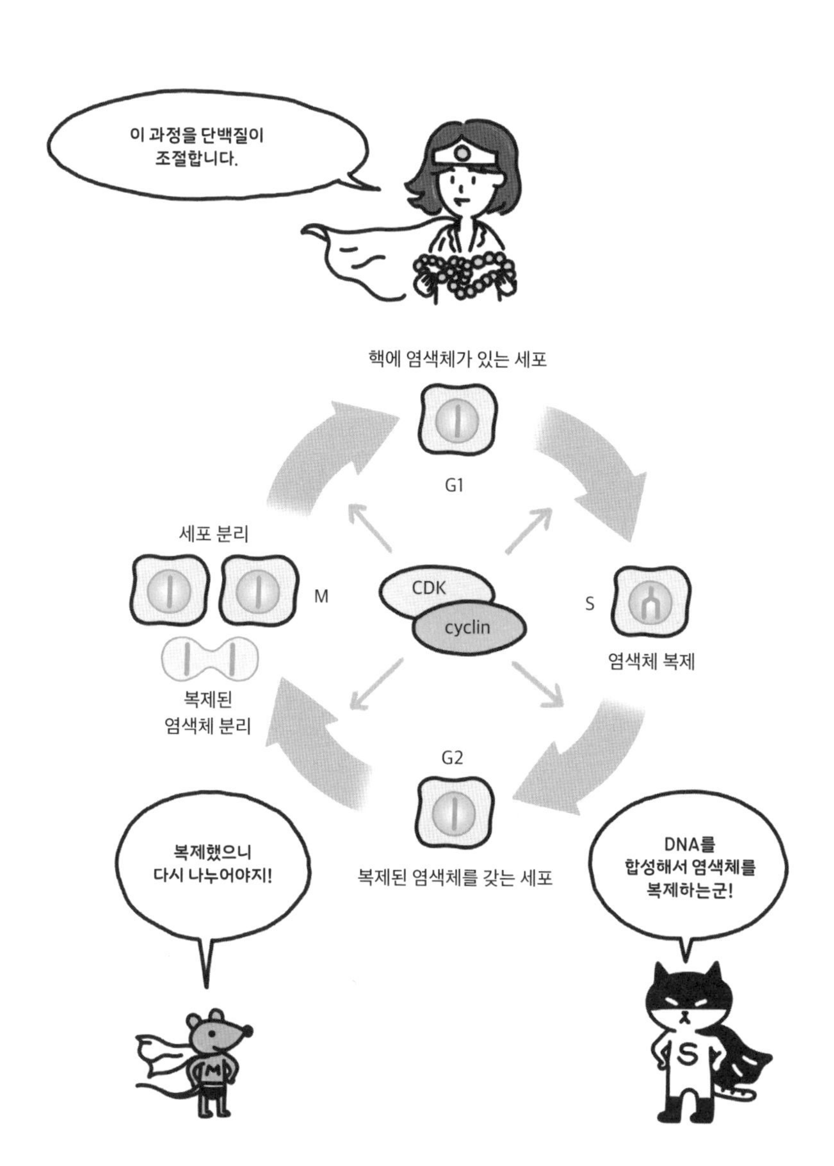

그림 15 **세포의 자기 복제 과정**(세포 주기).

한지, 주위에 너무 많은 세포가 이미 존재하는 것은 아닌지를 살펴 복제한 세포가 제대로 생존할 수 있을 때만 재생산을 수행한다. 또 여러 개의 세포가 모여 생명체를 이루는 다세포 생물의 경우는 환경뿐 아니라 주변 다른 세포들이 복제해도 좋다고 보내 준 신호를 받을 때만 자기 복제 과정인 세포 주기를 진행한다. 즉 세포는 자신이 속한 생명체라는 지역 사회의 요구에 아주 민감하게 반응하면서 자기 복제를 조절하는 것이다. 이 같은 세포의 행동 논리를 관찰하다 보면 가끔은 우리가 우리를 구성하고 있는 세포보다 더 나은 존재인가 자문하고 싶어진다.

세포의 자기 복제 과정에서 가장 중요한 것은 유전체 정보를 가감이나 오류 없이 그대로 유지하는 것이다. 따라서 세포 주기 중 유전체를 복제하기 시작한 후 중간쯤, 혹은 유전체 복제가 끝나고 난 후 자기 복제를 시작해야 하는가를 고민하는 것은 유전 정보 전체를 안전하게 복제해 나누어 갖는 과정에 문제가 될 수 있다. 그러므로 세포는 환경 및 주위의 신호에 반응해 세포 주기를 진행해 자기 복제를 수행할 것인가를 주로 유전체 복제를 시작하기 전인 G1 단계에서 결정한다. 따라서 G1은 세포의 자기 복제 여부를 결정하는 매우 중요한 시기이며, 우리 몸에서도 아주 오랫동안 자기 복제를 진행하지 않고 분열하지 않는 세포는 모두 G1에 세포 주기가 멈춰 있는 상태다.

세포는 G1 단계에서 자기 복제의 결정을 내려 세포 주기를 진행해 자신을 복제하는 과정에도 끊임없이 자신의 상황을 점검한다. 이때 가장 중요한 점검은 역시 유전체의 안정성이다. 세포 주기가 진행될 때 세포는 유전체가 안전하게 복제되고 있는지, DNA에 손상이 발생하지는 않았는지, 복제된 후 똑같이 반씩 나뉘고 있는지 등을 계속 점검한다. 그러다 혹시 유전체의 안정성에 위해가 되는 상황이 발생하면, 예를 들어 DNA 손상이 와서 제대로 복제가 어렵다거나 복제는 끝났는데 손상이 생겼다거나 하면 세포 주기의 진행을 멈추고 잘못된 내용을 수정하고 나서야 다시 자기 복제를 수행한다. 그렇다면 DNA 손상이 너무 커서 복구할 수 없는 수준이면 어떻게 할까? 세포는 이번에도 사회적 존재인 자신의 위치를 잘 알고 있는 생명체의 기본 단위로서 명민한 판단을 한다. 유전체에 문제가 생겨 다세포 생물 주위 다른 세포에 피해를 입힐 수 있을 정도로 유전체에 심각한 이상이 초래되었을 경우는 스스로 세포 자살(apoptosis)이라는 자멸을 택한다. 그러므로 여러 세포로 이루어진 생명체는 혹시라도 각각의 세포에서 유전체 이상이 발생하더라도 큰 문제 없이 생명 활동을 유지할 수 있다.

이렇게 정상적인 세포는 인간 못지않은 사회적인 존재로 생명체라는 환경에 반응하고 주변 세포들과 소통하면서 자신의 복제와 생존을 생명체 전체의 생존에 유리하게 조절할 수 있는 능력이 있다. 그런데 아주 드물게 유전체 정보 여러 곳에 이상이 생겨 죽지도 않고 더 이상 주변과 소통하지도 않은 채 무작정 자기 복제를 끊임없이 진행하는 세포가 생겨나기도 하는데, 이것이 바로 암세포다. 암에 대해서는 뒤에서 다시 이야기하도록 하겠다.

체세포 분열과 무성 생식

4장에서 지구에는 원핵세포와 진핵세포, 단 두 종류의 세포가 있다고 이야기했다. 원핵세포는 세균처럼 모두 하나의 세포가 독립적인 하나의 생명체인 단세포 생물이다. 진핵세포는 빵이나 맥주를 만들 때 사용하는 효모같이 단세포 생물인 경우도 있으나 일반적으로는 많은 세포가 모인 다세포 생물이다. 주위에 현미경이 아닌 맨눈으로 확인할 수 있는 생물은 모두 다세포 생물이다. 단세포 생물이나 다세포 생물이나 모두 구성성분인 세포들은 앞에서 설명한 세포 주기를 통해 자신의 유전체를 복제한 후 둘로 나누는 세포 분열을 통해 자기 복제를 실현한다. 우리는 이제 세포가 자기 복제를 수행하기 위해 G1→S→G2→M 과정을 순차적으로 진행한다고 알고 있다.

예전에 세포를 현미경으로 관찰했던 사람들은 단 두 가지 상태의 세포를 눈으로 볼 수 있었다. 세포가 자신의 고유 기능을 수행하면서 가만히 있는 것처럼 보이는 상태와 세포의 유전체가 커다란 실타래처럼 생긴 여러 개의 염색체 형태로 존재하고 이 염색체가 물리적으로 둘로 나뉘는 것을 볼 수 있는 상태가 그것이었다. 현미경으로 보았을 때 아무 변화가 없는 것처럼 보이는 시기를 간기(interphase)라고 하는데, 이때는 DNA가 상대적으로 가는 3차원 구조의 실 상태이므로 겉으로는 아무 변화가 관찰되지 않지만, 이때에도 세포는 자신의 유전체를 복제하고 성장한다. 유전체가 굵은 실타래와 유사한 3차원 구조를 형성해 각 염색체가 둘로 나뉘고 세포질도 나뉘는 것을 유사 분열, 즉 실이 관찰되는 분열이라고 한다. 이 분열 과정은 현미경으로 관찰할 수 있는데, 이런 이름이 붙은 이유는 염색체를 물리적으로 둘로 나누어 양끝으로 끌고 가는 기능을 수행하는 미세소관이라는 세포골격계가 방추사라는 실 모양의 구조를 만들어 각 복제된 염색체에 붙은 후 복제된 염색체를 반반씩 서로 반대 방향으로 끌고 가는 것이 보이기 때문이다. 다세포 생물 전체의 몸을 구성하는 체세포에서 모두 이런 분열이 관찰되기 때문에 체세포 분열이라고도 한다.

유사 분열 시기에는 복제된 염색체를 정확히 둘로 분리하기 위해 핵막과 ER, 골지체 등의 세포 내 소기관이 해체된다. 보통 진핵세포는 수십 개의 염색체를 갖고 있으므로 좁은 세포 내 공간에서 정확하게 둘로 나뉘기 쉽지 않다. 가장 정확한 방법은 복제된 염색체를 한 줄로 세운 후 복제된 염색체의 반반씩을 서로 반대 방향으로 잡아당기는 것이다. 실제로 유사 분열 중인 세포를 보면 복제된 염색체들이 아주 예쁘게 한 줄로 가운데 정렬했다가 나뉘는 것을 관찰할 수 있다.

단세포 생물인 경우 세포가 세포 주기를 거치면서 자기 복제를 수행하는 과정 자체가 재생산 과정 혹은 번식 과정이라고 할 수 있다. 이런 경우 특별히 한 종 내에 두 가지 다른 형태인 성(性)이 존재할 필요가 없이 번식하므로 무성 생식이라고 한다.

유성 생식과 감수 분열

다세포 생물의 경우 동일한 종 내에 두 가지 다른 형태의 성인 암컷과 수컷, 여자와 남자가 존재하고, 두 다른 성의 생식 세포인 난자와 정자가 합쳐져야만 새로운 개체가 재생산되는 유성 생식을 한다. 생명체의 재생산에 가장 중요한 것은 유전 정보를 변화시키지 않는 것, 즉 유전체의 안정성이라고 강조했다. 그런데 만약 우리 몸의 다른 세포들처럼 난자와 정자도 동일한 양의 유전 정보를 갖고 있고 이들이 합쳐진다면 어떻게 될까? 각기 새로 재생산되어 만들어진 생명체의 유전체는 계속 갑절로 늘어날 것이다. 또한 유전 정보가 2배씩 많아지게 되면 유전체의 안정성이 깨지면서 더 원래 생명체와 같은 양의 유전 정보를 갖지 않게 되므로 재생산이라고 볼 수 없다. 이런 방법으로는 생명의 복제도 될 수 없고 생명체도 유지될 수 없다. 즉 한 종이 유지되고 재생산되려면 새로 재생산되어 만들어지는 개체마다 종의 고유한 유전 정보가 동일하게 유지되어야 한다. 인간의 경우 46개의 염색체 안에 모든 유전 정보를 갖고 있고, 인간이란 종으로 유지되려면 정확하게 46개의 염색체가 유지되어야 한다는 것이다. 염색체의 수나 양이 정확하지 않으면 대부분의 개체는 초기 발생 과정에서 사멸한다. 드물게 발생에서 살아남아 개체를 만들어도 이상이 유발되는데 그 좋은 예가 21번 염색체가 정상보다 하나 더 많은 다운 증후군(Down syndrom)이다. 그러므로 재생산되는 다세포 생물 개체에서 유전 정보가 보존되기 위해 오직 생식 세포인 난자와 정자가 생식기에서 만들어질 때만 한 세포가 유전체를 복제한 후 한 번 분열하는 유사 분열 대신 유전체 복제 후 연거푸 두 번 분열해 갖고 있는 유전 정보의 양을 반으로 줄이는 감수 분열(減數分裂, meiosis)을 수행한다.

인간이 개수로는 총 46개의 염색체를 갖고 있지만 종류로 보면 22종 염색체와 성염색체인 X, Y가 존재한다. 44개 염색체와 성염색체 X, X가 있으면 여자, 44개 염색체와 성염색체 X, Y가 있으면 남자다. 부계, 즉 정자로부터 온 23개 염색체 한 세트와 모계, 즉 난자로부터 온 23개 염색체 한 세트가 합쳐 총 46개를 이룬다. 인간은 각각의 부모로부터 받은 23종류의 염색체를 두 세트 갖고 있는 것이다. 그러므로 일반 체세포 분열이 진행되면 46개 염색체의 유전체가 복제된 후(23개 1세트 × 2 ×2) 한 번 분열 하므로 46개(23개 1세트 × 2) 염색체를 갖는 2개의 딸세포가 만들어진다. 그러나 생식 세포를 만들기 위해 염색체가 복제된 후(23개 1세트 × 2 × 2) 두 번 연속 분열하는 감수 분열이 진행되면 각 23개 염색체 세트를 갖는 4개의 세포가 만들어진다.

그렇다면 생식 세포는 감수 분열을 진행하면서 어떻게 서로 섞여 있는 23종 46개의 염색체를 정확하게 23종 두 세트로 나눌 수 있을까? 이를 위해 감수 분열에서는 각기 부모에게서 온 염색체들이 복제된 후 자신과 동일한 염색체인 짝을 찾아 세포 중앙에 두 줄로 배열한다. 부계 1번 염색체는 모계 1번과, 부계 2번 염색체는 모계 2번과, 이런 식으로 23번까지(이들을 상동 염색체라고 한다.) 짝을 찾아 선 후 각각의 짝을 반대편으로 분리하면 23개 염색체를 모두 정확하게 분리할 수 있다. 이 과정이 첫 번째 분열인 감수 분열 I이고 이후 다시 23개 복제된 염색체가 유사 분열과 비슷하게 양쪽으로 분리되는 것이 감수 분열 II이다. 여전히 어떻게 그

좁은 세포 공간에서 복제된 큰 부피의 염색체들이 정확하게 자신의 짝을 찾아 배열할 수 있는지, 아직 우리의 과학은 이 질문에 대한 답을 완전히 풀지 못했다.

부모가 되어 아이들을 낳아 기르다 보면 같은 염색체 유전자의 재료 안에서 만들어진 아이들이 각각 너무 다르다는 것이 신기해진다. 어떻게 생명체는 감수 분열 과정에서 유전 정보의 다양성을 증가시킬 수 있는 것일까? 정자와 난자를 생성하는 감수 분열 과정은 두 가지 방법으로 유전체의 다양성을 증가시킨다. 첫 번째는 감수 분열 I에서 상동 염색체들이 자신의 짝을 찾아 두 줄로 설 때, 각각의 부모에서 서 온 23개 염색체들이 두 줄로 줄을 서는데, 부계와 모계 중 어느 쪽에서 온 염색체가 어느 쪽에 위치하는가는 무작위적(random)이다. 따라서 확률로는 2^{22}가지 가능성이 존재하게 된다. 엄청나게 많은 다양한 가능성이다. 두 번째는 유전자 재조합(recombination)이다. 감수 분열 I에서 상동 염색체가 짝을 이루어 나란히 옆에 배열했을 때, 한 염색체의 일정 부분이 짝을 이룬 다른 염색체의 유사한 부분과 교차(crossover)한 후 한쪽 염색체의 DNA를 서로 잘라 서로 다른 쪽과 연결하는, 즉 상동 염색체 간 DNA 일부를 교환하는 유전자 재조합이 일어난다. 이 현상을 현미경으로 관찰하면 두 염색체의 DNA가 물리적으로 서로 교차하는 것이 보이므로 이 과정을 '교차'라고도 부른다. 유전자 재조합이 어느 염색체의 어느 부분에서 얼마나 광범위하게 일어나는가는 완전히 무작위적이므로 이런 과정에서 수없이 많은 다양성이 가능해지게 된다. 이런 매우 위험하고 복잡해 보이는 교차를 통한 유전자 재조합은 선택 사항이 아니고 감수 분열을 진행하기 위한 초기 필수 조건으로 알려져 있다. 그러므로 아무리 많은 정자나 난자가 생산되어도(물고기같이 아주 많은 양의 알을 낳는 경우도) 감수 분열 과정을 통해 자손은 모두 다른 유전 정보를 갖도록 되어 있다. 따라서 이런 다른 정자와 난자가 만나 만들어지는 자손은 아무리 수가 많아도 일란성 쌍생아가 아니면 모두 다른 유전자 조합을 갖게 된다.

유사 분열과 감수 분열을 이해했다면 다시 근본적인 질문으로 돌아 가 보자. 앞에서 DNA 유전 정보에서 단백질이 만들어지는 과정을 이야기할 때 DNA에 하나의 염기가 잘못 끼어 들어가거나 빠지게 되는 변이가 있어도 여기서 만들어지는 단백질의 기능에 심각한 결과를 초래하고 유전병의 원인이 될 수 있다고 했다. 그렇다면 왜 생명은 진화 과정에서 상대적으로 단순하고 안전한 유사 분열 대신 복잡하고 심지어 DNA를 잘라 붙이며 DNA에 변이가 생길 수 있는 가능성까지 감수하면서 유전자 재조합까지를 포함하는 상대적으로 위험한 감수 분열을 선택했을까? 답은 바로 유전체의 다양성이다. 유전체의 다양성이 확보되어 동일한 종 내의 다양성이 증가하면 어떤 환경 변화가 일어나더라도 그 종이 살아남을 가능성이 커지기 때문이다. 또한 감수 분열을 통해 유전체의 다양성을 확보하면 여러 가지 다른 종의 생물로 진화할 수 있는 가능성도 증가한다. 감수 분열 과정과 같은 생명 현상의 핵심 과정을 좇다 보면 다시금 유전자의 생존 능력이나 전략에 대해 경탄하게 된다. 이런 관점에서 보면 생명체와 진화를 유전자의 관점에서 새롭게 해석했던 도킨스의 통찰력이 새삼 존경스럽다.

이 장에서는 생명체의 재생산 과정을 아주 간단히 살펴보았지만 도킨스의 통찰력에 감탄하기 전에 이미 생물의 재생산 과정이 너무 복잡하다고 생각되어 흥미가 떨어지지 않았을까 염려되기도 한다. 생물학적 지식이 전혀 없었던 600년 전의 종교 개혁자 마르틴 루터(Martin Luther, 1483~1546년)도 생물의 재생산이나 생식이 너무 복잡하고 이해하기 어렵다는 생각을 했던 것 같다. 위로 삼아 루터의 말을 옮기면서 생명체 재생산에 대한 논의를 마무리한다. "인류의 번식은 불가사의하고 수수께끼 같다. 만약 신이 이 문제에 대해 나에게 미리 의논하셨더라면 계속해서 진흙으로 종들을 빚어 만드시라고 충고했을 텐데."

10장
어떻게 하나의 세포에서 생명체가 만들어지는가?
생명의 발생과 분화◆[1,2]

우리가 한 몸에 많은 지체(肢體)를 가졌으나 모든 지체가 같은 기능을 가진 것이 아니니 이와 같이 우리 많은 사람이 그리스도 안에서 한 몸이 되어 서로 지체가 되었느니라. — 「로마서」(12장 14~15절)

인간을 포함한 모든 다세포 생물은 감수 분열로 반쪽의 유전체를 갖는 정자와 난자의 결합으로 이루어지는 수정란(fertilized egg)이라는 하나의 세포에서 시작된다. 보통 우리 몸이 100마이크로미터 크기 세포 50조~100조 개로 이루어져 있다고 하니 눈으로 잘 보이지도 않는 하나의 수정란 세포가 이렇게 많은 세포를 만들기 위해 얼마나 많은 체세포 분열을 통한 재생산을 했을지 상상조차 쉽지 않다. 그런데 수정란이 세포 분열을 통해 수(數)만 불린다고 해서 복잡한 기능의 지체가 모여 있는 생명체가 되지는 않는다. 수정란은 재생산을 통한 세포 분열을 계속해 만들어 진 세포들이 생명체 내에서 특정한 기능을 수행하도록 분업화하는 분화를 통해 개체로 발달한다. 불경스럽다고 느끼는 독자도 있겠으나 나는 성경의 「로마서」를 읽을 때마다 사도 바울은 생명체에 대한 통찰력이 깊은 사람이었구나 하는 생각이 든다. 그가 설명한 대로 우리 몸을 살펴보면 다른 기능을 갖는 지체들이 모여 통합된 하나의 생명체로서 기능을 수행한다.

그렇다면 하나의 세포에서 시작되어 동일한 유전 정보를 갖도록 재생산된 세포들은 어떻게 이렇게 서로 다른 기능의 지체들을 만들고, 다시 그 지체들은 하나의 통합된 생명체로 기능을 할 수 있게 되는 것일까? 이 근본적인 질문에 대한 설명이 이번 10장에서 깊이 생각해 볼 내용이다.

수정과 인간의 초기 발생

어느 종이건 일반적으로 그 종에서 가장 큰 세포는 난자(egg)고 가장 작은 세포는 정자(sperm)다. 난자와 정자의 크기 차이는 우리가 일반적으로 먹는 계란이나 성게 알 등을 보면 안다. 닭의 정자와 성게의 정자를 본 사람은 아무도 없지 않은가? 인간도 마찬가지로, 인간 세포 중 난자가 가장 커서 지름이 100마이크로미터 이상이고 정자는 긴 꼬리를 제외하면 고작 지름이 3~5 마이크로미터다. 지름의 차가 이 정도니 부피는 더 차이가 난다. 정자는 크기로는 난자의 1만분의 1에 지나지 않는다. 정자에 의해 난자가 수정되는 장면을 찍은 전자 현미경 사진을 보면 마치 달에 착륙하는 우주선 같다. 정자가 작은 이유는 효율적으로 운동에 의해 난자에게 접근하기 위해서고 난자가 큰 이유는 수정 후 발생에 필요한 에너지를 생산하는 세포 내 소기관, 단백질과 RNA 등의 조절체 및 초기 발생에 필요한 영양분을 모두 갖고 있기 위해서다. 그래서 일반적으로 수정 후 모체에 착상되어 모체로부터 영양을 공급받는 체내 수정을 하는 생물의 난자보다 모체의 아무런 도움 없이 자체적으로 발생해야 하는 체외 수정을 하는 어류, 조류, 양서류 등의 난자가 훨씬 크다. 크기는 다르지만 정자나 난자는 모두 개체를 만드는 데 필요한 유전 정보를 똑같이 반씩 갖고 있고, 인간의 경우는 23개 염색체를 한 세트씩 갖고 있다.

정자와 난자가 만나 수정되어 온전한 개체를 만들 수 있는 유전체를 갖는 하나의 세포인 수정란이 되면 수정란은 체세포 분열을 시작한다. 분열을 계속하면서 세포 수를 2, 4, 8, 16, … 하는 식으로 늘려간다. 이 상태의 세포를 배아 줄기 세포(embryonic stem cell)라고 한다. 배아 줄기 세포는 세포 하나가 생명체 개체 하나를 만들 수 있는 모든 능력이 있다. 그래서 배아 줄기 세포 앞에는 '전능의(totipotent)'라는 수식어가 꼭 따라붙는데 생체가 갖고 있는 모든 종류의 세포로 분화할 수 있는 능력이 있다는 의미다. 인체에는 200여 종이 넘는 다양한 기능과 모양의 세포들이 존재하는데 그 세포들로 모두 변화될 수 있는 능력이 있는 것이다. 이렇게 전능의 세포이기에 우연히 둘로 나뉘거나 세포 하나가 떨어져 나와 독립적으로 발생하기 시작해도 아무 문제없이 완벽한 생명체를 만들어 낼 수 있다. 일란성 쌍둥이는 이렇게 발생 초기 단계에서 수정란의 세포가 분열하면서 우연히 분리될 때 만들어진다. 이들은 하나의 수정란에서 유래했으므로 100퍼센트 동일한 유전 정보를 갖고, 그러므로 당연히 항상 동일한 성(性, gender)이다. 모체의 유전적 또는 환경적 요인이 중요한 역할을 할 것으로 예측은 되지만, 왜, 어떤 경우에 발생 초기의 수정란에서 유래한 세포가 전체에서 분리되는지 원인은 아직 정확하게 밝혀져 있지 않다.

이렇게 분열하던 초기의 배아 줄기 세포는 수가 늘어나면서 세포의 위치가 안이냐 밖이냐에 따라 자연스럽게 내부의 앞으로 태아가 될 부분(inner cell mass)과 탯줄 등 부속 기관이 될 부분(trophoblast)으로 나뉘게 된다. 그리고 수정 후 7일쯤 되면 배아는 자궁 내벽에 착상이 되고, 착상 후 배아는 다시 태반이 될 부분과 태아가 될 부분으로 나뉜다. 수정 후 12일쯤에는 처음에 한 겹으로 세포가 모여 있던 태아가 될 부분이 갑자기 급속하게 움직이면서 여러 겹, 즉 3차원적인 모양을 갖게 되는데 이 과정을 전문적인 용어로는 낭배 형성(gastrulation)이라고 한다. 바로 초기 배아 줄기 세포가 극심하게 이동하면서 앞으로 형성될 태아의 중요한 세 가지 영역으로 세포들을 나누는 과정이다. 생명체의 입장에서 보면 인생에서 가장 중요한 순간이다. 이 과정이 잘못되면 정상적인 개체로 발생이 되지 못하기 때문이다. 인체의 세 가지 영역이란 싱겁게도 밖(외배엽)과 안(내배엽), 그 사이의 중간 부분(중배엽)이다.

외배엽의 세포와 조직부터 살펴보자. 물론 피부가 있고 꼬집으면 아픈 것으로 보아 신경계가 있음을 알 수 있다. 그래서 3개의 영역 중 몸의 겉 부분에 위치하게 된 세포들은 개체가 발생한 후 표피와 신경계를 만든다. 몸의 안쪽에 위치한 세포들은 발생 후 내장을, 중간 부분에 위치하게 된 세포들은 내장과 표피 사이에 있는 근육, 혈관계 등을 만들게 된다. 우리 몸을 살펴보면 쉽게 이해가 갈 것이다. 세 영역으로 세포가 이동하고 나뉘었다는 것은 이제 더 세포들이 배아 줄기 세포들이 갖는 모든 종류의 세포로 변화할 수 있는 전능성을 잃어버리고 있음을 의미한다. 즉 초기 배아 줄기 세포 때와는 달리 운명이 정해지고 능력이 한정되어 이제는 각 영역에 있는 세포로만 바뀔 수 있게 변했다는 것이다. 이 단계의 세포는 처음보다 가능성이 약간 줄었으나 아직도 그 영역 내에 있는 여러 다른 세포들로 분화할 능력을 갖고 있다. 그래서 복수의 가능성이 있다는 의미로 다능성(pluripotent)이라는 용어를 쓰기도 한다. 이렇게 초기 배아 줄기 세포는 시간이 흐르고 발생을 계속 진행하면서 분열해 그 수를 늘림과 더불어 계속 점점 더 자신의 가능성을 한정해 인체의 세 영역 내에서 특정 조직과 기관을 만들어 간다.

전능성의 초기 배아 줄기 세포가 발생이 진행되면서 가능성이 줄어들며 대신 특정 기능을 수행하는 조직과 기관을 만들어 나가는 과정은 우리 인생사와도 매우 비슷하다. 누구나 태어날 때는 세상에서 그 무엇이든 될 수 있는 가능성을 갖고 있지만 자라 갈수록 점점 더 가능성이 한정되고 나이를 먹을수록 새로운 가능성이 거의 없어지게 되는 인생처럼.

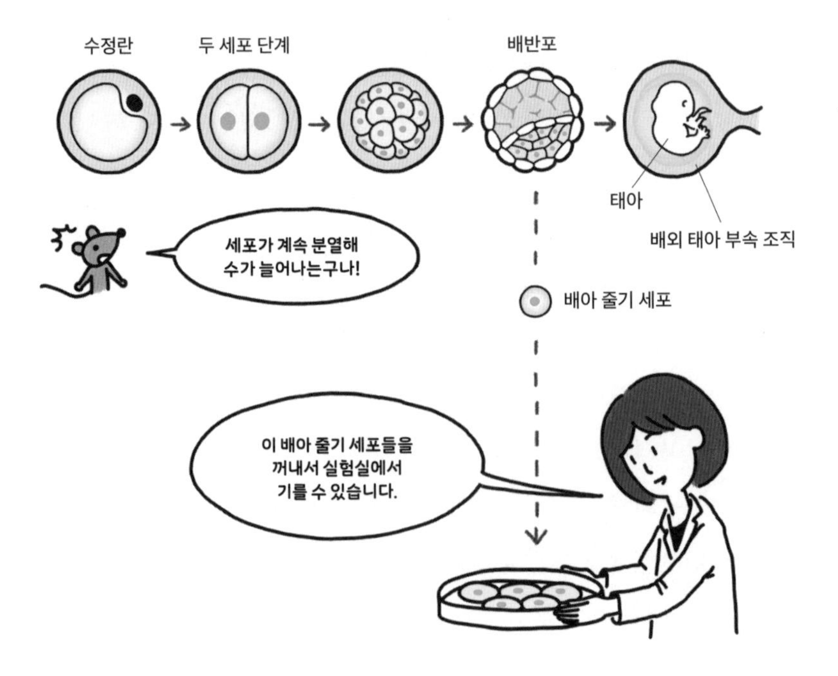

그림 16 **동물의 초기 발생과 배아 줄기 세포.**

분화와 그 기전

이쯤 해서 질문이 생겨야 한다. 수정란이라는 하나의 세포에서 유래했기에 동일한 유전 정보를 갖는 세포가 어떻게 처음에는 전능성을 가졌다가 점점 더 그 기능이 한정되어 가고 발생 후에는 정해진 기능만을 수행하도록 분화되는가 하는 질문이다. 생물의 유전체에는 그 생물을 만들고 유지하는 모든 정보가 담겨 있다. 그런데 왜 어떤 세포는 신경이 되고 어떤 세포는 근육이 될까? 그것은 각각의 세포가 갖고 있는 모든 유전 정보를 모두 발현하는 것이 아니라 자신이 수행할 기능에 맞는 유전자들만을 발현하기 때문이다. 마치 컴퓨터에 다양한 프로그램이 깔려 있어도 그중 필요한 프로그램만 열어서 사용하는 것과 유사하다고 할까?

성장하면서 누구를 만났는지 혹은 어떤 책을 읽었는지가 나중에 어떤 사람이 되는가에 매우 중요한 영향을 미치는 것처럼 발생하고 있는 생명체의 세포도 계속 자신의 주위에 있는 세포들과 소통하면서 정체성, 즉 자신이 신경이 되어야 하는지, 근육이 되어야 하는지를 정립해 나간다. 주위에 어떤 다른 세포들이 있었는지, 또 어떤 신호를 받았는지에 따라 세포는 어떤 유전자를 발현해 어떤 기능과 모양의 세포가 될지를 판단하고 그 신호들에 맞게 자신을 계속 변화시키면서 발생을 진행한다. 이런 정보는 DNA의 3차 구조 속에 저장된다.

앞에서 생명의 정보를 공부할 때 DNA의 염기 서열뿐 아니라 세포 내에 패킹되어 있는 DNA의 부분과 패킹 방식이 넓은 범위의 DNA에 내재하는 유전자들의 발현을 조절하는 데 매우 중요하다고 설명했다. 또 이런 DNA 패킹이 외부 환경에 따라 예민하게 조절될 수 있다고도 이야기했다. 발생 과정에서 세포가 주위의 세포와의 소통을 통해 자신의 정체성을 정립하면서 특정 기능의 세포로 운명을 만들어 가는 과정에 바로 이 DNA 패킹에 따른 3차 구조가 중요한 스위치로 작용한다. 주변 세포들과 소통되는 정보에 따라 어떤 영역의 DNA가 어떻게 패킹되어 그 영역의 유전자 발현이 억제될지, 아니면 어떤 영역의 DNA의 패킹이 풀리고 어떤 유전자들의 발현이 왕성해질지 조절되는 것이다. 그리고 이러한 DNA 패킹 정보는 유전체가 복제되고 세포가 재생산되는 과정에도 그대로 유지된다. 따라서 한번 자신의 정체성을 결정한 세포로부터 유사 분열을 통해 재생산되는 모든 세포도 처음 세포와 동일한 기능을 수행하게 된다.

이렇게 DNA 염기 서열인 유전 정보의 변화가 아니라 개체 수준에서 유전 정보를 넘어서 유전 정보의 발현이 조절되는 현상을 앞에서 언급한 것처럼 후생 유전학이라고 한다. 후생 유전학이란 용어는 1942년 영국의 에딘버러 대학교 교수였던 콘래드 웨딩턴(Conrad Waddington, 1905~1975년)이 전능의 배아세포가 발생 과정에서 동일한 유전 정보를 가졌으나 기능이 한정된 조직 세포로 점차로 분화해 가는 것을 설명하기 위해 만들었다고 전해진다.

현재까지 가장 잘 알려진 DNA의 패킹 조절 방법은 DNA 염기 서열 중 시토신에 메틸기를 붙이는 것과 염색체에서 DNA를 감고 있는 히스톤 단백질에 메틸이나 아세틸기를 떼거나 붙이는 것이다. 또한 유전체의 패킹을 조절하는 기능을 수행하는 단백질들도 알려져 있다. 분화 중인 혹은 분화가 진행된 세포에서 이미 정해진 DNA 패킹 내용과 세포의 후생유전학적 성격을 변화시키는 것은 쉽지는 않다. 그러나 세포에서 DNA의 패킹을 조절하고 있는 DNA와 히스톤을 화학적으로 변화시키는 것은 여러 가지 세포 내외적 요소의 상호 작용으로 조절될 수 있는 가역적인 반응이다. 그러므로 환경이나 조건의 변화 등의 자극에 따라서 이미 패킹된 DNA 부분을 다시 열 수도 있고 열린 부분을 다시 닫을 수도 있을 것이다. 만약 우리가 유전체의 패킹을 조절하고 세포의 다양한 분화 가능성(pluripotency)을 유지할 수 있는 조건에 대해 알게 된다면, 이미 분화해버린 세포를 타임머신처럼 시간을 되돌려 다시 분화 가능성이 있는 세포로 되돌릴 수 있을 것이다. 이런 가능성에 대한 연구가 요즘 줄기 세포의 발생과 분화에 대한 연구의 주요 분야다.

이런 가능성을 실험적으로 처음 검증한 것이 2012년 노벨 생리 의학상을 수상한 일본의 야마나카 신야(山中伸弥, 1962년~) 박사의 연구다. 그는 우선 배아 줄기 세포의 다양한 분화 가능성을 유지하는 데 꼭 필요한 유전자들을 찾아낸 후, 이미 발생을 다 진행하고 분화가 완전히 끝난 성숙한 세포에 이들을 발현시켜 분화가 끝난 세포를 분화 가능한 줄기 세포(pluripotent stem cell)로 재프로그래밍했다. 인위적으로 이미 분화된 세포를 다시 줄기 세포의 특성을 갖도록 유도한 세포는 다양한 가능성의 줄기 세포의 성격을 갖게 되므로 유도 만능 줄기 세포(induced pluripotent stem cell, iPS)로 불린다.

유도 만능 줄기 세포는 결국 운명의 시계를 거꾸로 돌려 역분화시킨 세포로 원래 자신이 유래한 세포뿐 아니라 다른 다양한 세포로도 분화할 수 있어 배아 줄기 세포와 매우 유사한 특성을 갖는다. 또한 생쥐를 이용해 이렇게 유도 만능 줄기 세포의 핵을 그 자체의 핵을 제거한 난자에 집어넣어 개체를 완벽히 다시 만들어 낼 수 있었다.◆[3, 4] 이러한 결과는 분화된 세포를 인위적으로 완벽하게 줄기 세포로 되돌릴 수 있음을 실험적으로 입증했다. 그러나 이미 분화된 세포를 유도 만능 줄기 세포로 전환하기 위해 발현시키는 유전자들은 배아 줄기 세포의 특성상 빠르게 분열하기 때문에 암을 유발할 수 있다. 따라서 유도 만능 줄기 세포는 아직은 조직에 이식했을 때 종양을 발생시킬 수도 있는 한계가 있다. 그러나 유도 만능 줄기 세포에 대한 연구는 학문적으로는 생명체의 발생 과정에서 분화가 정교하게 조절되는 메커니즘에 대해 더 많은 정보를 제공해 줄 것이다. 또 응용 측면에서는 수정된 배아에서만 얻을 수 있기에 윤리적으로나 기술적으로 한계가 있었던 줄기 세포 연구와 치료법 개발과 실용화에 큰 도움을 줄 것이다.

배아 줄기 세포 연구의 윤리적 문제점

배아 줄기 세포는 유도 만능 줄기 세포가 가능해지기 전까지 줄기 세포를 이용한 치료법의 유일한 원천이었다. 인체의 모든 종류의 세포로 분화할 수 있는 배아 줄기 세포는 두 가지 방법으로 얻을 수 있다. 일반적인 방법은 난자와 정자를 인공적으로 수정시켜 발생 초기 분열 단계에 있는 세포를 얻는 것이다. 현재는 11장에서 다루게 될 인공 수정 후 남은 배아들을 주로 이용한다고 알려져 있다. 다른 한 가지 방법은 2005년 과학 연구 윤리로 문제가 되었던 황우석 박사 등이 사용했던 방법으로 수정을 시키지 않은 난자의 핵 치환으로 얻는 것이다. 즉 난자에서 반쪽짜리 유전 정보를 제거하고 온전한 유전 정보를 갖는 생명체의 몸을 구성하는 체세포의 핵을 인위적으로 넣고 분열하게 해 얻는 것이다. 후자의 방법은 11장에서 자세히 언급할 체세포 복제 동물을 만드는 방법이기도 한다. 후자의 방법을 이용하는 사람들은 수정을 거치지 않기 때문에 윤리적인 문제에서 자유롭다고 말한다. 그러나 어떤 방법으로 만들어졌든 이 단계의 배아는 여성의 자궁에 착상되면 완벽한 개체를 만들 수 있는 능력이 있다. 따라서 배아를 생산하는 방법이 인공 수정인가 아니면 핵 치환인가가 배아 줄기 세포에 대한 윤리적 판단의 기준이 되기는 어려워 보인다.

배아 줄기 세포를 다룰 때 가장 중요한 윤리적 문제 중 하나는 바로 난자를 어떻게 얻는가 하는 점이다. 배아 줄기 세포는 인공 수정이나 핵 치환 등 어떤 방법으로 얻든 반드시 난자를 필요로 한다. 한 여성이 평생 만드는 난자의 수는 이미 발생 과정에서 정해져 있다. 인간 여성은 평생 300여 개 정도의 난자를 만들어 배란할 수 있다고 한다. 즉 그 수가 매우 한정되어 있다. 또한 긴 주사를 등 쪽에서 난소로 주입해 이루어지는 적출 과정이 매우 고통스럽고 힘든 과정이다. 인공 수정을 위해 호르몬 주사 등을 통해 성숙시킨 후 한 번에 뽑아낼 수 있는 난자 수도 정해져 있다. 난자를 여러 개 뽑아내는 것이 위험하기 때문이다. 내 수업을 듣던 학부 학생이 과제물로 250명 본교 학생들을 대상으로 난자 추출 방법과 인공 수정 등의 지식에 대해 설문 조사를 한 적이 있었는데, 남학생은 거의 지식이 전무했고 여학생도 23퍼센트만이 알고 있었다.

2000년대 중반 황우석 박사의 연구가 정부의 지원으로 급물살을 타고 있을 때 나를 가장 경악하게 한 것은 애국심을 빌미로 심지어 고등학교 여학생들에게 난자 기증 서명을 받은 것이었다. 나는 그 상황에서 아무런 저지 발언을 하지 않던 여성계를 보며 분노했고 이를 주도했던 당시 정부와 여기에 속수무책이었던 여성 운동가들에 대한 신뢰를 잃었다. 그 사건은 심지어 일제 강점기 어린 소녀들을 전쟁터로 끌고 갔던 끔찍한 과거와 겹쳐졌다. 서명한 어린 학생들은 난자 기증이 어떤 방법으로 이루어지며 어떤 부작용이 있는지 제대로 알고 있었을까? 배아 줄기 세포 연구가 합법화되어 있는 영국에서는 줄기 세포 연구를 위해 난자를 기증할 때, 자기 의사로 한다고 해도 40세 이상이고 결혼하고 출산이 끝났으며 더 이상 아이를 출산할 의사가 없는지 등 까다로운 조건이 붙는다. 여성의 난자를 사용할 수밖에 없는 배아 줄기 세포 연구나 이용은 윤리적 문제에서 자유롭기 어렵다.

또 배아 줄기 세포 단계에서는 착상되면 완벽한 개체를 만들 수 있다. 따라서 완벽한 생명체를 만들 수 있는 배아 줄기 세포를 사용하는 것에 대한 윤리적 논란이 뜨거울 수밖에 없다. 성체 세포로부터 유도 만능 줄기 세포를 만들 수 있다는 것이 알려지기 전에는 배아 줄기 세포만이 줄기 세포 치료법의 유일한 출발점이었다. 특히 배아의 지위에 대해 단순 세포이고 인간에게 유용하므로 사용할 수 있다는 입장과 완벽하게 개체를 만들 수 있으므로 생명체로 취급해야 한다는 입장이 팽팽히 맞섰다. 선진국 몇몇 나라와 우리나라 NGO 등은 배아 줄기 세포에 대해 세포와 생명체의 중간에 해당하는 위치를 부여하자고 제안했으나 이 중간자 위치의 윤리적 기준이 지금도 분명치 않다. 유도 만능 줄기 세포의 발견은 이러한 배아 줄기 세포의 여러 윤리적 논란을 잠재울 수 있고 난자를 이용하지 않아도 줄기 세포를 이용한 연구와 치료가 가능한 배아 줄기 세포의 대체재를 적절한 시점에 제공한 셈이다. 어떤 의미에서는 정말 다행이다.

성체 줄기 세포와 일신우일신

이제 발생을 끝내고 세상에 나온 생명체인 성체에 대해 생각해 보자. 세상에 나온 후에도 생명체는 일정 시간 동안 계속 성장한다. 즉 세포 분열과 분화가 계속되고 있다는 것이다. 또한 성장이 끝난 후에도 우리 몸에 존재하는 세포들은 역동적으로 계속 새로 생산되고 분화해 기능을 수행하고 수명이 다하면 죽게 된다. 목욕탕에 가서 몸을 문지르면 보통 우리가 '때'라고 하는 것이 몸에서 밀려 나온다. 지난주에 때를 다 밀었어도 이번 주에 밀면 또 나온다. 그 실체는 바로 죽은 세포들이다. 우리 몸의 세포들은 계속 새로 만들어지고 성숙하고 노화해서 죽는 과정을 반복하고 있다. 성장기 아이들은 세포가 새로 만들어지는 속도가 죽는 속도보다 훨씬 빨라 세포 수가 늘어나면서 성장이 가능하다. 또 성장이 끝나 성인이 된 후에도 우리 몸에서는 끊임없이 새로운 세포들이 만들어지고 오래된 세포들은 죽어 가면서 몸을 이루는 세포들이 새 것으로 교체되고 있다. 즉 우리 몸이 생명을 유지하는 과정은 세포가 새로이 증식하고 한편으로 오래된 세포들이 죽어 가는 역동적인 일신우일신(日新又日新)의 과정이다. 적어도 우리 몸을 세포의 입장에서 바라본다면 오늘의 나는 어제의 내가 아니다.

인체는 200여 종의 매우 다양한 기능과 모양의 세포들로 구성되어 있다고 알려져 있는데 그 세포들의 수명도 종류마다 다르다. 예를 들어 적혈구나 백혈구 등 혈액 세포의 수명은 30~60일이고 피부를 구성하는 세포들의 수명은 고작 1~3일이며, 뼈를 구성하는 세포의 수명은 거의 1년이나 된다. 그래서 목욕한 지 얼마 안 되었어도 피부에서는 계속 때가 나온다. 또 혈액 세포는 어차피 30~60일 안에 모두 새 것으로 교체되기 때문에 헌혈해도 아무 문제가 없다.

그렇다면 우리 몸속에서 누가 이러한 다양한 세포들을 계속 만들어 내는 것일까? 그 대답이 바로 성체 줄기 세포(adult stem cell)이다. 이렇게 이미 성체가 된 우리 몸의 각 조직은 그 조직을 구성하는 세포들을 계속 만들어 낼 수 있는 성체 줄기 세포를 갖고 있다. 일반적으로 줄기 세포라고 하면 배아 줄기 세포를 떠올리지만 줄기 세포에는 크게 두 종류, 배아 줄기 세포와 성체 줄기 세포가 있다. 성체 줄기 세포는 배아 줄기 세포처럼 몸을 구성하는 모든 종류의 세포를 다 만들 수는 없다. 그렇지만 계속 분열하면서 각 성체 줄기 세포 자신이 속한 조직을 구성하는 세포들을 만들어 낸다. 즉 피부 줄기 세포는 계속 피부 세포를, 혈액 줄기 세포는 계속 혈액 세포를 만드는 것이다.

성체 줄기 세포의 이런 원리를 이용한 것이 바로 골수 이식이다. 우리 피 속의 다양한 혈액 세포를 만들어 낼 수 있는 성체 줄기 세포인 혈액 줄기 세포가 골수에 존재하므로 백혈병 등 혈액 세포에 문제가 생긴 질병에 골수를 이식하면 정상적인 혈액 세포들이 계속 만들어져 질병을 치료할 수 있는 것이다. 현재 인간의 기술은 아직 각 조직에 존재하는 모든 종류의 성체 줄기 세포들을 분리하고 배양할 수는 없지만 앞으로 모든 조직의 성체 줄기 세포를 확보할 수 있다면 여러 가지 질병 치료에 유용하리라는 것을 쉽게 유추할 수 있다.

물론 성체 줄기 세포는 성체에서 얻을 수 있는 세포이므로 인간의 배아를 이용해야 하는 배아 줄기 세포와는 달리 윤리적인 문제에서도 좀 더 자유로울 수 있다. 윤리적인 이유 이외에 최근 성체 줄기 세포가 각광받는 것은, 이 세포가 배아 줄기 세포처럼 신체 내 모든 종류의 세포로 분화되지는 않지만 특정 조건에서 원래 성체 줄기 세포가 만들던 세포가 아닌 다른 세포로 전환될 수 있는 가능성이 과학적으로 확인됐기 때문이다.[◆5] 이런 기능을 이용해 현재 지방 흡입 등으로 빼낸 뱃살의 지방 성체 줄기 세포를 신경이나 다른 조직 세포로 분화시켜 줄기 세포 치료법으로 이용하려는 시도가 진행 중이다. 이 성체 줄기 세포는 자기 몸에서 나온 것이어서 면역 거부 반응이 없는 장점도 있다. 따라서 현재는 자신의 몸에서 얻은 성체 줄기 세포가 개인별 맞춤형 줄기 세포 치료제로 개발될 가능성이 크다. 그러나 개인이 몸에서 얻을 수 있는 성체 줄기 세포의 수가 적고 채취하기도 어려워, 최근에는 개인의 몸에서 채취한 일반 세포를 역분화시켜 유도 만능 줄기 세포로 만든 후 원하는 세포로 분화시켜 줄기 세포 치료제로 사용하려는 시도가 가장 많이 이루어지고 있다.

줄기 세포 기술의 명암

모든 세포로 분화할 수 있는 전능의 배아 줄기 세포와 유도 만능 줄기 세포, 그리고 조건에 따라 다양한 세포로의 분화가 가능하다고 알려진 성체 줄기 세포의 기능이 알려지면서 줄기 세포는 인류에게 새로운 희망이 되었다. 줄기 세포가 우리에게 희망인 이유는 이미 발생과 분화가 끝난 우리의 조직 중 특정 부분이 손상되었을 때 이 줄기 세포를 이식하면 원하는 조직의 세포로 분화되어 기능을 회복할 가능성이 있기 때문이다. 예를 들어 노화나 사고로 뇌 신경 세포가 손상돼 기능을 잃었을 때 그 주위에 줄기 세포를 이식시켜 새 신경 세포로 분화시킬 수 있다면 뇌 기능이 되살아날 수도 있을 것이다. 그러나 2011년 줄기 세포 연구를 지원하는 많은 이들에게 암울한 뉴스가 전해졌다. 줄기 세포 치료제 분야에서 세계 최고인 미국의 제논 사가 FDA 승인하에 준비 중이던 척수 마비 환자에 대한 배아 줄기 세포 치료제 임상 시험을 중단하고 치료를 포기한다고 발표한 것이다.

왜 막대한 시장 가능성이 있고 많은 이들에게 희망을 줄 수 있을 줄기 세포 연구의 걸음이 이렇게 더디고 힘들까? 줄기 세포가 갖고 있는 가능성에는 모든 과학자가 동의하지만 줄기 세포를 이용하는 기술에 장밋빛 미래만 있는 게 아니기 때문이다. 줄기 세포는 대개 세포 증식이 매우 왕성해 이식된 뒤에도 계속 증식해 종양이나 암을 유발할 가능성이 크다. 또 인체에 적용하려면 효능과 안전을 입증하는 다단계 임상 시험이 필수적인데, 생체 내에서 줄기 세포의 분화를 조절하는 신호 전달 물질들의 분자 생물학적 환경이 사람마다 달라 이 단계를 밟기 어렵고 치료를 위해 방법을 표준화하는 데도 문제가 있다. 이에 더해 현재의 생명 과학 연구의 기술 수준은 줄기 세포가 몸에 주입됐을 때 인간 세포 200여 종 중 어떤 세포로 분화할지 예측하고 조절할 수 있는 능력을 갖추지 못했다. 살아 있는 줄기 세포를 직접 주입하는 과정에서 바이러스나 병원체에 감염되지 않게 막는 것도 쉽지 않다. 실제로 이전에 우리나라에는 금지되어 있던 줄기 세포 시술을 중국에서 진행하다 환자가 감염으로 인해 숨진 사례도 있었다. 이런 문제들이 줄기 세포 연구와 이를 치료제로 개발하는 데 걸림돌이다. 인류가 줄기 세포 기술을 포기할 수는 없지만 이런 걸림돌을 해결하기 위해서는 시간이 걸리더라도 먼저 어떻게 체내에서 줄기 세포의 분화와 조절이 결정되는지와 같은 기본적 생명 현상에 대한 연구가 선행되어야 한다.

세포 사멸

개울가에 올챙이 한 마리
꼬물꼬물 헤엄치다
뒷다리가 쑥~ 앞다리가 쑥~
팔딱팔딱 개구리 됐네.

온 국민에게 친숙한 윤현진의 동요 「올챙이와 개구리」다. 누구나 초등학교 시절 한 번쯤 봄이 되면 냇가에 가서 개구리 알을 채집해 와 교실에서 알에서 올챙이를 거쳐 개구리가 되는 과정을 관찰한 기억이 있을 것이다. 그래서 더 친밀하게 느껴지는 것 같다. 나는 올챙이가 개구리가 될 때 앞다리가 먼저 나오는지 뒷다리가 먼저 나오는지 항상 헷갈리는데 그때마다 이 노래를 부르며 기억을 되살린다. 우리가 의식을 했던 못했던 초등학교 시절 올챙이가 개구리로 변화하는 과정을 관찰한 것이 대부분의 우리에게 생명의 발생에 대한 첫 경험이었다. 그런데 나는 초등학교 시절부터 오랫동안 올챙이가 개구리로 변하는 과정 중에 궁금하던 의문이 있었다. 올챙이는 꼬리가 있고 개구리는 꼬리가 없는데 도대체 올챙이 꼬리는 어디로 간 것일까 하는 의문이었다. 그리고 20년도 넘어 후에 미국에서 대학원을 다닐 때, 꼬리에 있던 모든 세포가 자취도 없이 모두 죽어 사라져 버린다는 것을 알게 되었다. 내가 대학원을 다니던 1980년대 후반이 되어서야 생명 과학계에 세포의 사멸과 그 기전이 알려지기 시작했기 때문이다.

세포의 죽음에는 크게 두 종류가 있다. 세포 괴사(necrosis)와 세포 사멸(apoptosis)이다. 세포가 물리적인 손상을 받아 터지면서 내용물이 세포 밖으로 유출되고 염증 반응을 유도하면서 죽는 것이 세포 괴사다. 예고 없이 세포의 물리적 손상으로 인해 발생하는, 말하자면 사고사 같은 것이다. 반면 세포 사멸은 생명체에 입력되어 있는 예정된 죽음(programmed cell death)으로 생명 유지에 필수적인 과정이다. 세포 사멸은 올챙이의 꼬리처럼 생명체의 발생 과정에서 필요가 없어진 세포, 손상을 많이 받아 유전체의 안정성이 무너진 비정상 세포, 그리고 노화된 세포 등을 제거하는 중요한 기능을 수행해 생명체의 생존을 돕는다. 예정된 죽음이므로 생명체의 유전 정보 내에 세포 사멸을 조절하는 유전자들이 존재하며, 세포는 주위 환경과의 커뮤니케이션을 통해 사멸 신호를 전달받거나 세포 내부와 외부의 환경적 영향에 따라 이 사멸 유전자들을 발현시키고 활성화해 세포 사멸을 조절하게 된다. 세포 사멸로 죽는 세포들은 세포 괴사처럼 요란스럽게 죽는 것이 아니라 "나의 죽음을 적에게 알리지 마라."라는 식의 조용하고 장엄한 죽음이다.

세포 사멸을 위해 세포는 자신의 유전체 DNA를 작게 절단해 조각내고 물로 차있던 세포 내부도 세포막으로 둘러싸인 여러 개의 소체로 나눈 후 소체가 주변 세포들에게 먹혀 없어진다. 개구리 발생에서 보는 것처럼 세포 사멸은 생명체의 발생 과정에 매우 중요하다. 태아의 손과 발이 만들어질 때 처음에는 손가락 발가락의 형태가 없는 주먹 모양으로 되었다가 점차로 손가락 발가락이 벌어질 수 있도록 그 사이 세포들이 죽는 것이 좋은 예다. 또한 생체 발생 과정에서 신경망이 만들어질 때도 신경을 하나하나씩 연결해 신경망을 만드는 것이 아니라 우선은 신경망을 여러 개 만들어 놓은 후 제대로 연결되지 않은 필요 없는 신경 세포를 세포 사멸로 제거하는 방법이 이용된다. 역설적으로 들리겠으나 세포의 죽음을 통한 생명체의 탄생이라고나 할까? 세포 사멸은 수정란에서 개체가 발생해 성체가 된 후에도 매일 생명을 유지하기 위해 매우 중요하다. 믿을 수 없겠지만 매일 우리 몸에서 500억~1000억 개의 세포가 세포 사멸로 사라지고 있고, 1년간 죽는 세포들의 무게를 합치면 한 사람의 몸무게와 같다고 한다. 뒤에서도 설명하겠지만 세포 사멸을 통해 노화된 세포나 이상이 생긴 세포가 계속 제거되기에 우리가 제대로 생명을 유지할 수 있는 것이다. 세포 사멸은 죽음이 창조를 위한 필수 불가결한 요소가 되는 삶과 죽음의 패러독스의 진수를 보여 준다.[◆6] "진실로 진실로 내가 너희에게 이르노니 한 알의 밀이 땅에 떨어져 죽지 아니하면 한 알 그대로 있고 죽으면 많은 열매를 맺느니라."(「요한복음」 12장 24~26절)

수정란이라는 하나의 세포에서 복잡한 우리의 몸을 만드는 과정에 대해 공부했던 이번 장은 존 던(John Donne, 1572~1631년)의 시로 마무리하려 한다. 한국에서는 「누구를 위해 종은 울리나」라는 제목으로 잘 알려진 이 글은 원래 시로 쓰인 것도 아니고 제목도 원래 붙어 있던 것이 아니며 그가 쓴 『명상집(*Meditation XVII*)』에 실린 산문에서 발췌된 구절이라고 한다. 헤밍웨이는 이 구절을 가져다 그의 소설 제목으로 쓰기도 했다. 시였건 산문이었건 인간은 "누구든 그 자체로서 온전한 섬은 아니다."라는 표현 속에 우리가 서로에게 연결된 존재라는 것을, 그리고 "종은 인류 중 하나인 너를 위해 울린다."라는 표현으로 연결된 존재로서의 개체의 중요성을 아름답고 간결하게 표현해 놓았다. 부분으로서의 인간과 전체로서의 세상의 관계가 잘 드러나 있다. 그런데 내 직업병인지 아니면 역시 자연이 인간보다 한 수 위인 것이지, 나는 이 훌륭한 글보다도 더 극명하고 명료하게 부분과 전체의 관계를 드러내고 있는 존재가 바로 하나의 세포로부터 다양한 기능의 지체가 만들어지고 다시 그 지체들이 조화롭게 전체를 이루고 있는 생명체인 우리 자신이라는 생각이 든다. 이 장에서 세포가 분화하면서 하나의 개체로 발생해 가는 내용을 공부하며 여러분도 나와 같은 생각을 할 수 있었기를 기대한다.

누구든 그 자체로서 온전한 섬은 아니다.

모든 인간은 대륙의 한 조각이며, 대양의 일부다.

만일 흙덩이가 바닷물에 씻겨 내려가면

유럽의 땅은 그만큼 작아지며,

만일 모래톱이 그리 되어도 마찬가지.

만일 그대의 친구나 그대의 땅이 그리 되어도 마찬가지다.

누구의 죽음도 나를 감소시킨다.

왜냐하면 나는 인류 속에 포함되어 있기 때문이다.

그러니, 누구를 위해 종이 울리는지 알고자 사람을 보내지 마라!

종은 그대를 위해 울린다.

11장
인간에 의한 생명 재생산 조절이란 무엇인가?
생명 재생산 기술의 함의

내가 좋아하는 아주 긴 제목의 그림이 있다. 「우리는 어디에서 왔는가? 우리는 무엇인가? 우리는 어디로 가고 있는가?(D'où Venons Nous? Que Sommes Nous? Où Allons Nous?)」 언젠가 미국 출장 중 이 그림을 직접 보고 싶어서 보스턴 미술관을 찾아간 적이 있었다. 나에게는 삶과 죽음이라는 절박한 질문 앞에 선 나약한 인간의 마지막 의지처럼 느껴지는 그림이었다. 폴 고갱(Paul Gauguin, 1848~1903년)의 최고 걸작으로 꼽히는 이 작품은 사랑하는 딸이 죽었다는 소식을 전해 듣고 절망하며 그린 그림이라고 한다. 고갱 자신도 이 그림을 그린 후 자살을 시도했다고도 전해진다. 그런데 요즘 생명 과학과 관련된 기사, 특히 인간의 생식 기술의 발전과 관련된 이야기를 접할 때마다 이 그림이 다시 떠오른다. 우선 "생명에 관한 기술을 쉽게 손에 넣은 인류는 도대체 어디로 가고 있는가?"라는 질문을 지울 수 없기 때문이다. 그리고 "우리가 어디에서 왔는가?"는 모르겠으나, "우리가 어떻게 이 세상에 왔는가?"라는 물음이 "우리는 무엇인가?"를 규정할 수 있는가 하는 어려운 의문이 들어서다. 이번 11장에서는 인간의 재생산 방식인 생식이 자연을 떠나 인간의 손안으로 들어와 분자 생물학적 지식 및 유전자 해독 기술과 결합하자 직면하게 된 새로운 현실과 이와 관련된 질문들에 대해 생각해 보았으면 싶다.

시험관 아기

중학교 2학년 때였다고 기억된다. 이렇게 자세히 기억하는 이유는 과학에 관한 내용이 거의 보도되지 않았던 당시 뉴스에서 이 이야기는 종일 라디오에서 뉴스 시간마다 계속 나왔고 또 그 내용을 정확하게 이해할 수 없었기 때문이다. 그 뉴스는 최초로 시험관 아기 루이스 브라운(Louise Brown, 1978년~)이 영국에서 태어났다는 것이었다. 로버트 에드워즈(Robert Edwards, 1925~2013년) 박사는 시험관 아기 시술을 처음 시도한 공로로 2010년 노벨 생리 의학상을 수상했으나 이 시술이 인간이 생식을 인공적으로 조작하는 기술의 시초가 되었다고 해 윤리적으로 반대하는 목소리도 높았다.

자연적으로도 아이가 어떻게 태어나는지 몰랐던 그때의 내가 다리 밑에서 주워 온 것도 아니고 시험관에서 아기가 태어난다는 게 도대체 무슨 말이고 왜 이리 중요한 사건인지 알 수 없었던 것은 당연한 일이었다. 그러나 어떤 기술이든 한번 기술이 개발되면 그것이 재생산되는 것은 상대적으로 손쉬운 일. 그 후 곧 시험관 아기가 한국에서도 태어났다는 뉴스가 들려왔고, 10년쯤 뒤 또래 친구들이 결혼하고 아이를 갖게 될 즈음에는 주위에서도 시험관 아기를 출산하는 경우를 볼 만큼 일반적인 일이 되었다. 지금은 우리나라에서 출생하는 아이의 10퍼센트 이상이 시험관 아기로 태어난다고 한다.

일반적으로 시험관 아기로 불리지만 정확한 용어로는 시험관 수정(in vitro fertilization, IVF) 혹은 인공 수정이다. 자연적으로는 체내 수정을 하는 포유동물인 인간의 난자와 정자를 체내가 아닌 시험관 내에서 수정을 시킨다는 것이다. 난자와 정자를 시험관에서 섞어 자연적으로 수정되도록 하거나 수정 확률을 높이기 위해 정자를 주사기를 이용해 난자에 찔러 넣어 수정시킨다. 수정 후 초기 배아가 일정한 수의 세포 분열을 진행하도록 시험관에서 며칠간 배양하다가 세포 수가 8개 이상 되면 다시 여성의 자궁에 착상시키는 것이 일반적인 방법이다. 어찌 보면 간단한 과정이고 불임 부부들에게는 희망의 방법이 될 수 있다. 또 동물에 적용하면 인간이 원하는 좋은 유전 정보를 갖는 품종의 동물을 대량 생산할 수 있는 유익한 기술이다. 단순하게 생각하면 시험관 아기 시술 자체는 윤리적으로 아무 문제가 없는 것으로 보인다. 그러나 좀 더 자세히 생각해 보면 수정과 발생의 각 단계가 인간의 몸에서 유리되면서, 각 단계를 인간의 의지대로 조절할 수 있게 되었기에 각 단계마다 여러 가지 윤리적인 문제들이 생기게 되었다. 문제는 난자와 정자의 제공자, 인공 수정된 배아가 착상되어 자라는 모체가 실제 부모와 다를 수 있어 발생한다.

먼저 난자에 대해 생각해 보자. 여성이 평생 만드는 난자의 수는 이미 발생 과정에서 정해진다. 인간 여성이 평생 만들어 배출하는 난자는 300여 개 정도로 그 수가 매우 한정되어 있고 보통 매달 1개의 난자가 성숙 후 배란된다. 그런데 인공 수정의 경우 성공 확률을 높이기 위해 여러 개의 성숙한 난자가 필요하며 인위적으로 성숙한 난자를 여러 개 확보하기 위해 호르몬을 투약한다. 정자와 달리 체외로 배출되기 전에 확보해야 수정이 가능하므로 난자를 적출하는 과정이 여성에게는 매우 고통스럽고 힘들다. 또한 한 번에 많은 수의 난자를 뽑아내는 것은 후에 불임이나 심각한 건강상 부작용을 가져올 수 있다.

가장 큰 문제는 인공 수정을 위한 난자가 상품화되어 거래되는 현실이다. 미국의 특정 주에서는 이를 합법화하고 있어 웹사이트에서 인공 수정을 위해 원하는 조건의 난자를 주문할 수 있다. 어떤 여성의 난자인가에 따라 시장이 형성되고 가격이 매겨지는 것을 쉽게 볼 수 있다. 키, 머리색, 피부색, 인종적 배경, 학력 등에 따라 여성의 난자가 자세하게 구분되어 있고 조건에 따라 가격도 달라진다고 한다. 예를 들어 아이비리그 여학생의 난자는 프리미엄이 붙는다. 이것은 미국만의 일이 아니다. 우리나라에서는 불법이지만 대학가 난자 매매 뉴스가 보도된 적도 있다.

정자는 상대적으로 얻기 쉬운데, 심지어 1990년대 초 미국 버지니아 주의 산부인과 의사였던 세실 브라이언 제이콥슨(Cecil Byran Jacobson, 1936~2021년)은 여성 환자들에게 알리지 않고 자신의 병원에서 진행되는 대부분의 인공 수정에 자신의 정자를 사용했고 뒤늦게 이 사실이 밝혀지면서 법정 구속되는 사건도 있었다. XX 염색체를 갖는 정자와 XY 염색체를 갖는 정자를 물리적 방법으로 분리해 인공 수정으로 원하는 성별의 아이를 갖는 방법도 알려져 있다. 즉 이미 수정도 되기 전에 미리 원하는 아이의 조건에 맞는 난자나 정자를 선택하고 구매할 수 있다는 이야기다. 시장이란 수요에 의해 창출되는 것이다. 그리고 그 수요는 욕망이 만드는 법이다. 미국에서는 동성 부부들이 각각 난자나 정자와 대리모를 사서 자녀를 얻는 일을 주위에서 쉽게 볼 수 있다. 인간의 수명이 길어짐에 따라 점차 나이가 든 부부 등으로 시장이 넓어지고 있다고 한다. 즉 이 기술이 있기 이전에는 존재할 수 없었던 새로운 인간의 욕망이 끊임없이 새로운 시장을 창출해 가는 것이다.

재생산 조력 기술(ART)과 대리모

인공 수정된 배아는 다시 여성의 자궁에 착상되어 발생 과정을 거쳐야 생명체로 탄생한다. 이렇게 배아가 착상해 자랄 수 있는 자궁을 제공하는 여성은 배아에게 아무런 유전 정보를 제공하지 않는다. 배아는 이미 자신의 완벽한 유전 정보를 공여된 난자와 정자로부터 제공받았다. 그러므로 실제로 출산을 담당하는 자궁을 제공하는 모체는 배아가 인간인 경우 약 38주 동안 영양과 산소를 공급해 주는 아기의 배양기 역할만을 할 뿐이다. 인공 수정의 경우 난자 공여자와 자궁에서 아기를 길러 출산하는 여성이 같을 필요가 없다. 이 경우를 보통 대리모라 한다. 인공 수정에서 가장 사회 문제가 될 수 있는 부분이 이 대리모다. 1980년대 중반 서양에서 인공 수정으로 인해 대리모에 대한 사회적 관심이 뜨겁던 시절,

이런 이유로 우리나라 임권택 감독의 영화 「씨받이」가 관심을 끌고 베니스 영화제에서 주연 여배우가 한국 최초로 여우 주연상을 받기도 했다. 우리나라에서는 공식적으로 대리모가 불법이지만 불법이 아닌 외국에 나가 대리모로 출산을 하기도 한다. 믿고 싶지 않으나 심지어 요즘은 건강상의 이유가 아닌 몸매 관리, 미용 등의 이유로 대리모로 아이를 출산하는 경우도 있다고 한다.

한 보도에 따르면 대리모나 인체 실험 등에 대한 규제가 거의 없는 인도에서는 빈곤층에서 자신의 부인을 목돈 마련을 위해 대리모로 보내고, 출산 공장같이 착상부터 출산까지를 관리하는 일종의 병원과 유사한 사업이 번창하고 있다고 한다. 한 이스라엘 동성애자 남성은 인공 수정을 이용한 출산 비용이 너무 많이 드는 것을 보고 인공 수정부터 출산까지 인터넷으로 주문해 비용을 낮출 수 있는 구글 베이비 사업을 시작해 전 세계적으로 문제가 되기도 했다. 인터넷으로 원하는 조건의 난자와 정자를 고른 후, 의학 기술이 발달한 공여자 거주국에서 인공 수정을 하고 수정된 배아를 냉동으로 인도로 보내 값싼 인도 대리모에 착상시켜 대리모 관리 전문 병원에서 출산시키는 방식이다. 이제 우리는 인간의 출생에 관련된 전 과정을 인터넷 주문을 통해 할 수 있고 각 과정은 전 세계적으로 더 기술력이 좋거나 비용이 적게 드는 곳으로 아웃소싱할 수 있는 세상에 살고 있는 셈이다. 미국 등 여러 나라에서 동성 부부를 법적으로 인정하는 시대적 추세를 고려할 때 부부가 재생산 조력 기술(assisted reproductive technology, ART)을 이용해 아이를 가지는 것은 권리로서 인정되어야 하는지도 모른다. 하지만 많은 제3세계 여성들의 몸과 마음이 수단으로 이용되는 것을 어떤 기준으로 받아들여야 할지 고민해야 하는 시점이 아닌가 싶다.

착상 전 유전자 검사

9장에서 인체의 발생을 공부할 때 수정 후 세포 분열이 진행되고 있는 초기 배아 시기에는 각 세포 하나하나가 완벽한 생명체를 만들 수 있는 능력을 갖고 있다고 설명했다. 따라서 시험관 아기, 즉 인공 수정을 한 경우 초기 배아 상태에서는 배아 줄기 세포를 몇 개 떼어내어도 배아가 정상적인 생명체로 발생하는 데 아무런 문제도 없다. 그러므로 인공 수정 후 초기 배아에서 세포를 1~2개 떼어내 유전체 정보를 쉽게 읽어 낼 수 있다. 착상 전 유전자 검사는 맞춤 아기를 다룬 장에서도 잠깐 언급했다. 배아의 유전자를 검사해 특정 유전병의 가능성이 없는 유전적으로 부모가 선호하는 유전 정보를 갖는 태아를 맞춤으로 골라 내는 방법이다. 일반적으로 인공 수정에서는 성공률을 높이기 위해 복수의 수정으로 여러 개의 배아를 생산하므로 이중에서 가장 원하는 유전 정보에 가까운 배아를 골라내기도 하고, 부모가 원하는 유전 정보의 배아가 만들어질 때까지 상대적으로 많은 인공 수정을 시도하기도 한다. 즉 부분적으로 부모의 유전 정보군(pool) 내에서 맞춤 아기가 가능한 것이다.

실제로 내가 미국에서 만난 친구가 가계에 BRAC1이라는 유방암 관련 유전자의 변이가 있다며 매우 건강한 여성이었으나 인공 수정으로

이 유전자의 변이가 없는 배아를 골라 착상시켜 아이를 갖는 경우를 보았다. 또 첫째 아이가 백혈병으로 골수 이식이 필요한 경우 인공 수정과 착상 전 유전자 검사를 통해 첫째에게 골수 이식을 할 수 있는 둘째 아이를 출산한 경우가 수 건 있었다. 이런 실화의 내용을 소재로 조디 피코(Jodi Picoult, 1966년~)가 쓴 소설 『마이 시스터스 키퍼(*My Sister's Keeper*)』가 영화화되기도 했다.◆2 『생명의 윤리를 말하다』의 앞부분에는 청각 장애를 갖는 부부가 인공 수정과 착상 전 유전자 검사를 통해 정상아가 아닌 청각 장애아를 갖기를 원했던 경우를 언급하며 장애아를 선택할 권리가 부모에게 있는가가 논의되기도 했다.◆3

우리는 어디로 가고 있는가?

인간 생명이 탄생하는 과정을 우리가 기술적으로 결정할 수 있게 된 이 시대에 던져야 할 첫 번째 질문은 '이제 우리는 부모를 어떻게 정의해야 할 것인가?'이다. 인공 수정으로 태어나는 한 아이에 대해 난자 및 정자 공여자, 대리모, 의뢰인 등 최대 5명까지의 성인이 개입될 수 있다. 그렇다면 이렇게 태어난 아이의 부모는 누구인가? 아주 냉정하게 이야기하면 현재 시스템으로는 아이에게 유전 정보를 제공하거나 실제로 출산을 한 사람이 아닌 이 과정을 기획하고 추진하기 위해 비용을 제공한 사람이다. 이런 시스템의 시시비비는 이미 우리의 손을 떠난 상태다. 생식 기술의 발달로 이미 현재 진행되고 있는 일이기 때문이다. 그렇지만 이것이 완전히 개인의 취향과 선택에만 맡겨질 수 있는 사안인지 묻고 싶다. 2012년 미국 이민국에서는 이렇게 제3세계 대리모에게서 출생한 후 미국으로 들어오는 아기들에게 미국 시민권을 즉시 부여하지는 않겠다고 발표했다. 그러나 이러한 결정에 대한 이유나 누가 부모인가에 대한 정확한 해석은 동반되지 않았고, 외국에서 입양되는 입양아도 시민권이 인정되는데 왜 대리모 출산은 안 되는가에 대한 논란은 계속되고 있다.

두 번째 질문은 '가족에 대한 정의와 개념의 변화를 우리는 어떻게 수용해야 하는가?'이다. 이제는 너무 흔한 동성 커플의 아이들과 60, 70대에 아이를 출산하는 노부부 등 구글 베이비가 일반화되는 머지않은 미래에 사회의 가장 기본 단위인 가정과 가족 관계는 어떻게 변화하게 될까? 또한 우리 사회는 이런 다양한 변화를 얼마나 능동적으로 수용해 나갈 준비가 되어 있는가 또한 우리가 피해 나가기 어려운 문제다.

세 번째는 윤리적인 문제다. 윤리나 도덕의 기본은 인간을 수단이 아닌 목적으로 대우하는 것이다. 따라서 우리가 피해 갈 수 없는 문제는 대리모 등에서 단적으로 볼 수 있는 것처럼 다른 인간이나 다른 인간에게서 만들어지는 난자 등의 부속물이 또 다른 인간의 행복을 위한 수단으로 사용되는 것이 과연 허용될 수 있는가 하는 것이다.

난자와 정자의 선택, 인공 수정, 착상 전 유전자 검사 등을 통해 부모가 가장 원하는 유전체 정보와 가능성을 갖는 아이를 선택하는 현재 상황에서 네 번째 질문은 부모의 권한과 책임에 관한 문제다. 태어날 아기의 유전자를 선별하는 맞춤 아기를 인간의 무병장수에 대한 욕심의 다른 표현으로 볼 때, 맞춤 아기의 권리가 인간에게 있는가? 즉 부모가 태어나는 새로운 생명체인 아이에게 어디까지 권한을 갖고 어디까지 책임이 있는가 하는 것이다. 유전자를 선별하는 것에 대해 사회적이나 법적으로 문제 삼을 수 있는 방법은 없고, 윤리적으로도 대답하기 어려운 질문이기도 하다. 『마이 시스터스 키퍼』처럼 가족 내 한 아이를 살리기 위해 또 다른 맞춤 아기를 갖는 경우나, 장애자 부모가 정서적 공감을 위해 장애아를 낳고 싶어 하는 경우나 이런 판단을 모두 개인의 문제로 치부하고 그 결과를 그대로 사회에서 받아들여야 하는가? 그렇다면 거꾸로 이런 기술에 대한 의존 없이 자연적으로 태어난 생명체들이 겪을 수도 있는 유전병이나 장애는 모두 부모의 책임인가?

내가 느끼는 가장 심각한 문제는 인간의 생식에 관련된 기술은 지금도 시행되고 있지만 이에 수반되는 사회 시스템은 이런 기술의 발전 및 이로 인한 사회적 변화를 제대로 수용하고 있지 못한 현실이다. 실례로 우리 사회에 난자 밀매와 대리모를 이용한 출산이 버젓이 존재하지만 이에 대한 법적 규정이 전혀 존재하지 않는다. '생명 윤리 및 안전에 관한 법률'이 있지만 여기서는 난자, 정자, 및 대리모가 모두 불법이라고만 명시되어 있다. 또 민법 제103조(반사회 질서의 법률 행위)에 "선량한 풍속 기타 사회 질서에 위반한 사항을 내용으로 하는 법률 행위는 무효로 한다."라는 조항이 있을 뿐이다. 상대적으로 사회적 약자일 수 있는 대리모나 난자 공여자 등은 모두 법률적인 보호를 받을 수 있는 법적 근거가 없다.

체세포 복제

체세포 동물 복제의 핵심 기술은 핵 치환이다. 난자에서 생명체를 형성할 수 있는 유전 정보의 반을 갖고 있는 난자의 핵을 제거하고 온전한 유전 정보를 갖는 생명체의 몸을 구성하는 체세포의 핵을 인위적으로 넣어서 난자의 핵을 체세포의 핵으로 대체하거나 핵을 제거한 난자 세포와 체세포를 융합시키는 것이다. 이렇게 원하는 유전 정보를 가진 개체의 체세포로부터 얻은 핵을 치환으로 난자에 넣고 자극해 세포 분열을 유도하여 발생 초기와 유사한 배아를 얻은 후 이 배아를 대리모에 착상시켜 개체를 얻으면 바로 원하는 유전 정보의 복제 동물이다. 실제 새끼를 낳는 것은 대리모지만 새끼는 유전 정보를 제공한, 즉 핵을 제공한 체세포의 개체와 동일한 유전 정보를 갖게 되므로 체세포 핵 공여자의 복제 개체가 되는 것이다.

10장에서 설명한 것처럼 체세포는 발생 과정에서 분화되면서 유전 정보 중 특정한 부분만을 발현하도록 DNA 패킹이 조절되어 있어 일반적으로 원래 배아 줄기 세포 때의 전능성을 회복하기 쉽지 않다. 따라서 체세포 복제 과정에서는 인위적으로 체세포 핵에 여러 가지 처리를 해 원래의 전능성이나 그 일부를 회복하도록 한다. 핵 치환 방법으로 만들어진 최초의 복제 동물은 이 공로로 2012년 노벨 생리 의학상을 수상한 존 버트런트 거든(John Bertrand Gurdon, 1933년~) 박사에 의해 만들어진 복제 개구리다. 1996년 최초의 포유류 복제 양 돌리를 시작으로 우리나라의 복제 소 영롱이 등 많은 동물이 복제되었고 이미 우리에게 익숙한 주제다. 돌리를 갖고 실험한 결과 체세포 복제로 만들어진 생명체도 자연적인 교배를 통해 다음 세대의 자손을 생산하는 데 아무 문제가 없는 것으로 알려졌다.

9장에서 논의한 것처럼 동물은 유성 생식을 위한 생식 세포 분열을 할 때 자신의 유전 정보의 다양성을 증가시키기 위해 재조합되므로 현재 우수한 형질의 동물이 있다면 자연적인 생식을 통해서는 그 형질을 그대로 유지할 수 없다는 단점이 있다. 따라서 복제 동물은 우수한 형질을 갖는 유전 정보의 동물을 많이 얻어내는 일반적인 방법이 될 수 있다. 복제 동물의 고기는 이미 2008년 FDA의 승인을 받고 식용으로는 문제가 없는 것으로 보고되었다.

그러나 체세포를 이용한 동물 복제는 몇 가지 기술적 한계를 갖고 있다. 가장 큰 한계는 성공 확률과 효율이 매우 낮다는 것이다. 또 동물을 만들기 위해 분화된 체세포의 핵을 인위적으로 처리해(reprograming) 다시 배아 줄기 세포와 유사하게 만들고는 있으나 정말 배아 줄기 세포처럼 전능성을 갖도록 하는 기전은 아직 정확히 모르므로 기술을 표준화하기 어렵다. 아직 그 이유는 정확히 모르겠으나 체세포 복제의 성공으로 태어나는 많은 생명체가 정상보다 크며 비정상적으로 큰 장기를 갖고 있어 태어난 후에 건강상의 문제를 갖는다고 보고되고 있는 것도 또 다른 한계다.

요즘 한국도 점점 더 이런 추세지만 애완 동물을 반려 수준으로 생각하는 외국에서는 인간보다 훨씬 수명이 짧은 애완 동물이 현재 복제 동물에 대한 주요 수요를 형성하고 있다고 한다. 실제로 애완 동물을 복

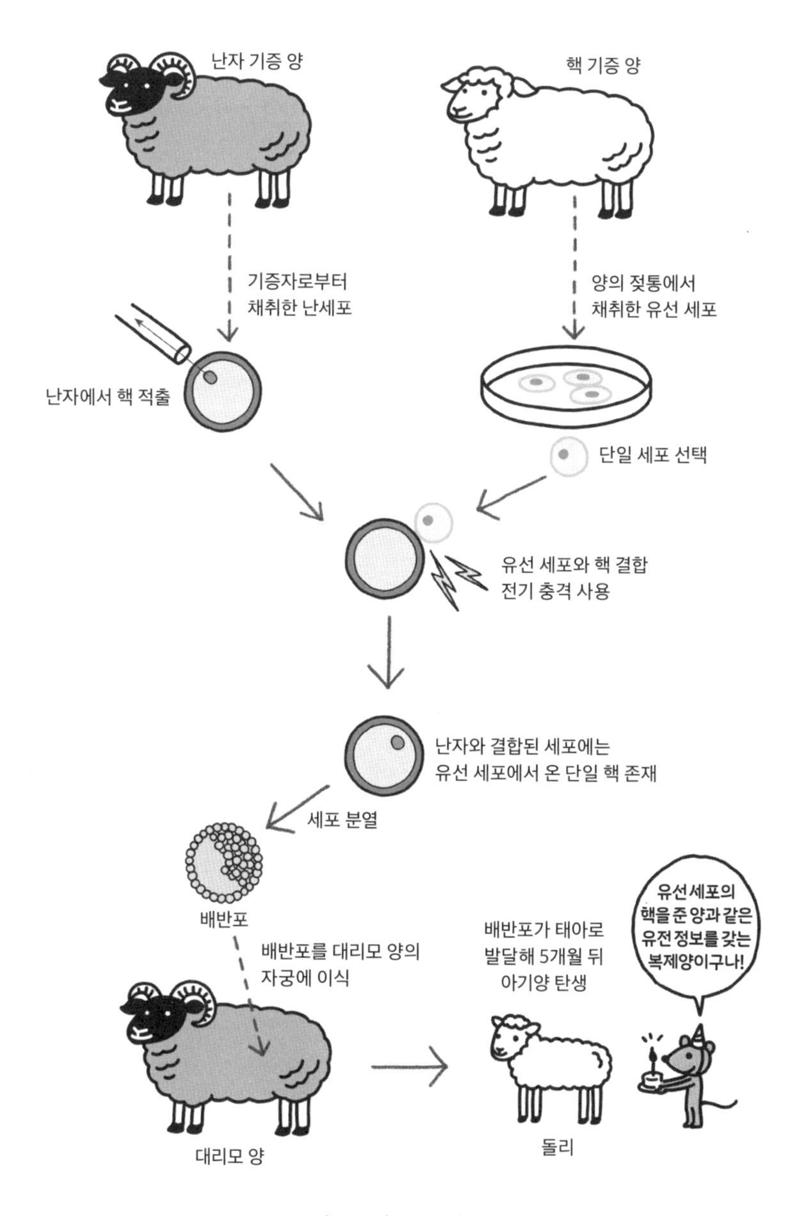

그림 17 **복제 동물의 탄생 과정.**

제해 주는 서비스를 제공하는 몇 개 회사가 성업 중이다. 그렇다면 체세포 복제로 동물을 복제하면 정말 똑같은 개체가 나올까? 이론적으로 동일한 유전 정보를 가지니 동일한 개체가 나와야 한다. 그러나 앞에서 언급한 대로 개체를 만드는 것은 유전 정보만이 아니다. 경우에 따라 DNA 패킹이 중요하다. 재미있는 예가 여성을 결정하는 X 염색체다.

여성은 X 염색체가 2개고 남성은 X와 Y 염색체를 갖는데, Y 염색체는 매우 작은 염색체로 남성의 성징을 결정하는 유전자만을 갖고 있으므로 없어도 생명 유지에는 문제가 전혀 없다. 그러나 X 염색체는 매우 크며 생명에 중요한 많은 유전자를 갖고 있다. 유전 정보의 양은 생명체를 만드는 데 치명적으로 중요하므로 X 염색체가 2개인 여성과 하나인 남성의 유전 정보 비율을 맞추기 위해서 여성의 경우 발생 초기 과정의 세포들은 무작위로 2개의 X 염색체 중 하나를 꽉 패킹해 더 발현되지 못하도록 닫아버린다. 따라서 여성의 몸에는 각각 모계나 부계에서 온 서로 다른 X 염색체를 발현하는 세포들이 섞여 있고 각기 다른 형질을 나타내게 된다. 어떤 세포에서 2개의 X 염색체 중 어느 것을 닫고 어느 것을 발현하는가는 발생 과정에서 무작위로 결정되므로 동일한 유전 정보를 갖는다고 해도 이 과정까지 똑같이 진행할 수는 없어 유전 정보가 동일한 복제 동물이라도 여성의 경우 겉모양 등이 완전히 다른 복제 동물이 만들어질 수 있다.

태어나는 방법이 존재를 규정하지 못한다

복제 인간은 많은 영화나 SF 소설의 주제가 되어 왔고 기술적으로는 복제 동물을 만드는 동일한 방법을 적용해 만들어질 수 있을 것이다. 물론 다행히 아직 인간에 대해 이 기술을 적용한 예는 보고되지 않았다. 그러나 동물 복제에 대해 공부할 때 나는 학생들에게 복제 인간을 다룬 많은 작품 중 「블레이드 러너(The Blade Runner)」와 『비밀(*The Secret*)』을 권한다. 필립 킨드레드 딕(Philip Kindred Dick, 1928~1982년)의 원작 소설 『안드로이드는 전기 양의 꿈을 꾸는가?(*Do Androids Dream of Electric Sheep?*)』를 리들리 스콧(Ridley Scott, 1937년~) 감독이 1982년 영화화한 「블레이드 러너」는 40여 년 전에 만들어졌다는 것이 믿기지 않게 복제 인간을 통해 인간과 인류의 정체성을 묻고 있는 수작으로 2017년에 후속작이 제작되기도 했다. (이 영화의 복제 인간은 생물학적 클론(clone)이라기보다는 로봇 공학적 안드로이드인 레플리컨트(Replicant)이기는 하다.) 영화가 처음 만들어진 당시의 생명 과학의 수준은 복제 인간이 상상의 범주였던 시대였다. 그러나 영화는 인간이 어떤 방법으로 인간으로 태어나는가가 인간이 인간임을 결정할 수 없으며, 그렇다면 정말 인간을 인간이라고 부를 수 있게 하는 것은 무엇인가 하는 인간 정체성의 핵심에 대한 철학적 메시지를 던졌다. 2001년에 나온 『비밀』은 에바 호프먼(Eva Hoffman, 1945년~)의 소설로 복제로 태어난 한 소녀가 인간으로서 자신의 정체성을 찾아가는 내용을 담고 있다. 정체성의 혼란을 겪던 그녀에게 인간으로서의 자신의 존귀함을 인식하게 한 것은 다른 모든 인간에게서처럼 '사랑'이었다.◆[4]

양이나 소가 자연적인 방법으로 태어나든 체세포 복제로 태어나든 다 양이나 소다. 똑같이 생각하면 지금은 금기지만 복제 인간도 마찬가지가 될 것이다. 어쩌면 미래에 복제 생명체 만드는 기술이 더 발달한다면 인공 수정처럼 체세포 복제는 생명체를 재생산하는 생식의 다른 한 방법이 될 수도 있다. (물론 내가 그런 미래를 바라는 것은 절대 아니다.) 이제 생식 기술의 발달과 함께 우리는 인간이 낳으면 무조건 인간일 수 있는 시대에서 인간의 유전 정보만 가지면 인간으로 인정해야 하는 시대로 가고 있는지도 모르겠다. 과학과 기술의 발달로 이제 세상에 태어나는 방식이 우리를 규정해 줄 수 없는 미래로 가고 있다는 느낌이다. 그러므로 이제 우리가 더 심각하게 물어야 하는 근본적인 질문은 '정말 무엇이 인간을 인간이게 하는가?' 하는 인간의 정체성에 관한 것이 아닐까 싶다.

12장
생명체는 왜 늙어 갈까?
생명과 노화[1, 2]

신록 예찬이 절로 나오는 요즘, 꽃보다 고운 연두빛 숲속을 걸으며 찬란해서 슬픈 봄이라는 생각이 드는 것을 보면 역시 나이 들어 가는 것 같다. 나를 나무에 비하면 몇 월의 나무일까 생각한다. 어렸을 때는 의미도 잘 모르면서 좋아했던 윌리엄 워즈워스(William Wordsworth, 1770~1850년)의 시 「초원의 빛(Splendor in the Grass)」을 떠올리며 이제 그렇게도 밝았던 광채가 나에게 영원히 사라진 것은 아닐까 서글픈 생각이 들기도 한다.

한때는 그렇게도 밝았던 광채가
이제 영원히 사라진다 해도
초원의 빛이여, 꽃의 영광이여
그 시절을 다시 돌이킬 수 없다 해도,

우리 슬퍼하기보다, 차라리
뒤에 남은 것에서 힘을 찾으리.
인간의 고통에서 솟아나오는
마음에 위안을 주는 생각과
사색을 가져오는 생활에서.

초원에만 빛이 있었던 것이 아니다. 그때는 몰랐는데 우리의 젊은 얼굴에서도 빛이 났다. 졸업 후 몇십 년 만에 대학교의 재상봉 행사에서 다시 만난 친구의 얼굴을 본 순간, 얼굴이 크게 변한 것은 아닌데 그 빛이 사라졌음을 극명하게 느낄 수 있었다. 한 가지 위안이라면 누구나 공평하게 광채로 빛나던 시간이 있었고 또 그것을 다시 돌이킬 수 없다는 것이다. 슬퍼하기보다 뒤에 남은 것에서 힘을 찾는 것은 각자 개인의 몫이겠으나 이 장에서는 왜 어떻게 생명체가 빛을 잃고 노화해 가는지, 또 그 의미는 무엇인지 생각해 보도록 한다.

노화와 활성 산소

자연에서 태어난 생명체가 노화해서 늙어 가고 죽음을 맞이하는 것은 당연한 일이다. 자연의 입장에서 생명체의 존재 이유는 재생산이고 생식을 통해 재생산이 끝난 생명체는 더 존재 이유가 없으므로 노화되어 서서히 폐기되는 수순을 밟는다. 그러므로 생명체 자체에 노화가 프로그램되어 있다고 보아야 할 것 같다. 이런 생각을 하게 되는 또 다른 이유는 개별적으로 약간의 차이는 있으나 일반적으로 특정 생물 종의 수명은 어떤 범위 내에서 정해져 있기 때문이다. 과학자들이 알고 싶어 하는 것은 도대체 어떤 프로그램으로 노화가 진행되는가, 즉 그 원인이 무엇인가 규명하는 것이다. 생명 현상을 연구하는 과학자들이 이 질문에 대한 답을 얻기 위해 지난 몇십 년간 노화의 원인과 기전에 대해 많은 연구를 하고 있지만 아직 명확한 하나의 해답은 없다. 좀 더 냉혹하게 표현하면 자연에서 생명의 재생산만큼이나 생명의 노화와 폐기도 중요한 과정이므로 생명체가 결코 비껴 갈 수 없도록 여러 가지 방법으로 프로그램되어 있다고 느껴진다. 그래서 결국은 생명체 내에 내재된 여러 원인이 복합적으로 작용해 생명체가 노화하고 죽음을 맞게 되는 것 같다.

가장 일반적으로 받아들여지고 있는 노화의 이유는 살아가면서 여러 가지 환경에 노출되어 생명 현상을 유지하는 정보인 유전체 DNA에 손상이 축적된 결과라는 것이다. DNA 손상의 가장 큰 원인은 바로 우리가 숨 쉬면서 살아간다는 것 자체다. 그래서 나는 삶 속에 노화가 내장되어 있다고 생각한다. 개체 수준에서 호흡은 산소를 들이마시는 것이다. 호흡으로 우리 몸으로 들어온 산소는 적혈구의 헤모글로빈 단백질에 의해 혈관을 타고 인체 각 조직의 세포로 전달된다. 세포 수준에서 호흡이란 이렇게 들이마신 산소를 이용해 에너지를 만들어 내는 것이다. 세포에서 산소는 우리가 섭취한 영양분을 모든 생명 유지 활동의 에너지원인 ATP(adenosine triphosphate)로 바꾸는 세포 호흡(cellular respiration) 과정에 사용된다.

세포 호흡은 영양분으로 섭취한 당, 아미노산, 지방산 등을 점차 산화시키면서 이들이 갖고 있는 높은 에너지 상태의 전자에서 순차적으로 에너지를 빼앗아 생명체의 배터리라 할 수 있는 ATP에 충전해 저장하는 과정이다. 주로 탄소와 수소로 이루어진 에너지원들은 분해되어 산화되는데, 화학에서는 전자를 빼앗기는 것을 산화라고 한다. 에너지원인 탄소와 수소의 결합이 갖고 있던 에너지는 산화 과정을 통해 점차 빼앗겨 화학 에너지인 ATP로 전환된다. 이 과정에서 탄소는 이산화탄소(CO_2)로 산화되고 수소는 전자를 빼앗겨 수소 이온이 된다. 세포 호흡의 마지막 단계에서는 에너지를 ATP에게 모두 내 주고 난 낮은 에너지 상태의 전자와 수소 이온이 각 세포에 공급된 산소의 산소 원자를 만나 물(H_2O)을 만든다. 그러므로 호흡으로 체내로 들어온 산소는 세포가 에너지를 만드는 세포 호흡 과정에서 산소 원자(O)의 형태로 전자와 수소 원자의 마지막 수용체가 된다. 이 산소 원자는 우리가 들이마신 산소가 분해되어 공급되는 것이다. 산소가 마지막 전자 수용체로서의 기능을 하므로 이런 호흡을 유산소(aerobic) 호흡이라고 한다.

세포 호흡은 생명을 유지하는 데 가장 필수적인 생화학적 과정으로 4장에서 공부한 세포 내 미토콘드리아의 내벽에서 수행된다. 따라서 산소가 없으면 세포 호흡이 수행되지 않고 생명에 필요한 에너지원을 만들 수 없으므로 산소가 생명을 유지하기 위한 핵심이 된다. 산소가 없으면 개체와 세포 수준 모두에서 호흡이 불가능하다. 따라서 대기의 21퍼센트를 차지하는 산소는 산소를 세포 호흡의 최종 전자 수용체로 이용하지 않는 몇몇 미생물을 제외하고 지구의 생명체에게 필수적인 기체다. 산소 농도가 19퍼센트 이하가 되면 인체에 치명적이므로 어쩌면 현재의 지구에 생물이 존재하는 것은 대기의 산소 덕분이다. 보통 사람은 하루에 500그램 이상의 산소가 필요하다.

문제는 산소가 화학적으로 반응성이 큰 기체라는 것이다. 세포 내에서 산소는 쉽게 1~2개의 전자를 더 받아 보통 활성 산소라고 알려진 고반응성 산소 종(reactive oxygen species, ROS)으로 변환될 수 있다. 산소를 이용해 세포 호흡을 하는 생물에서는 어쩔 수 없는 부산물로 고반응성 산소 종이 만들어진다. 고반응성 산소 종은 낮은 농도에서는 세포 내의 신호 전달 등에 관여하는 순기능도 알려지고 있으나 일반적으로는 세포막의 성분인 불포화 지방산을 공격해 세포막을 손상시키고 세포 내에서는 유전 물질인 DNA와 다양한 기능을 수행하는 단백질을 훼손해 세포에 치명적인 상처를 입힌다. 물론 생체에는 DNA의 손상이 발생하면 이를 수리하고 복원하는 기능이 존재한다. 그러나 손상이 수리, 복원되는 속도보다 빠르게 계속되면 시간이 지남에 따라 호흡의 부산물로 생긴 고반응성 산소 종으로 인한 유전체의 손상이 세포에 축적되어 세포가 제대로 기능을 할 수 없게 변질하거나 사멸해 노화 현상의 원인이 된다.

그래서 산소를 두 얼굴을 가졌다고 한다. 산소는 세포 호흡으로 생명을 유지하는 생명줄이 되지만 한편으로는 세포를 서서히 파괴하는 원인으로 작용한다. 살아 있는 한 숨쉬는 것을 멈출 수는 없으니 노화가 생명체에 프로그램되어 있다고 표현하는 것이다. 산소는 과유불급으로, 특히 대기압 이상의 높은 농도의 산소가 존재하면 중추 신경계와 뇌에 치명적으로 작용할 수 있다. 또 너무 운동을 많이 하는 것도 건강에 좋지 않다고 하는데 운동 과정에서 너무 많은 산소가 공급되어 활성 산소가 증가하기 때문이다. 특히 식사 후 바로 하는 운동은 활성 산소 측면에서 보면 매우 위험한 일이다.

생체는 자체적으로 글루타티온(glutathione) 등 여러 종류의 항산화 단백질을 만들어 고반응성 산소 종으로부터 우리 몸을 방어한다. 이런 이유로 비타민 C, 색깔 진한 과일과 채소에 들어 있는 케로틴, 비타민 E, 멜라토닌 등 노화를 억제하고 몸에 좋다고 알려진 건강 식품 대부분이 생체에서 항산화제로 작용하는 물질이다. 포도주에도 레스베라트롤(resveratrol)이라는 항산화 물질이 있어 매일 조금씩 마시면 노화 억제에 도움이 된다고 알려져 있다. 화장품 광고를 보면 모두 다 항산화 물질이 들어 있다고 한다. 이런 물질들이 단지 피부에 바르기만 해도 세포막을 뚫고 세포로 들어갈 수 있는가는 의문이지만 말이다.

생명체는 불가피한 호흡으로 인한 활성 산소 종 이외에도 살아가면서 자외선, 엑스선, 내적, 외적 스트레스, 담배 등 소위 발암 물질에 노출되어 유전체 DNA에 손상이 유발되므로 이 요인이 노화의 원인이 된다.

노화와 세포 시계

노화를 설명하는 또 다른 가설은 우리 세포에 시계가 있어 노화 정도를 알고 너무 노화되면 더 분열하지 않고 사멸한다는 것이다. 세포에 존재하는 노화 시계는 유전 정보를 담고 있는 염색체의 끝 부분인 텔로미어(telomere)다. 염색체의 끝부분인 텔로미어는 다른 부분과 달리 일정한 염기 서열이 반복되어 있는 것을 1977년 엘리자베스 블랙번(Elizabeth Blackburn, 1948년~) 박사가 처음 발견했다. 염색체는 DNA 이중 나선의 긴 한 줄이고 복제를 위해 DNA가 합성될 때 처음에 시발체가 꼭 필요하므로 다 복제된 후 5′ 쪽 끝 시발체가 붙은 부분은 복제가 되지 못한다. 그래서 염색체의 끝부분인 텔로미어는 매번 염색체 DNA가 복제될 때마다 조금씩 끝부분을 유실해 짧아진다. 세포가 여러 번 분열해 염색체의 텔로미어 부분 길이가 더 짧아진 것일수록 노화한 세포라는 것이다. 실제로 노인과 성인 어린아이 각각에서 세포를 얻어 텔로미어의 길이를 재어 보면 노인이 가장 짧고 아이가 가장 길며, 이 세포들을 배양해 보면 아이 세포가 가장 여러 번 세포 분열을 한 후 사멸한다. 이렇게 세포가 일정한 횟수만큼 분열한 후 노화해 사멸하는 현상은 1961년 레너드 헤이플릭(Leonard Hayflick, 1926년~) 박사가 처음 발견했다. 그 후 텔로미어가 세포의 노화 시계로 작용함이 여러 실험을 통해 입증되었다.

그렇다면 의문이 생길 것이다. 유전 정보가 유실되지 않고 그대로 유지되는 것이 생명체의 재생산에서 가장 중요한 문제라고 여러 번 강조했는데 염색체가 복제될 때마다 그 끝의 텔로미어 부분이 줄어든다면 어떻게 유전 정보가 여러 세대를 거치면서 그대로 유지될 수 있을까? 보통 유사 분열을 진행하는 체세포는 이렇게 매번 염색체가 분열할 때마다 텔로미어 부분이 줄어들어 노화 사멸하고 계속 성체 줄기 세포로부터 분화된 새 세포로 대치된다. 그러나 우리 몸에서 절대로 유전 정보가 유실되어서는 안 되는 세포가 있다. 바로 생식 세포다. 그러므로 생식 세포에는

DNA가 복제될 때 염색체의 끝부분이 유실되지 않도록 끝부분의 DNA 합성을 계속할 수 있는 방법이 존재한다. DNA 합성을 시작하는 데 필요한 RNA 프라이머를 자신의 내부에 갖고 있는 텔로머레이스(telomerase)라는 특별한 DNA 합성 단백질이 있어 동일한 염기 서열을 5′ 끝에 반복적으로 여러 개 붙인다. 이런 이유로 텔로미어 부분에 일정한 염기 서열이 반복되는 것이다. 텔로머레이스라는 염색체의 끝부분에 반복된 염기 서열을 붙여 주는 단백질은 생식 세포에서 유전체의 정보를 유지하는 기능에만 중요한 것이 아니다. 몸에 존재하는 여러 성체 줄기 세포가 사멸하지 않고 계속 줄기 세포 기능을 수행하기 위해서도 필요하다. 또한 정상적으로는 세포가 일정한 횟수만큼 분열하면 노화해서 사멸해야 하는데, 유전 정보에 이상이 생긴 암세포가 더 이상 사멸하지 않고 계속 암세포로 살아남기 위해서도 텔로머레이스가 활성화되어야 한다. 그러므로 텔로머레이스는 세포 내에서 그것이 얼마나 활성화되어 있는가에 따라 세포의 노화나 영속성이 긴밀히 영향을 받는 매우 중요한 단백질이다.

처음 텔로미어의 특성을 밝히고 이어 텔로미어가 복제되는 방식을 밝힌 공로로 블랙번 박사는 2009년 노벨 생리 의학상을 수상했다. 텔로머레이스는 세포의 주변 환경과 외부 스트레스로 인한 호르몬, 심지어 심리적 반응 등에 의해서도 매우 예민하게 조절되는 것으로 알려지고 있다. 결국 살면서 생명체가 겪는 모든 생리적 과정이 복합적으로 텔로머레이스의 활성에 영향을 주어 노화와 암 발생 등을 조절하는 것으로 이해된다. 염색체의 끝이 매번 분열할 때마다 짧아지도록 되어 있는 것, 또한 이를 조절할 수 있는 텔로머레이스라는 단백질에 대한 유전자가 우리의

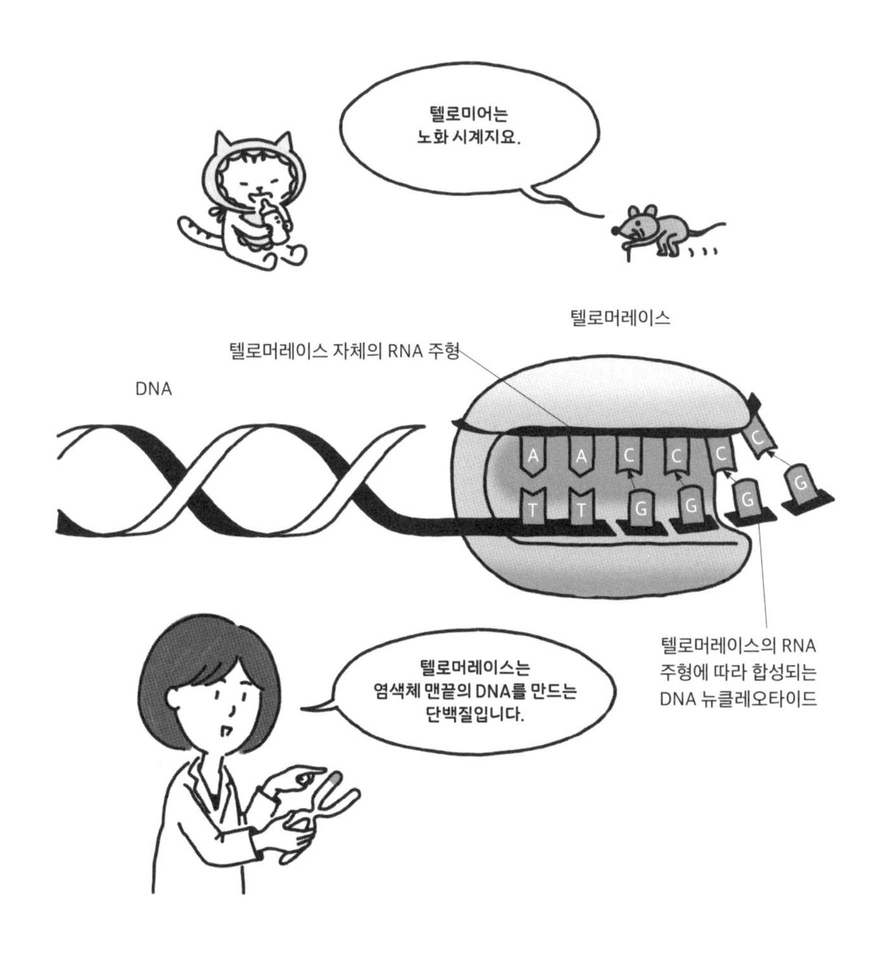

그림 18 **염색체 끝을 복제하는 텔로머레이스의 작용.**

유전 정보 내에 들어 있다는 것이 노화가 생명체에 프로그램되어 있다는 또 하나의 증거가 아닌가 싶다.

노화 유전자

노화가 생명체 내에 프로그램되어 있다고 생각되는 또 다른 증거는 최근 밝혀지고 있는 노화 조절 유전자들의 존재다. 최초의 노화 조절 유전자로 레너드 퍼싱 과렌테(Leonard Pershing Guarente, 1952년~) MIT 생물학과 교수 연구실에서 1999년 효모 유전자인 Sir2가 보고되었다. 이후 효모뿐 아니라 초파리, 선충, 및 인간 세포에도 Sir2와 유사한 유전자가 존재한다고 알려졌다. Sir2나 이와 유사한 유전자에 의해 발현되는 설투인(sirtuin) 단백질은 그 활성이 증가할수록 노화가 억제되는 것으로 밝혀졌다. 설투인 단백질은 세포에 존재하는 다른 단백질들을 변형시켜 생리적인 변화를 유발하고 노화를 억제한다고 한다. 흥미롭게도 이 단백질이 활성화되기 위해서는 세포 내에 존재하는 아주 작은 화학 물질 NAD(nicotinamide adenine dinucleotide)가 필요한데 NAD의 합성이 음식물 섭취와 대사에 밀접하게 관련되어 있고 특히 소식했을 때 많이 만들어진다. 소식이 노화 억제와 관련이 있다는 보고는 여러 차례 있었고 소식하면 활성 산소가 적게 만들어져 노화가 억제되는 것으로만 생각했는데 노화 억제 단백질까지 활성화할 수 있다는 것이다. 몇 년 전쯤 포도주에 들어 있는 레스베라트롤이 설투인의 활성을 증가시킨다고 해 포도주 판매가 증가하고 포도주가 사랑의 묘약이 아니라 젊음의 묘약으로 불리기도 했다. 요즘은 라스베라트롤이 건강 보조 식품으로 개발되어 팔리고 있다.

이 외에도 예쁜꼬마선충 등 모형 생물에서 활성이 증가하면 노화가 억제되고 수명이 증가하는 유전자들과 반대로 활성이 감소하면 수명이 증가하는 유전자들이 속속 알려지고 있다. 조로증이 그 특징인 워너 증후군(Werner syndrome)의 경우는 WRN라는 DNA 이상을 복구하는 단백질에 대한 유전자의 변이로 발생하는 것이 알려져, 유전체에 변이가 축적되는 것이 노화의 원인이 될 수 있음에 대한 직접적인 증거를 제시하고 있다.

GDF11(growth differentiation factor 11)은 최근 노화에 관련해서 가장 주목받고 있는 단백질이다. 오래전부터 늙은 쥐의 혈관과 젊은 쥐의 혈관을 인위적인 수술로 연결해 피를 순환시키면 늙은 쥐의 노화와 관련된 증상이 완화됨을 관찰할 수 있었다. 이는 젊은 쥐 혈액 내 존재하는 어떤 물질이 늙은 쥐의 노화를 억제할 수 있음을 제시한다. 따라서 많은 과학자들이 이 물질을 찾고자 했고 이렇게 찾아낸 물질이 GDF11이다.◆3

GDF11은 원래 뇌와 근육 등 여러 조직에서 성체 줄기 세포의 능력을 유지하고 생장을 촉진하는 물질로 처음 알려졌다. GDF11을 늙은 쥐에 주입했을 때 혈관과 뇌세포의 기능이 회복되어 퇴행성 뇌 질환이 완화됨을 관찰할 수 있었고, 이때부터 GDF11은 회춘의 물질로 유명해지기 시작했다.◆4 인간의 경우 평균 74세에는 혈액에서 GDF11의 농도가 거의 0이 된다고 하므로 이것이 급격한 노화의 원인이 아닌가 예상하는 과학자들도 있다. 하버드 의과 대학 내 줄기 세포 연구소의 스타트업 엘리비언(Elevian)의 연구진은 GDF11의 인체 노화 회복 가능성을 연구하기 위해 많은 연구비를 확보하고 2023년부터 실험적으로 GDF11을 뇌졸중 환자들에게 적용하겠다고 밝혔다. 발 빠르게 이미 정제된 GDF11을 소비자들에게 파는 회사들도 생겼으나 혈액 내 GDF11의 농도가 중요한 것이고 우리가 GDF11을 먹는다고 혈중 농도가 높아지는 것이 아니다. 또 GDF11은 원래 줄기 세포의 생장을 조절하는 단백질로 특정 암세포에서 많이 발현되기도 하므로, 정말 GDF11이 생리적 노화 시계를 거꾸로 돌려 인간의 회춘을 가능하게 할 물질인지 일단은 GDF11의 인체에 대한 의학적 효과가 검증될 때까지 지켜보는 것이 중요할 것 같다

노화 조절 유전자들의 발견은 노화 기전에 대한 분자 수준의 이해를 증가시킴과 더불어 이 유전자들에 의해 발현되는 단백질들의 기능을 조절할 수 있는 신약 개발을 통해 어느 수준까지 인간이 노화와 수명을 조절할 수 있는 미래를 꿈꿀 수 있게 하고 있다.

노화의 다른 원인

노화는 호르몬의 기능 약화에 의한 것으로도 설명된다. 특히 생식 관련 호르몬과 노화는 긴밀히 연결되어 있고 이는 생명체의 존재 이유가 생식, 즉 재생산인 것을 생각하면 쉽게 이해될 수 있을 것이다. 시상하부-뇌하수체-고환-축(hypothalamic-pituitary-gonadal axis, HPG 축)은 다양한 생식 관련 호르몬을 분비해 젊었을 때 세포의 분열과 성장을 촉진한다. 그러나 생식이 끝나는 나이가 될 즈음 서서히 그 분비량이 줄어들어 노화

를 촉진한다는 것이다. 남성은 30세 이후부터 서서히, 여성은 폐경으로 인해 급격히 호르몬 분비가 감소하면서 세포 분열이 줄고 세포들이 기능을 제대로 수행할 수 없게 되어, 세포 사멸이 유도되고 세포로 이루어진 장기나 기관의 노화가 진행된다고 설명한다. 실제로 여성의 경우 폐경 후 심장 질환이나 알츠하이머, 골다공증 등 노화가 빠른 속도로 진행되고 인위적으로 여성 호르몬을 투여하면 노화 속도가 늦추어지는 것 등이 이 가설에 대한 증거로 받아들여지고 있다.

노화의 원인에 대한 또 다른 가설은 노화와 함께 나타나는 많은 질병이 원래 외부 병원체의 공격에서 우리를 보호하는 기능을 수행하는 면역계가 노화로 인해 점차 기능이 잘못되어 우리 자신에 대해 항체를 만드는 자가 면역 반응(autoimmune disorder)을 일으키기 때문이라고 설명하기도 한다. 그 결과로 몸에서는 만성적인 염증 반응이 일어나게 되어 그야말로 온 몸이 쑤시고 아프게 될 수 있고 암에 걸릴 확률도 높아진다. 노화로 인한 대표적인 자가 면역 질환의 예가 몸에서 면역 기능을 담당하는 세포가 관절을 공격해 일으키는 관절염과 췌장에서 혈당을 조절하는 인슐린을 분비하는 세포군을 공격해 유발하는 인슐린 의존성 당뇨병 등이다.

노화의 원인은 한 가지가 아니고 여러 이유로 설명하지만 원인을 알면 원인을 막거나 늦출 수 있다고 생각하는 사람들이 많다. 최근에는 세계적으로 노화를 자연 현상으로 보지않고 치료해야 할 질병으로 인식하는 움직임도 점점 커지고 있다. 또 그 누구도 피할 수 없으나 피하고 싶어 하므로 경제성도 있다. 그런 이유로 노화 방지 혹은 예방에 도움이 되는 신약 개발에 많은 노력이 집중되고 있다. 그러나 불로초를 구하던 진시황도 결국 죽지 않았던가? 노화가 자연에 프로그램되어 있는 이상 어떤 약이 개발된다고 해도 노화를 지연시킬 수 있겠지만 억제할 수는 없을 것이고 억제해서도 안 된다고 생각한다. 내가 생각하는 가장 좋은 자연적인 노화 방지법은 소식과 스트레스를 받지 않고 화를 내지 않는 것, 즉 욕심을 버리는 것 같다. 소식으로 활성 산소를 줄이고 스트레스와 화를 줄여 몸이 긴장하지 않은 상태를 유지하는 것이 항상성과 면역력을 유지하는 최상의 방법이기 때문이다.

노화와 암

노화와 함께 생각해 보아야 하는 또 다른 질문은 우리 모두를 두렵게 하는 암이다. 2019년 발표된 보건 복지부 통계를 보면 인구 10만 명당 암 발생 인구는 282명이고 1년에 전체 인구 중 암으로 인한 사망자 수는 7만 명을 넘어선다. 지난 10년간 통계를 비교해 보면 암 발생율은 조금씩 감소하고 있지만 사망자 수는 계속 꾸준히 증가하고 있다. 그러면 의문이 들 것이다. 항암제와 암 치료법이 계속 발전하고 있는데 왜 암 발생률과 암으로 인한 사망자 수는 계속 늘어 갈까? 옛날에는 암 환자가 그리 많지 않았는데 왜 요즘에는 이리도 암 환자가 많은 것일까? 나이별로 암이 발생하는 빈도를 보면 50대부터 나이가 들수록 발생 빈도가 급격히 증가하는 것을 볼 수 있다. 이런 통계는 무엇을 말해 주고 있는가? 암 환자가 많지 않았던 이유는 평균 수명이 짧아 사람들이 암에 걸리기 전에 대부분 세상을 떠났기 때문이다. 좋은 항암제와 암 치료법이 꾸준히 개발되고 있는데도 암 환자가 늘고 있는 이유는 평균 수명이 길어지는 속도가 더 빠르기 때문이다. 물론 소아암처럼 예외가 있기는 하지만 일반적으로 암은 노화와 함께 오는 질병이다.

암의 원인은 무엇일까? 지난 30년간 눈부시게 발전한 분자 생물학은 암의 원인을 정확하게 알려주었다. 1980년대 중반까지도 암의 원인을 정확하게 알지 못했고 여러 가지 가능성을 공부했던 기억이 난다. 암의 원인은 유전체인 DNA, 특히 유전자에 여러 가지 변이가 축적된 결과다. 즉 암은 유전 정보의 이상으로 인한 일종의 유전 질환(genetic disease)이다. 그러나 일반적으로 이야기하는 유전병과는 다르다. 유전병은 부모 각각으로부터 받은 특정 유전자의 이상으로 발생하는 질병이다. 그러나 암은 부모 세대가 다음 세대로 그대로 이상이 있는 유전자를 전이해 다음 세대에서 질병이 발생하는 일반적인 유전 질환은 아니라는 것이다. 물론 가계에 세포 분열을 조절하는 데 중요한 유전자의 변이가 있는 경우 암 발생 확률이 더 높아지기도 한다. 그러나 유전으로 인한 것이든 나쁜 환경 노출로 인한 것이든 암은 유전체에 여러 가지 변이가 축적되는 원인으로 생기는 질병이다.

암은 다른 유전병처럼 특정 기능의 단백질을 만드는 하나의 유전자에 이상이 생겨 발생한 질병이 아니라 여러 유전자의 변이가 축적되어 복합적으로 나타나는 질병이다. 물론 여러 유전자 중 일부는 몇 차례 언급했던 유방암 난소암의 확률을 높이는 BRAC1 변이처럼 부모에게서 기능이 이상이 있는 형태의 유전자를 물려받아 그 가능성이 커질 수 있지만 대부분의 변이는 살아가면서 축적된 것들이다. 그러므로 평소 어떻게 살았는가 하는 환경과 습관 등과 긴밀히 연결되는 질병이기도 하다. 흡연, 공해 등 발암 물질에 노출된 정도, 활성 산소와 연결되는 운동 습관, 식이 등, 심지어 우연까지 DNA에 많은 변이를 유발하는 모든 것을 통해 종합적 결과로 나타나는 질병이라 볼 수 있겠다. 혹자는 나쁜 환경에 처할 가능성이 더 큰 사회의 취약 계층에서 발병 확률이 더 높다며 사회적 질병이라고 칭하기도 한다.

그렇다면 어떤 유전자들에 변이가 축적되면 암이 될까? 성인이 된 생명체 내에서는 세포의 끊임없는 교체가 일어나고 있다. 새 세포가 만들어지고 오래된 세포는 사멸한다. 이런 과정을 제대로 수행하기 위해 세포의 분열에 의한 복제와 세포의 사멸은 외부 환경 및 주위 세포들과의 긴밀한 상호 작용을 통해 조절된다. 성체가 제대로 유지되려면 새로 만들어지는 세포와 사멸하는 세포의 수가 균형이 맞아야 한다. 그런데 세포가 만들어지는 속도가 빨라진다거나 사멸이 잘 안 된다거나, 이 균형이 깨지면 세포 덩어리, 즉 종양(tumor)이 생긴다.

종양은 양성 종양(benign tumor)과 악성 종양(malignant cancer) 두 종류가 있다. 양성 종양은 보통 볼 수 있는 사마귀나 점 등인데 구별하는 기준은 세포 덩어리가 얼마나 큰가의 크기가 아니라 이 종양을 구성하는 세포들이 갖는 특성이다. 아주 작아도 악성일 수 있고 아주 커도 양성일 수 있다. 다른 말로 암이라고 하는 악성 종양을 구성하는 세포의 특징은 다른 조직이나 세포를 파고 들어갈 수 있는 특성을 갖는다는 것이다.

게를 뜻하는 카르시노스(karcinos)라는 말로 암(cancer)이라는 질병을 처음 명명한 것은 그리스 인이라고 하니 인류에게 암이라는 질병이 알려진 지 족히 3000년은 되는 것 같다. 그때 이미 암세포가 조직을 파고 들어가는 게의 다리 같은 속성을 갖고 있음을 이해하고 이렇게 명명했다고 하니 놀랍다.

변이되어 암의 발생 원인이 되는 유전자군들을 조사해 보면 보통 새로운 세포가 만들어지도록 세포의 분열을 촉진하는 유전자군, 새로운 세포가 만들어지는 세포 생장을 억제하는 유전자군, 세포의 사멸을 조절하는 유전자군, 유전체 DNA에 변이가 생겼을 때 이를 수복하는 데 필요한 유전자군 들이다.

첫째, 외부의 신호를 받아들여 세포의 분열을 촉진해 세포 생장을 촉진하는 유전자군은 정상 세포에서 생명의 유지에 꼭 필요한 매우 중요한 기능의 유전자들이다. 보통 다세포 생명체에서 세포 분열을 통한 증식은 외부 환경과 주변 세포의 신호를 통해 조절되는데 이 과정에서 기능을 수행하는 단백질에 대한 유전자가 이상이 생겨 외부 신호가 오지 않거나, 아니면 잘못된 신호에도 반응하게 되면 세포의 증식이 촉진되게 된다. 이렇게 변이로 인해 세포 생장이 촉진되는 유전자들을 일반적으로 종양 형성 유전자(oncogene) 라고 한다. 그러나 오해하지 말아야 한다. 암 발생 과정에 대해 완전히 이해하지 못했을 때 암세포에서 이 유전자들이 변형된 것을 보고 이런 이름을 붙인 것인데 사실은 변이가 없는 정상적인 형태로는 생명을 유지하는 데 필수적인 매우 중요한 유전자들이다. 자동차에 비유하자면 이 생장 촉진 유전자들은 세포 분열을 촉진하는 액셀러레이터(가속기)에 해당하는 유전자들이다. 암은 이들이 고장이 나서 빨리 가지 말아야 할 상황에도 항상 액셀러레이터가 밟힌 상태라고나 할까?

둘째, 세포 생장을 억제하는 유전자군들은 보통 적절한 환경이나 자극이 아니면 세포가 자신을 재생산하는 세포 주기를 진행하지 않도록 하거나 유전체에 이상이 있으면 세포 주기의 진행을 억제하는 기능을 하는, 마치 차에 비유하면 브레이크 역할을 하는 유전자들이다. 브레이크가 고장 나면 심각한 문제가 생긴다. 일반적으로 고장에 대비해 세포에는 여러 가지 브레이크 기능을 수행하는 단백질들에 대한 유전자가 있는데 변이가 축적되어 하나씩 차례로 기능을 잃으면 세포 증식을 제어할 수 있는 능력이 상실되면서 암세포가 될 가능성이 커진다.

셋째, 세포 사멸을 조절하는 유전자군들도 정상 세포의 생명을 유지하는 데 중요한 기능을 수행한다. 이 기능이 약해지거나 상실되면 세포가 사멸하지 않게 된다. 특히 변이가 축적되어 유전체의 안정성에 이상이 생겨 암세포가 될 확률이 높은 세포들은 빨리 사멸로 제거되어야 하는데 계속 살아남으면 암 발생 확률이 높아진다.

마지막으로 변이로 인해 암 발생에 중요한 유전자군은 DNA 변이의 수복에 관련된 유전자군이다. 대부분의 보통 세포는 생명을 유지하고 복제를 수행하면서 DNA에 많은 변이가 발생하지만 우리의 세포는 변이를 수선해 복구하는 기능을 수행하는 유전자군을 갖고 있다. 그러나 유전체 변이를 수선 복구하는 유전자들에 변이가 생겨 제대로 유전체를 복구하지 못하면 암의 발생을 유발하는 세 그룹에 속하는 유전자들이 변이될 확률이 매우 높아져 간접적으로 암 발생에 기여한다.

정확한 암의 발생 원인을 모르던 1970년대 후반기에는 바이러스의 감염이 암의 원인이 아닌가 여겨지기도 했고 사실 자궁경부암이나 간암 같은 경우는 바이러스 감염이 암 발생의 원인이 되고 있다. 바이러스가 감염되어 세포의 유전체에 잠복하면서 이 네 종류 유전자들의 발현에 영향을 미치거나 이 유전자로부터 발현되는 단백질의 기능을 변형하고 조절해 세포의 증식을 촉진하기 때문이다.

조직에 있는 여러 세포 중 하나의 세포가 이러한 유전자들에 이상이 쌓여 더 죽지 않고 암세포의 특성을 갖고 계속 분열하기 시작하면 암이 발생하게 된다. 그래서 암은 그 원인을 좇아가 보면 단 하나의 이상이 있는 세포가 출발점이다. 10장에서 우리 몸을 구성하고 있는 세포들이 우리 모두보다 더 사회적이며 세포들이 상호 커뮤니케이션을 통해 전체 생명체에서의 자신의 의무와 역할을 잘 알고, 전체 조직을 위해 필요하다면 자신의 죽음도 불사한다고 이야기했다. 이것은 세포가 정상적일 때 이야기다. 세포가 암세포로 변화하면 사회적 조절 능력을 상실하고 전체 조직에서 자신의 의무와 역할을 망각한 채 무조건 증식하고자 하는 상태가 되는 것이다.

암세포의 발생과 암이 커지고 전이 단계로 발전하는 과정을 설명할 때 나는 보통 폭력 조직을 예로 든다. 한때 폭력 조직이 여러 드라마와 영화의 소재가 된 적이 있었다. 이런 폭력 조직이 커 가는 과정이 암의 발전 과정과 기막히게 일치함을 볼 수 있었다. 폭력성의 개인이 자신이 사회적 의무를 망각하고 시작한 조직이 점점 더 커지면 조직을 관리하기 위해 자금이 필요하게 되고, 그래서 조직이 더 많은 범죄와 이권 사업에 관여하게 된다. 또 이런 과정을 통해 조직이 더 커지면 보통 다른 지역에 지부를 만든다. 일반적으로 폭력 조직을 '사회의 암적 존재'라고 표현하는데, 아주 적절한 표현이다.

암도 폭력 조직과 마찬가지다. 생체 조직에서 변이에 의해 사회성을 잃고 증식 욕구에 불타게 된 암세포가 증식해 덩어리가 커지게 되면 계속 증식하려고 더 많은 산소와 영양분을 필요로 한다. 그래서 암세포는 더 많은 산소와 영양분을 가져오고자 기존 혈관이 아닌 암세포 덩어리로 연결되도록 새로운 혈관을 만든다. 이렇게 새로이 만들어진 혈관을 통해 암세포는 더 많은 산소와 영양분을 확보할 뿐만 아니라, 새로이 만들어진 혈관을 타고 몸의 다른 조직이나 기관으로 이동해 거기서 증식하기 시작한다. 이것을 전이(metastasis)라고 한다. 보통 일차적으로 암이 생긴 부분은 수술과 항암 치료로 쉽게 치료할 수 있지만 단 하나의 암세포라도 혈관을 타고 다른 조직들로 이동하는 전이 단계에 들어가면 어느 조직으로 암세포가 전이될지 예측할 수도 없고, 완치된 것으로 생각했던 암이 다른 조직에서 다시 발생하게 되어 치료도 어렵게 된다.

암 치료가 어려운 이유는 암을 유발하는 유전자들이 정상 세포가 생명을 유지하고 기능을 수행하는 데 필수적인 유전자들과 동일한 유전자들이기 때문이다. 그래서 암세포를 죽이는 방법은 먼저 정상 세포를 죽게 한다. 또 암세포에서 변이된 유전자의 단백질 기능을 막는 항암제들은 정상 세포에서 이 단백질들의 기능을 막아 생명 현상의 수행을 어렵게 한다. 그래서 항암제와 항암 요법이 여러 부작용으로 우리를 힘들고 어렵게 하는 것이다. 그러므로 현재 항암제와 항암 요법이 넘어야 할 가장 중요한 난관은 암세포에만 선택적으로 작용하는 것을 개발하는 일이다.

유전체 DNA 염기 서열 분석 기술의 발달로 최근 다양한 조직의 암세포에서 전체 유전체 중 1.5퍼센트에 해당하는 유전자 부분만을 모두 읽어 정상 세포와 비교하는 연구가 진행되었다. 이런 연구 결과에 따르면, 암세포에서는 전체 유전자 중 평균 46~50개의 유전자에 변이가 있는 것으로 알려졌다.[◆5, 6, 7, 8] 매일 우리 몸의 세포 수조 개에서 유전 정보를 복제하고 분열을 진행하면서, 또 많은 생명체 내 외부의 스트레스에 노출되면서 세포의 유전 정보에 끊임없이 변이가 생기고 있음을 생각해 볼 때, 세포의 2만 개 유전자 중에서 단 50개의 유전자가 망가지면 암세포로 진행된다고 한다면 확률적으로 어쩌면 암에 걸리지 않고 생명체가 보존되는 것이 더 신비롭고 감사한 일이지도 모른다.

생명을 공부하는 사람으로서 좀 더 냉혹하게 이야기하자면, 암은 삶과 함께 불가피하게 생명 유지에 필수적인 유전 정보에 축적되는 변이를 통해, 재생산이 끝난 생명체를 폐기해 가는 자연의 프로그램이라는 생각을 지울 수 없다. 그래서 인류가 암을 완전히 정복할 수 있다고 생각하지 않는다. 다만 조기 발견으로 계속 발생하는 암을 미리 처치하면서 시간을 벌어 갈 수 있을 것이라고 생각한다. 그리고 가능하면 유전체의 손상을 줄이는 방법을 생활 습관화하면서 그 발생 시간을 늦출 수 있을 것으로 기대한다.

정말 노화는 나쁜 것인가?

많은 인간의 비극은 아름다운 것과 아름답지 않은 것을 구별할 수 있는 분별에서 시작된다고 생각한다. 아마 그래서 우리는 육신의 아름다움을 잃어 가는 노화를 받아들이기 어려운 것 같다. 매번 노화를 공부하면서 학생들에게 「벤저민 버튼의 시간은 거꾸로 간다(The curious case of Benjamin Button)」와 「죽어야 사는 여자(Death Becomes Her)」 같은 영화를 함께 보게 한다. 가장 젊고 아름다운 시간을 지나고 있어 노화와 죽음을 실감할 수 없는 그들에게 생명체로서 노화와 죽음은 누구도 피할 수 없는 생명체의 한 과정임을 알게 해 주고 싶은 마음에서다. 그리고 그 과정이 젊은 그들이 생각하는 만큼 끔찍하고 나쁜 것만은 아님을 한번쯤 생각해 볼 수 있는 시간을 주고 싶어서다.

벤저민 버튼의 경우는 늙고 쭈글쭈글한 모습으로 태어나 시간이 갈수록 거꾸로 점점 젊어지고 결국 갓난아기의 모습으로 세상을 마감한다. 영화처럼 노화가 아름다움을 잃지 않는 역방향으로 진행된다면 우리는 그것을 더 편하게 받아들일 수 있을까 하는 질문이 떠오른다. 「죽어야 사는 여자」는 서로 젊음의 아름다움을 경쟁하던 두 여인이 젊음의 묘약을 먹고 총상으로 가슴에 구멍이 뚫려도 목이 비틀어져도 죽지 않고 계속 살게 된 몇십 년 후 함께 경쟁적으로 사랑하던 한 남자의 장례식에서 영원히 산다는 것의 의미를 깨닫는다는 내용이다. 이런 영화들은 노화나 죽음이나 그것이 육신의 미추를 떠나 인간의 관계 속에서 함께 진행되는 것이 가장 자연스럽고 아름다운 것이 아닌가 하는 깨달음을 얻게 한다.

또 여러 가지 생명 과학과 의학 등의 기술로 계속 늘어나고 있는 인간의 수명과 인류가 마주하게 된 여러 새로운 상황들은 가끔 나에게 그리스 로마 신화의 쿠마에 무녀(Cumaean Sibyl) 이야기를 생각나게 한다. 사랑의 대가로 그녀는 아폴론 신에게 한 줌의 모래를 들고 와서 손에 들고 있는 모래만큼 살게 해 달라고 요구한다. 그러나 그녀는 오랜 수명만을 요청했지 그에 따르는 젊음을 요구하는 것을 잊어버렸다. 이후 그녀가 그의 사랑을 거부하자 아폴로 신은 무녀의 육체를 늙게 만들어 버려서 그녀의 육체는 젊음을 지키지 못한 채 오랜 수명의 세월이 가면서 점점 쪼그라들어 항아리에 보존되다가, 결국 목소리만 남게 된다는 이야기다. T. S. 엘리엇의 시 「황무지」의 서문에서도 이 무녀의 이야기가 언급되어 있다.

> 한번은 쿠마에에서 나도 그 무녀가 조롱 속에 매달려 있는 것을 보았지요. "무녀야 넌 뭘 원하니?" 물었을 때 그녀는 대답했지요. "죽고 싶어."

엘리엇이 왜 이 이야기를 서문에 가져다 썼는지 문학에 문외한인 나는 잘 모르겠지만 진정한 생명이 없이 메마른 채로 시간적으로만 삶이 늘어나는 현대에 대한 경고는 아니었을까 싶다. 인간의 욕심대로 계속 기술이 발달해 가며 인간에게 생명의 시간이 계속 연장될 때 우리는 정말 행복할지, 무녀는 목소리만 남게 되었지만 우리에게는 정말 무엇이 남게 될지, 가끔 무서운 생각이 들기도 한다.

노화와 죽음을 마주할 때도 그냥 좀 더 우리가 자연의 일부이고 생명체라는 생각을 할 수 있는 의연하고 겸손한 마음이 우리 안에 남아있기를 바라는 간절한 마음이다. 내가 제일 좋아하는 윌리엄 버틀러 예이츠(William Butler Yeats, 1865~1939년)의 짧은 시 「지혜는 시간과 더불어 오나니(The Coming of Wisdom with Time)」처럼 조금씩 늙어 가면서 이제 시들어 하나의 진실이 될 준비를 하는 것이 생명의 아름다움이 아닐까?

잎은 많아도
뿌리는 하나
젊은 날 내내 태양 아래서
나 잎과 꽃을 자랑했네.
이제 나 시들어 하나의 진실이 될거나.

얼굴에 빛나는 젊음의 광채를 머금고 노화에 대해 토론을 하는 학생들은 지금 젊은 이 시간에 그대로 머물고 싶다고 이야기하며, 가끔 조심스레 그들보다 엄청 나이가 많은 나를 측은한 눈길로 바라본다. 그러면 나는 대답한다. 그들이 부럽지만 그들처럼 빛나던 시절로 되돌아가고 싶지는 않다고. 다시 돌아간다 해도 내게는 다시 그 시간을 헤쳐 나올 만큼의 힘이 더 남아 있지 않기에.

13장
미생물과 바이러스는 공포의 대상인가?
생명과 감염[1,2,3]

그리고 이게 내 아주 간단한 비밀이야.

마음으로만 봐야 잘 보여.

중요한 건 눈으로는 보이지 않아.

마음이 순수하던 시절, 교과서 같았던 책, 앙투안 마리 장바티스트 로제 드 생텍쥐페리(Antoine Marie Jean-Baptiste Roger de Saint-Exupéry, 1900~1940?년)의 『어린 왕자(*Le Petit Prince*)』에서 여우가 왕자에게 하는 말이다. 살면서 정말 중요한 것은 눈에 보이지 않는다는 이 진리는 지구 생명체의 생태계에도 그대로 적용된다. 보통 우리 몸에 병을 일으키는 감염체로만 알고 있는 미생물과 바이러스. 그러나 간단하지만 핵심적인 비밀이라면, 미생물과 바이러스는 눈에 보이지 않지만 사실은 오늘 이 지구

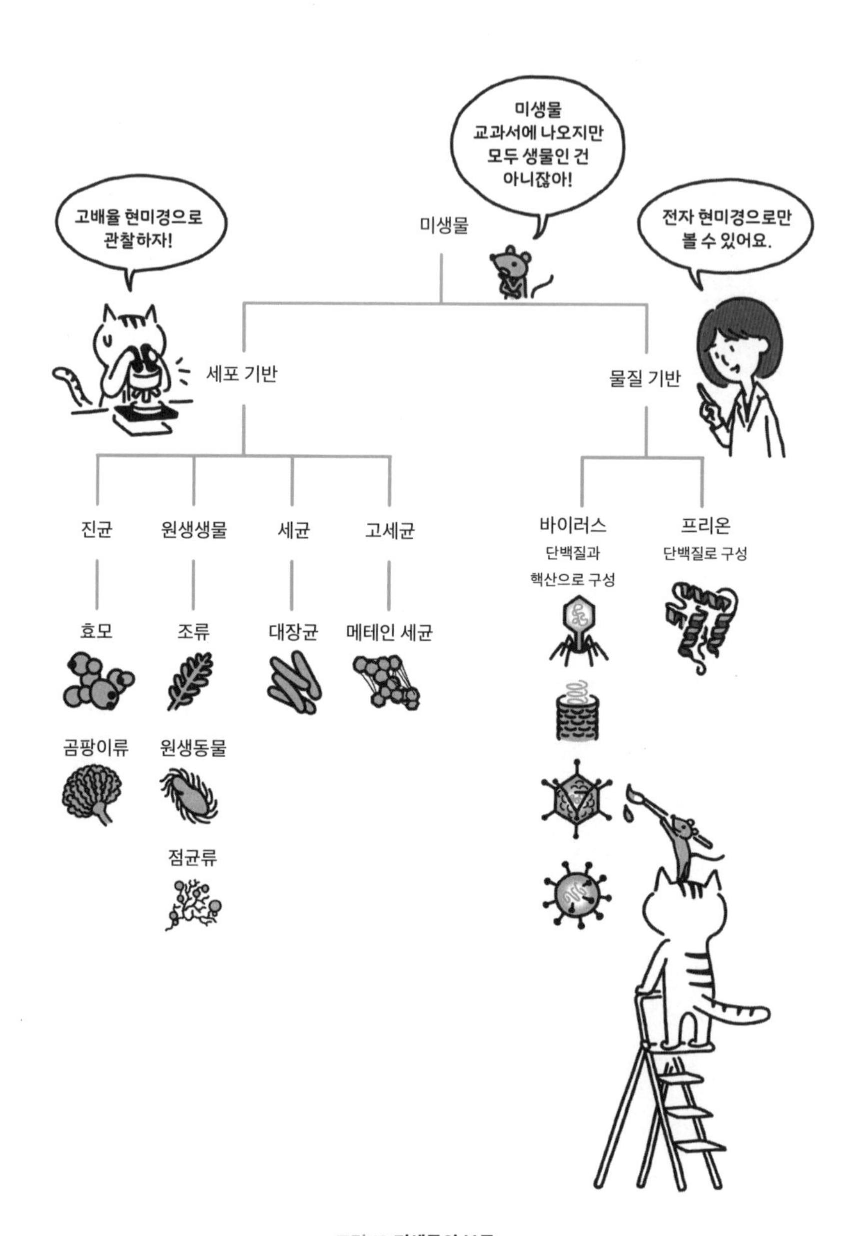
고배율 현미경으로
관찰하자!
미생물
교과서에 나오지만
모두 생물인 건
아니잖아!
전자 현미경으로만
볼 수 있어요.
미생물
세포 기반
물질 기반
진균
원생생물
세균
고세균
바이러스
단백질과
핵산으로 구성
프리온
단백질로 구성
효모
조류
대장균
메테인 세균
곰팡이류
원생동물
점균류

그림 19 **미생물의 분류.**

에서 생태계를 가능하게 하는 주역이라는 것이다. 인간의 오만한 시선을 버리고 그들을 바라보면 그들 덕분에 지구에서 생명의 진화가 가능했고, 또 현재 생태계가 유지되고 있는 것을 깨닫게 된다. 물론 마음으로는 안 보이고 현미경으로만 보이지만. 평소 비호감이던 미생물이나 바이러스를 정확히 이해하는 한편 인간의 나약함을 돌아보는 기회가 되기를 기대한다.

미생물은 ok 세균은 no?

수업 시간에 학생들에게 미생물과 세균에 대한 이미지를 물어보면 미생물에 대해서는 단어는 들어보았으나 그냥 “나와 상관없는 존재” 정도로 대답하고 세균에 대해서는 한결같이 “더럽다.”, “불쾌하다.”, “무섭다.”라고 답한다. 그런 학생들에게 우리 몸속 세균의 무게가 2~3킬로그램이라고, 몸무게 이야기할 때 세균 무게를 빼고 이야기하라고 하면 믿고 싶어 하지 않는다. 그러나 미생물과 세균의 정의를 살펴보면 세균의 이미지가 편견인 것을 쉽게 알 수 있다. 미생물(微生物, microorganism)은 1675년 안토니 판 레이우엔훅(Antonie van Leeuwenhoek, 1632~1723년)이 현미경을 발명하면서부터 그 존재를 알게 된 맨눈으로는 관찰할 수 없는 작은 생물을 총칭한다. 즉 아주 작은 생물이라는 의미이고 일반적으로 곰팡이인 진균(fungi), 세균(bacteria), 바이러스(virus, 바이러스는 완전한 생명체라고 할 수 없지만 미생물 범주에 포함시킨다.), 조류(algae) 등을 모두 포함한다.

세균은 나쁜 이미지와는 달리 미생물 중 세포 하나로 이루어진 단세포 원핵생물을 총칭하는 매우 중립적인 단어다. 세균은 성장과 분열을 통해 매우 빠른 속도로 증식한다. 주변에 가장 많이 존재하는 대장균의 경우 20분에 한 번씩 분열해 재생산된다. 세균은 눈에 잘 보이지 않지만 전체 지구 생물 무게의 60퍼센트를 차지하고 있다고 한다. 눈에 보이지도 않는 세균이 얼마나 많이 산재해 있는지 상상해 볼 수 있다. 실제로 세균은 극지방이나 바닷속에서 우리 주변까지 어디든 살고 있다고 보면 된다. 한 줌의 흙 속에도 수십억 마리가 있는 것이다. 인간이 대개 수십조의 세포로 이루어졌다면 우리 몸에는 세포 수보다 수십 배 많은 1000조 정도의 천문학적 숫자의 세균이 함께 살고 있다. 인간이 세균의 서식처를 제공하기 위해 생명을 유지하고 있는 것은 아닌가 싶을 때도 있다. 즉 인간은 그들의 배양기 정도라고나 할까?

피부, 구강, 위, 장 등 몸의 어디나 각종 세균이 살고 있다. 피부에서 여드름을 일으키거나 구강에서 충치가 생기게 하는 세균, 위염을 일으키는 것으로 잘 알려진 헬리코박터처럼 몸에 해로운 세균도 있다. 이러한 세균들 때문에 보통 세균이라면 병균을 떠올리게 되는 것인지도 모르겠다. 물론 병을 일으키는 세균들이 존재하지만 실제로 많은 세균들은 인간에게 매우 유익하거나 혹은 무해하다.

몸속에서도 가장 많은 세균이 있는 곳은 바로 대장이다. 우리 개개인의 대장마다 수십 조의 미생물이 살고 있으니 내 장내 미생물만 해도 지구 전체 인구를 가볍게 넘는 수다. 또한 매일 배설하는 대변의 3분의 1 정도가 장내 세균이라고 한다. 그러므로 대장균은 우리 주변 어디든 존재할 수밖에 없다. 음식점이나 음식의 청결함을 재는 척도로 검출된 대장균의 수를 이용하므로 대장균이 더럽다고 생각하지만 대장균 자체는 더러운 존재도 유해한 존재도 아니다. 사실은 건강을 유지하는 데 매우 중요한 기능을 수행하는 소중한 존재라고 해야 할 것 같다.

장내 세균들은 우리가 만들지 못하지만 몸에 꼭 필요한 비타민을 만들어 준다. 비타민 B1, B2, B6, B12 등이 대표적으로 세균이 장에서 만들어 주는 비타민이다. 또한 탄수화물, 지방 등 여러 영양분의 흡수도 장내 세균의 도움을 받는다. 그렇다면 이렇게 많은 장내 세균이 우리가 섭취하는 영양분들을 뺏어서 기생하는 것은 아닐까? 물론 장내 세균이 음식물로부터 영양분을 얻어 가는 것은 사실이지만 섬유소(cellulose, 셀룰로스)처럼 대부분 우리가 영양분으로 직접 흡수하지 못하는 것들을 이용한다. 반면 이 세균으로부터 얻는 이익이 훨씬 많다. '누이 좋고 매부 좋은' 공생 관계라고나 할까? 방귀도 대부분 대장균이 장내에서 영양분을 발효시킬 때 만들어지는 기체들이다. 따라서 장에서 미생물들에 의해 만들어지는 기체는 섭취하는 영양분에 따라 달라진다. 혹시 방귀의 냄새가 지독하다면 이는 일반적으로 질소와 황이 포함된 단백질을 많이 섭취했기 때문이다.

보통 대장에는 500종 이상의 다양한 세균이 살고 있다. 모두 어디서 온 것일까? 태아로 엄마 몸속에 있을 때는 미생물이 전혀 없는 무균 상태인데 세상에 나오고 음식물을 섭취하기 시작하면서부터, 즉 출생 하루만 지나도 아기의 대변에 이미 여러 종류의 미생물들이 나타나기 시작한다. 이때부터 평생 인간의 대장으로는 끊임없이 여러 종의 세균이 들어가고 나오며 대장에서 몸에 유익한 세균과 유해한 세균이 끊임없이 영역 확장을 위해 싸우고 있기도 하다. 그래서 유산균 등 몸에 좋은 미생물이 많은 요구르트 같은 음식을 섭취하면 건강에 좋다고 하는 것이다. 대장에 어떤 종의 세균이 우위를 이루고 번식하는가는 개인마다, 또 같은 사람이라도 섭취하는 음식물과 건강 상태, 나이 등에 따라 변하는 것으로 보고되었다.

일정한 수의 세균과 함께 살아야 한다면 몸에 좋은 세균이나 해가 없는 세균들과 함께 사는 것이 건강에 좋다. 왜냐면 몸에 해가 없는 착한 세균들이 없어지면 그 부분을 병원성 세균들이 채울 수 있기 때문이다. 이것이 바로 요즘 많이 이야기되는 프로바이오틱스(probiotics) 요법이다. 그래서 몸에 좋은 미생물이 많은 요구르트나 된장 같은 발효 음식을 섭취하면 건강에 좋다고 하는 것이다. 요즘은 이런 지식이 잘 알려져서 건강을 위해 좋은 균을 공급하는 프로바이오틱스를 매일 섭취하는 사람들이 많다. 프로바이오틱스는 세균을 죽이는 항생제라는 의미의 안티바이오틱스(antibiotics)와 반대 의미로 만들어진 신조어다. 이런 아이디어를 처음 제안한 사람은 유산균 음료 상표명으로도 익숙한 노벨 생리 의학상 수상자인 러시아의 과학자 일리야 일리치 메치니코프(Ilya Ilich Mechnikov, 1845~1916년)다.

나이가 들거나 기저 질환이 있으면 면역력이 떨어지게 되고 장에 나쁜 세균의 비율이 높아질 수 있다. 실제로 우리 몸에 사는 미생물의 종류 전체를 미생물 유전체를 시퀀싱해 확인하는 마이크로바이옴(microbiome) 연구는 건강한 사람과 질병이 있는 사람의 장내 미생물의 구성이 다르다고 확인했다. 따라서 요즘에는 건강한 사람의 대변에 있는 장내 미생물을 질병을 가진 수여자에게 이식하는 시술인 대변 이식(fecal microbiota transplantation)이 치료법으로 이용되고 있다. 즉 건강한 똥이 약이 된다는 것이다.

요즘 주변에서 아토피 피부염을 앓는 아이들을 쉽게 볼 수 있는데 특별한 약도 없는 이 질환은 위생 상태가 좋은 선진국에서 훨씬 더 많이 발생하고 있다. 사실 내가 어렸을 때는 아토피가 있는 아이들이 많지 않았다. 최근 연구 결과에 따르면 아토피 피부염은 장내 세균과 깊은 관련이 있다고 한다. 너무 깨끗한 환경에서 자란 아이들은 세균에 접촉할 기회가 많지 않아 아주 어린 시절 장내에 유익한 세균들이 정착할 기회가 없어져 아토피가 발생할 가능성이 매우 크다는 것이다. 극히 일부인 병원성 세균을 피하려고 아이들을 세균의 근접이 어려운 지나치게 깨끗한 환경에서 키우는 것이 아토피를 부르고 있는 것이다. 장내 세균들은 무엇이든 지나치면 미치지 않는 것과 같다는 과유불급을 가르치고 있는 것 같다.

인류의 희망, 미생물

눈으로 볼 수 없던 시절에도 인류는 오랜 시간 미생물을 이용해 왔다. 요즘 몸에 좋다는 웰빙(well being) 먹을거리 대부분은 미생물이 만들어 주는 것이다. 김치, 된장, 청국장, 치즈에서부터 요구르트, 포도주까지 모든 발효 식품은 모두 미생물의 솜씨다. 또 우리가 병원성 세균에 감염되었을 때 쓰는 항생제도 원래는 특정 미생물이 다른 미생물을 죽이고 우위를 점유하기 위해서 만들어 내는 물질인데 인간이 발견해 유용하게 사용하는 것이다. 또한 폐수를 정화하고 공해 물질을 분해하는 것도 모두 미생물의 능력이다. 그래서 과학자들은 미생물이 매우 소중한 자원이고 유용한 미생물을 찾아내는 것이 공해 문제, 식량 문제 등 인류가 당면한 문제들을 해결하는 열쇠를 제공할 수 있다고 믿고 있다. 특히 환경 오염 물질을 효율적으로 분해해 제거할 수 있는 미생물을 새로 찾아내거나 그런 기능의 유전자를 찾아내어 다른 미생물에 넣어 발현시키는 연구는 아주 활발히 진행되고 있다. 앞에서도 언급했지만 실제로 미국 걸프 만에서 유출된 원유를 제거하는 데도 세균이 사용되었으며 이탈리아 성당 프레스코 벽화를 청소하고 원래의 색깔을 복원하는 데도 성화를 덮고 있던 때를 분해하는 세균이 사용되었다.

우리가 지구에서 살 수 있는 것은 미생물 덕분이다. 미생물이 우리가 죽은 후 몸을 구성하는 성분들을 모두 분해해 원래 우주에서 온 원소로 다시 돌려보내 주기 때문이다. 좀 끔찍한 상상이긴 하지만 만약 미생물이 없다면 지구는 인간을 비롯한 각종 동물 사체로 빼곡히 수십 겹으로 둘러싸여 우리가 살 수 없는 공간이 될 것이다. 그래서 미생물은 눈에 보이지 않고 실제로 눈에 띄는 일을 하고 있는 것처럼 느껴지지 않지만 지구를 움직이고 있는 힘인 것이다. 미생물에 대해 강의한 후 학생들에게 숙제를 냈더니 한 학생이 안도현 시인의 「너에게 묻는다」를 개작한 시를 제출했다.

세균, 함부로 더럽다 하지 마라

너는

누구에게 한번이라도 유익한 사람이었느냐?

바이러스◆4

바이러스는 독을 뜻하는 라틴 어 비루스(virus)에서 유래했다고 한다. 세균보다 크기가 작은 전염성 병원체로 오직 살아 있는 생명체의 세포에서만 자신을 복제할 수 있다. 바이러스는 자신의 복제를 위해 동물, 식물, 세균 등 지구 생태계의 모든 생물을 숙주로 이용한다. 크기는 세균보다도 훨씬 더 작아 주로 10~1000나노미터이기 때문에 일반 현미경이 아닌 전자 현미경으로만 관찰할 수 있다. 그래서 바이러스의 존재에 대한 규명은 1884년 세균보다 더 작은 구멍의 필터를 만드는 것이 가능해진 후 프랑스의 미생물학자 샤를 에두아르 샹베를랭(Charles Edouard Chamberland, 1851~1908년)에 의해 시작되었다. 1892년 러시아의 미생물학자 드미트리 이바노프스키(Dmitri Ivanovsky, 1864~1920년)는 샹베를랭 필터를 이용해 세균이 아닌 담배 건초를 감염시키는 병원체가 있음을 보고했고, 1898년 네덜란드의 미생물학자 마르티누스 빌렘 베이제링크(Martinus Willem Beijerinck, 1851~1931년)가 최초로 담배 모자이크 바이러스를 발견했다. 현재까지 약 5000종의 다른 바이러스의 존재가 규명되었다고 하는데 코로나19로 경험한 것처럼 바이러스는 유전체의 변이 속도가 매우 빠르기 때문에 각각 수많은 변종이 존재한다.

바이러스는 종류마다 다른 모양이지만 일반적으로 내부에 유전 정보를 갖고 있으며 표면은 단백질을 포함하는 껍질로 둘러싸여 있다. 바이러스는 크게 바이러스가 가진 유전 정보의 형태에 따라 두 종류로 나뉜다. 인간을 포함해 지구의 모든 생명체는 DNA를 유전 정보로 갖고 있는데 바이러스의 경우는 DNA를 유전 정보로 갖는 것도 있지만 RNA를 유전 정보로 갖는 것들도 있다. 코로나19를 비롯해 독감 바이러스와 에이즈 바이러스 등이 대표적인 RNA를 유전 정보로 갖는 바이러스다.

바이러스의 유전체는 주로 바이러스를 구성하는 껍질의 단백질을 포함하는 소수의 단백질에 대한 유전 정보만을 갖고 있다. 그러므로 바이러스는 숙주라는 다른 생명체의 세포를 이용해서만 자신의 유전 정보를 복제하고 증식할 수 있다. 바이러스가 숙주 세포를 감염시킬 때는 바이러스에 따라 전체 바이러스가 숙주 세포 안으로 들어가기도 하고 자신이 갖고 있는 유전체만을 침투시키기도 한다. 바이러스는 혼자의 능력으로 자신의 유전 정보를 복제하고 번식할 수 없으므로 숙주에 감염해 숙주 세포가 갖는 여러 가지 기능을 이용한다. 생명체의 가장 큰 특징인 자체 증식 능력이 없으므로 바이러스를 생명체와 물질의 중간 단계라고 한다. 바이러스는 자신의 DNA나 RNA를 숙주 세포 안에 침투시킨 뒤 침투당한 세포 내의 기능들을 이용해 자신의 유전 물질을 복제하고, 자기 자신과 같은 바이러스들을 재생산한다. 이 과정에서 숙주 세포가 손상되거나 파괴되어 숙주에 질병을 일으키기도 한다.

DNA 바이러스의 경우는 그 숙주 세포가 갖는 유전 정보의 형태도

DNA이므로 숙주 세포의 DNA 복제 기능을 그대로 이용해 바이러스의 DNA를 복제해 번식할 수 있다. 그러나 RNA 바이러스는 숙주 세포 안에 바이러스의 유전 정보인 RNA를 직접 복제할 수 있는 기능이 없다. 그러므로 RNA 바이러스는 증식을 위해 자신이 스스로 RNA로부터 RNA를 만들 수 있는 단백질에 대한 정보를 자신의 RNA 유전체 내에 갖고 있거나 아니면 숙주 세포로 들어가면 RNA로부터 거꾸로 DNA를 합성해 낼 수 있는 단백질(보통 DNA에서 RNA를 합성하는 센트럴 도그마의 전사를 거꾸로 수행한다고 해서 역전사 효소(reverse transcriptase)라고 불린다.)에 대한 정보를 갖고 있다. 이렇게 RNA를 주형으로 해서 합성한 DNA로부터 숙주 세포의 기능을 이용해 다시 RNA를 만들어 복제한다.

여러 번 강조한 것처럼 세포는 유전 정보를 정확하게 보존하는 것이 매우 중요하므로 유전 정보인 DNA를 복제할 때 오류가 생겨 DNA의 정보가 변하는 변이(mutation)를 막는 여러 안전 장치가 있다. 그러므로 DNA를 유전 정보로 갖는 바이러스는 숙주 세포의 이런 특성을 이용해 안정적으로 자신을 복제할 수 있다. 소아마비 바이러스 같은 DNA를 유전 정보로 갖는 바이러스는 숙주에서 복제될 때도 유전 정보 특성이 잘 보존되므로 쉽게 이 바이러스에 대한 예방 백신을 만들 수 있다. 그런데 RNA 바이러스가 숙주 세포에서 그 유전 정보인 RNA로부터 RNA나 DNA를 만들어 복제하는 과정은 세포에는 없는 과정이므로 보통 세포가 DNA를 복제할 때 발생하는 변이를 수복하는 변이에 대한 안전 장치가 없다. 따라서 RNA 바이러스의 유전 정보는 복제되는 과정에서 많은 에러가 발생해 다양한 변이체로 바뀌므로 계속 다른 형태의 바이러스로 변하게 된다. 감기는 몇 종류의 감기 바이러스에 감염되어 걸리는데, 그 중 하나인 리노바이러스(rhinovirus)가 RNA 바이러스다. 계속 형태가 변해 이에 대한 백신을 만들어도 다음 번 감기 바이러스에 감염되었을 때는 별 효력을 발동할 수 없기에 예방 백신을 만들지 않는 것이다. 또한 매년 노약자들의 목숨을 빼앗는 독감은 인플루엔자 바이러스의 감염으로 인한 것인데 역시 RNA 바이러스여서 계속 유전 정보와 형태가 변한다. 이런 이유로 매해 독감 예방 주사를 맞아야 하고 예방 주사를 맞아도 완벽하게 독감을 예방하기 어렵다. 전 세계적으로 유행한 적이 있는 코로나19도 마찬가지다. 이런 이유로 코로나19는 계속 변이되어 쉽게 물러나지 않고 우리가 접종한 백신을 무력화하고 있는 것이다.

바이러스의 두 가지 다른 생존 방식 ◆5

바이러스가 숙주 세포에 침입해 우리를 괴롭히는 이유는 재생산을 통해 영속하려는 바이러스의 '자기 증식' 욕구 때문이다. 그런데 자기 복제의 목적을 갖는 바이러스의 유전체가 숙주 세포로 들어오면 매우 다른 두 가지의 생존 방식을 보여 준다. 한 방식은 바이러스의 유전체를 계속 복제하고 그 유전체 정보에 따른 단백질도 많이 발현해 바이러스를 빠른 속도로 재생산하는 것이다. 이 경우 많은 수의 바이러스가 숙주 세포에서 만들어지고 만들어진 바이러스는 결국 숙주 세포를 터뜨리고 세포 밖으로 나온다. 따라서 숙주 세포는 죽게 되고 수많은 재생산된 바이러스는 아직 감염되지 않은 이웃의 다른 숙주 세포를 감염시킬 수 있다.

또 다른 방식은 바이러스의 유전체를 DNA 형태로 숙주 세포의 유전체에 삽입시켜 잠행하는 것이다. 이런 경우 바이러스는 재생산되지 않으며 바이러스에 감염된 세포는 자신의 유전체에 바이러스의 유전체가 들어 있는지도 모른 채 정상적인 세포 분열로 복제한다. 따라서 잠행하고 있는 숙주 세포가 분열해 그 수가 늘어나는 만큼 바이러스에 감염된 세포 수도 늘어나게 된다. 바이러스가 유전체에 잠행할 때 자궁경부암 등의 경우에서 볼 수 있는 것처럼 바이러스가 세포 분열을 조절하는 중요 단백질의 기능을 조절한다. 대개 유전체에 잠입한 바이러스가 자신의 복제를 증가시키기 위해 세포 분열을 증가시키기 때문에 암이 생성되기도 한다. 일부 바이러스는 이렇게 숙주 세포의 유전체의 일부로 잠행하다가 숙주 세포의 상황이 나빠지면 잠행해 있던 바이러스가 다시 급격한 재생산 모드로 바뀌어 숙주 세포를 죽게 할 수 있다. 피곤할 때 입술이 부르트는 것은 헤르페스(herpes, 단순 포진) 바이러스로 인한 것인데 헤르페스는 한 번 감염되면 평생 우리 몸의 숙주 세포에 잠행하는 형태로 존재한다. 그러다 몸이 피곤하면 잠행하던 바이러스가 다시 빠른 재생산을 시작해 세포가 터져 죽으면서 입술이 부르트게 되는 것이다.

그렇다면 어느 방식이 바이러스의 원래 목적인 재생산에 더 유리할까? 언뜻 보면 빨리 바이러스를 많이 재생산하는 첫 번째 방식이 유리해 보이지만 이렇게 해 숙주가 모두 죽게 되면 결국 숙주에 의존하는 바이러스의 증식도 한계에 부딪히게 된다. 숙주에서 잠행하는 두 번째 방식은 느려 보이지만 끝까지 숙주와 함께 생존하면서 자신의 목적을 달성할 가능성이 있다. 이러한 바이러스의 생존 방식은 사회를 좀 더 나은 방향으로 변화시키는 방법론에 대해 여러 가지 생각을 하게 한다. 나는 학생 때 바이러스의 이 두 가지 생존 방식을 각각 '혁명'과 '개혁'으로 바꾸어 생각해 보기도 했다. 첫 번째 생존 방식에 가까운 급격한 방법은 빠른 변화를 유도하지만 부작용이나 손실이 클 수 있다. 두 번째 방법은 느리고 눈에 띄는 변화를 가져오기 어려우나 계속 자신의 궁극적인 목적을 추구할 수 있다. 사회의 변화에서 어느 방법이 더 현명한 접근일까? 이에 더해 두 가지 다른 방법을 상황에 따라 유연하게 사용할 수 있는 바이러스의 생존 전략을 보며 과연 인간이 바이러스보다 현명한 존재인가에 대해 의문을 품었던 기억이 난다.

바이러스와 숙주 ◆6

바이러스는 지구의 모든 생명체의 세포를 감염시키지만, 바이러스의 종류에 따라 감염시킬 수 있는 숙주가 식물, 동물, 세균으로 정해져 있다. 일반적으로 식물 바이러스는 동물은 감염시키지 않아 해가 없고, 다른 동물을 숙주로 이용하는 바이러스들도 사람에게는 해가 없는 경우가 대부분이다. 많은 경우 바이러스는 동물, 식물, 세균 중에서도 종(種)에 특이적이다. 예를 들어 이제는 지구에서 사라진 것으로 발표된 천연두 바이러스의 경우 사람만 감염되었다. 또 특정 조직의 세포만 특이적으로 숙주로 이용하기도 한다. 간염 바이러스인 HBV(hepatitis B virus)와

HCV(hepatitis C virus)는 간세포만을, AIDS를 일으키는 HIV 바이러스는 면역 세포인 T 세포만을 숙주로 이용한다. 세포는 세포막으로 둘러싸여 있으므로 바이러스가 함부로 출입할 수 없다. 그러므로 바이러스의 이런 숙주 특이성은 그 세포의 세포막에 바이러스가 결합해 내부로 침입할 수 있게 해 주는 수용체 단백질이 존재하는가에 의존하게 된다.

지구는 다양한 바이러스로 가득 차 있고 포유동물에만 30만 종이 훨씬 넘는 다양한 바이러스가 존재한다고 알려져 있다. 또 지구에서 40억 년간 진행되어 온 다양한 생명체의 진화 역시 바이러스가 없었다면 불가능했다고 한다. 바이러스를 통해 생명체 간의 유전자의 빈번한 교환과 전이가 가능했기에 지구에서 다양한 생명 종의 끊임없는 진화가 가능했다. 즉 바이러스 덕분에 오늘 인류가 지구에 존재하게 된 것이다. 또 유전체 프로젝트는 인간의 유전체에 우리 유전체 내부로 들어온 바이러스로 생각되는 염기 서열이 전체 유전체 정보 중 8퍼센트 이상인 것을 밝혔다. 8퍼센트라니 그리 많다고 생각하지 않을 수 있으나 인간을 생명체로 유지하는 유전자의 정보가 전체 유전체 중 겨우 2퍼센트 미만인 것과 비교하면 생명체로서 우리 존재를 가능하게 하는 주요 인자가 바이러스라는 것을 인정할 수밖에 없다.

바이러스가 특히 치명적으로 작용하는 경우는 바이러스가 변형되어 원래 숙주가 아닌 새로운 숙주를 감염시킬 수 있게 되었을 때다. 원래 숙주는 오랜 세월 바이러스와 함께 생존하면서 면역 체계가 발달해 큰 문제를 일으키지 않는 반면, 새로운 숙주는 무방비로 새로운 바이러스에 노출되기 때문이다. 예를 들어 1918년 발생해 제1차 세계 대전 사망자의 3배에 이르는 무려 4000만 명 이상의 목숨을 앗아 간 것으로 알려진 스페인 독감의 인플루엔자 바이러스는 조류 인플루엔자가 변형되어 발생한 것으로 추정된다. 그래서 스페인 독감 인플루엔자 바이러스와 유사한 변종의 조류 독감 바이러스가 발생하면 요즘도 세계가 초긴장이다. 1981년 처음 환자가 보고되면서 지난 몇십 년간 우리를 공포에 떨게 했던 AIDS를 일으키는 HIV 바이러스도 원래는 아프리카에 서식하던 영장류에 있던 바이러스였는데 변형되어 인간에게 감염되기 시작하면서 치명적으로 작용했다고 알려졌다. 영화 「아웃브레이크(Outbreak)」의 소재가 되기도 했던 인간과 유인원에게 치명적인 출혈열(hemorrhagic fever)을 일으키는 에볼라(ebola) 바이러스는 원래 숙주가 박쥐였는데 변형되어 영장류를 숙주로 이용하게 된 것으로 유추되고 있다. 2020년부터 우리의 일상을 무너뜨리고 900만 명 이상의 목숨을 앗아 간 코로나19 바이러스는 박쥐에서 유래해 천산갑을 통해 인간에게 전해졌다고 추정된다.

따라서 새로운 치명적 바이러스의 출현은 환경과 많은 관련이 있어 보인다. 예전에는 전혀 접촉할 기회가 없던 다른 동물 숙주들에 있던 바이러스가 무분별한 개발과 인간의 서식지 침범으로 인간과 접촉할 가능성이 커지면서 유전자의 변형과 진화가 빠른 바이러스의 특성상 인간을 숙주로 이용할 수 있도록 변형되는 것이다. 그러므로 지구 온난화 및 온실 기체와 관련된 문제가 아니더라도, 아프리카나 아마존 지역 등 오지의 개발은 우리에게 치명적인 바이러스의 출현을 야기할 수도 있는 위험성이 있다.

또한 치명적 바이러스 전염병의 발생은 삶의 방식과도 긴밀히 연관되어 있다. 바이러스에 의한 재난을 다루었던 2011년 영화 「컨테이젼(Contagion)」에서 볼 수 있었던 것처럼 이제는 전 지구가 하나의 세계로 세계화가 급속히 진행되고 왕래가 너무 빈번해, 일단 바이러스 질환이 한 지역에서 발발하면 이것은 그 지역의 문제가 아니라 전 세계의 인류가 한꺼번에 위험에 처하는 사태로 발전된다. 20세기 후반 급격히 진행된 세계화는 인간을 바이러스의 공격에 더욱 취약한 생물 종으로 만들었다. 그리고 이런 사실은 전 세계적으로 빠르게 번진 코로나19 팬데믹으로 현실화되었다.

바이러스가 숙주가 바뀔 때 치명적으로 작용할 가능성이 있다는 사실에 대해 꼭 고려해 보아야 하는 경우가 이종(異種) 간의 장기 이식이다. 현재 이종 간 장기 이식은 성공률이 낮고 많이 이루어지고 있지는 않다. 그러나 인간과 장기의 크기가 비슷한 돼지의 유전체 정보를 변형해 면역 거부 반응이 저하된 무균 돼지 등을 인간의 장기를 대체할 수 있는 장기의 원천으로 개발하려는 시도가 계속되고 있다. 또 CRISPR-Cas9 유전자 가위 기술로 그 속도가 빨라지고 있다. 앞에서도 잠깐 언급한 것처럼 동물의 유전체에는 많은 바이러스가 끼어들어 오랜 세월 그 일부처럼 숨어 전달되어 왔다. 갑자기 이종 간 장기 이식을 통해 숙주가 바뀌게 될 때 숨어 있던 바이러스가 다시 유전체로부터 이탈해 증식하면서 치명적으로 작용할 위험성이 항상 내재되어 있다. 그래서 2018년 조지 처치(George Church, 1954~) 하버드 대학교 의과 대학 교수 연구실에서는 CRISPR-Cas9 유전자 가위로 돼지의 유전체에서 돼지 특유의 바이러스에 해당하는 부분을 모두 잘라내 인간에 이식되었을 때 바이러스의 감염 위험을 낮춘 CRISPR 돼지를 만들었다고 보고하기도 했다.

항생제와 항바이러스제

바이러스와 세균은 질병을 일으킬 수 있는 병원체로 작용한다. 이들이 일으키는 질병을 예방하는 가장 좋은 방법은 예방 접종이다. 예방 접종은 바이러스나 세균의 표면을 둘러싸고 있는 단백질이나 독성이 약화된 형태의 바이러스나 세균을 우리가 세균이나 바이러스에 감염되기 전에 미리 주입해 우리 몸의 면역 체계의 작용으로 이들에 대한 항체를 먼저 만들어 갖게 하는 방법이다. 일단 항체가 만들어지면 해당 바이러스나 세균이 침입했을 때 우리 몸의 항체가 이들과 싸워 퇴치할 수 있다.

세균과 바이러스는 다르다. 세균은 주로 세포 하나로 이루어진 생명체이고 매우 빨리 번식하므로 세균에 의해 전염되는 병은 쉽게 퍼질 수 있다. 바이러스는 유전체를 둘러싼 단백질 덩어리로, 숙주를 통해서만 자신의 유전 정보를 복제하고 증식할 수 있다. 항생제는 세균이 생명체로서 기능을 수행하는 데 필요한 중요한 과정인 세포벽 합성이나 단백질 합성 등의 과정을 억제해 세균을 죽이므로 세균으로 인한 질병은 많은 경우 항생제(antibiotics)로 치료할 수 있다. 그러나 바이러스는 그 자체가 생명체가 아니므로 아무리 항생제를 처리해도 영향을 받지 않아 바이러스성 질병은 항생제로 절대 치료할 수 없다. 그러므로 감기나 독감 같은 바이러스에 의한 질병은 항생제를 먹을 필요가 없는 것이다. 미국에 처음 공부하러 갔을 때 목감기가 너무 심해 의사한테 갔는데 한참 진찰하더니 참 아프겠다면서 집에 가서 물 많이 마시고 쉬라고 하며 아무 약도 처방해 주지 않고 80달러나 치료비를 내라고 해 황당했던 기억이 난다. 한국에서 감기약을 먹던 습관이 있어 당황했지만 그간 얼마나 항생제를 남용하고 있었는지 깨달을 수 있었던 경험이었다.

바이러스 질환에 항생제를 먹는 자체가 몸에 해로운 것은 아니나 이렇게 항생제를 마구 사용하면 우리 몸에 있는 세균 중에 항생제에 저항성을 갖는 세균들만 선별하는 꼴이 된다. 그래서 다음에 진짜 몸에 해로운 세균에 감염되었을 때는 항생제를 써도 잘 듣지 않고 듣더라도 더 많은 양의 항생제를 사용해야 하는 항생제 내성 문제가 발생한다. 또한 꼭 항생제로 치료해야 하는 세균에 의한 감염일 경우는 10일에서 2주 정도 항생제를 연속 복용해 세균을 완전히 박멸하고 내성을 갖는 세균이 생기지 않도록 해야 한다.

세균이 항생제에 대한 내성을 갖게 되는 것은 항생제 내성 유전자 때문이다. 세균이 일단 내성 유전자를 갖게 되면 다른 세균에게 그 유전자를 포함하는 플라스미드라는 조그만 원형의 DNA 조각을 쉽게 전달할 수 있는 능력이 있다. 따라서 항생제 내성은 주위 다른 세균들로 빠르게 퍼져 나갈 수 있다. 항생제 내성을 갖는 슈퍼 세균 종이 따로 있는 것이 아니라 우리 주위에 있는 어떤 세균도 이 내성 유전자를 포함하는 플라스미드를 주위 세균으로부터 전달받으면 모두 슈퍼 세균이 된다. 그러므로 항생제 내성은 개인만의 문제가 아니라 사회 전체의 문제일 수 있다.

이런 사실을 이해하면 세계적으로 생산된 70퍼센트 이상의 항생제가 우리의 먹을거리인 가축들의 사료에 포함되어 소비되는 현실을 아는 것은 큰 두려움이다. 닭, 돼지, 소 등 주요 먹을거리를 제공하는 가축을 작은 공간에서 대량으로 길러내는 공장형 축산(factory farming)이 널리 보급되기 시작한 1970년대부터 가축들의 사료에 항생제를 넣어 함께 먹이기 시작한 지 이미 50년 이상 되었다. 인류가 개발한 항생제에 내성을 갖는 '슈퍼' 세균의 출현은 사료 등에 항생제를 남용한 결과라는 의학계나 시민 단체의 주장과 항생제 내성 세균의 발생과 사료로 먹인 항생제와는 큰 연관성이 없다고 주장하는 농업계 및 제약 업체들의 주장이 팽팽히 맞서 왔다. 그러나 항생제를 계속 먹이면 내성을 갖는 세균이 가축의 장에서 자라 계속 배출되고 이 세균이 빠른 속도로 주위 환경에 퍼질 수 있음은 자명한 사실이다.

슈퍼 세균에 의한 감염으로 2010년 유럽에서 수백 명이 한꺼번에 사망해 이에 대한 공포가 커졌고 유럽에서만 매년 2만 5000명이 사망하는 것으로 알려졌다. 우리나라에서도 매년 슈퍼 세균에 의한 감염이 수만 건씩 보고되고 있다. 미국의 보건 당국은 매년 항생제 내성으로 인한 의료비 손실이 160억 달러에 달한다고 보고하고 있다. 그래도 아직 항생제 남용 금지에 대한 각 이익 집단의 이견은 좁혀지지 않고 있고 이 문제는 계속 내재해 있다. 그러나 인류가 새로운 항생제를 개발하는 속도보다 증식과 항생제 내성 유전자를 전달하는 속도가 아주 빠른 세균의 속성을 생각하면, 우리는 무방비로 슈퍼 세균의 감염 위험에 노출된 것이다.

현재는 바이러스 감염에는 면역 기능을 높이는 것이 가장 좋은 치료 방법이다. 그러나 각 바이러스에 따라 여러 가지 치료법들이 개발되고 있다. 가장 일반적인 항바이러스제는 바이러스의 유전체인 DNA나 RNA를 구성하는 성분인 뉴클레오타이드의 유사체를 사용하는 것이다. 바이러스가 이들을 자신의 유전체 복제에 이용했을 경우 그 뒤에 오는 다음 뉴클레오타이드를 붙일 수 없게 되어 더 바이러스 유전체 복제가 억제된다. 피곤해 헤르페스 바이러스에 의해 입술에 물집이 생겼을 때 바르는 아씨클로버 연고제나 HIV와 헤르페스 감염에 복용하는 라미뷰딘(lamivudine) 등이 뉴클레오타이드 유사체 항바이러스제다. 2010년 조류독감 유행 때 인플루엔자 바이러스 치료제로 유명해진 타미플루는 바이러스가 복제된 후 세포를 터트리고 나오는 데 필요한 단백질을 억제하는 물질로 바이러스가 옆의 세포로 퍼지는 것을 막는다고 알려져 있다. 코로나19의 치료약으로 알려진 팍스로비드도 바이러스가 자신을 복제하기 위해 필요한 단백질 생성 과정을 저해하는 약물이다. 따라서 팍스로비드도 바이러스 복제를 억제하는 작용을 하며 바이러스를 죽이는 치료제는 아니다.

광우병과 프리온

2008년 대한민국을 뜨겁게 했던 광우병 파동으로 잘 알려지게 된 프리온(prion)은 미생물도 아니고 바이러스도 아닌 새로운 형태의 감염성 물질이다. 프리온은 처음 스크래피(scrapie)라고 불리는 양의 퇴행성 신경질환에서 분리되었다. 이전까지 알려진 감염 물질인 세균이나 바이러스는 유전 정보인 DNA나 RNA 형태의 핵산을 갖고 있는데 이 감염 물질은 단백질로만 구성되어 있다고 해 프리온(proteinaceous infectious agents의 줄임말이다.)이라 명명되었다. 스크래피에 대해서는 이미 18세기 초 영국, 프랑스, 독일 등지에서 발생했다는 기록이 있지만, 그 원인이라고 알려진 프리온은 1990년대 이후에야 정체가 규명되기 시작했다.

프리온을 처음 순수 분리한 것은 캘리포니아 대학교 샌프란시스코 캠퍼스의 스탠리 벤저민 프루시너(Stanley Benjamin Prusiner, 1942년~) 교수다. 그는 20세기 생명 과학의 기조인 감염과 증식의 정보가 핵산에 있다는 주류 유전학적 내용과는 완전히 다른 단백질로만 구성된 프리온 성분이 감염의 원인이 될 수 있다는 프리온 가설을 제시했다. 그는 이 연구 결과로 1997년 노벨 생리 의학상을 수상했지만 아직 프리온은 감염의 결과물이며 그 원인은 세균이라고 주장하는 학자들도 있어 프리온 가설의 진실 여부에 대한 논쟁은 현재도 진행 중이다. 즉 프리온에 의해 발생한다고 알려진 광우병 등 질병의 원인이 정말 프리온인지도 과학적으로 확실히 규명되지 못한 상태다.

프리온은 원래 각 개체의 유전자에서 발현되는 단백질로 아직 그 기능은 모르지만 뇌와 척수 등에 많이 존재하고 있다. 프리온은 개체의 유전 정보로부터 만들어진 단백질이므로 보통 동물이나 인간이 외부 감염 물질에 노출되었을 때 작동하는 방어 기전인 면역 반응이 일어나지 않는다. 감염성 프리온 단백질은 원래 해가 없는 프리온 단백질의 알파헬릭스(a-helix) 2차 구조가 베타시트(b-sheet) 구조로 바뀌어 발생한다. 이렇게 바뀌는 원인은 잘 알려져 있지 않지만 개체에서 발현된 프리온 단백질에 유전적 변이가 생기거나 외부에서 감염성 프리온 단백질이 들어와 주변에 감염성 프리온이 존재하게 되면 정상적인 프리온도 빠른 속도로 감염성의 구조로 변하는 것으로 알려지고 있다. 이렇게 2차 구조가 바뀐 프리온은 빠른 속도로 단백질이 엉긴 중합체를 만들고 뇌세포를 죽게 한다. 문제는 프리온이 원래 몸에 있던 단백질이고 구조만 바뀐 형태의 것이므로 이 감염성 프리온에 대한 면역 반응도 없고 또 바이러스나 세균에 대해 실시하는 고온 가열 소독법으로 프리온의 감염성을 제거할 수 없다는 것이다.

광우병은 소의 뇌가 스펀지 형태로 변하는 뇌병증(bovine spongy-form encephalopathy)이다. 현재까지 알려진 바로 광우병은 전염성 뇌 질환으로 광우병에 걸린 소는 뇌가 정상적으로 기능하지 못하므로 갑자기 포악해지고 정신 이상과 거동 불안, 난폭 행동 등을 보이며 제대로 서 있지 못하고 쓰러져 죽는다. 양의 스크래피나 소의 광우병뿐 아니라 이와 유사한 프리온으로 인한 퇴행성 뇌 질환이 다수의 동물과 인간에게 있다고 보고되면서 프리온 질환은 우리의 관심의 대상이 되었다.

사람의 프리온 질환으로는 파파아뉴기니 원주민 부족의 쿠루병(Kuru)이 1950년대 처음으로 알려졌다. 쿠루병은 환자가 몸을 떠는 증세를 원주민 언어로 표현한 것이라고 하는데 사망한 사람의 뇌를 먹는 식인 의식으로 전파되었다고 한다. NIH의 대니얼 칼턴 가이듀섹(Daniel Carleton Gajdusek, 1923~2008년) 박사는 쿠루병 희생자의 뇌 조직을 침팬지의 뇌에 주입해 유사한 뇌병증을 확인하고 쿠루병의 전염성을 규명해 1976년 노벨 생리 의학상을 수상했다. 그 후에 프루시너 박사에 의해 쿠루병이 프리온 질환으로 규명되었다. 인간에게 나타나는 프리온 질환은 인간의 광우병으로 알려진 크로이츠펠트-야콥병(Creutzfeldt-Jakob disease, CJD)이다. 이 병은 100만 명 중 1명만 발생하는 매우 드문 질환이지만, 60세 이상에서 발생하며 치매 증세로 나타난다.

광우병이 우리에게 심각한 위험으로 알려지기 시작한 것은 광우병의 원인이 되는 프리온 단백질의 화학 구조가 야콥병을 일으키는 원인 물질과 비슷하다는 연구 결과 덕분이다. 또한 1996년 영국의 의학 전문가 위원회는 종래에는 고령자에게 나타나는 병이라고 생각되어 왔던 야콥병과는 달리 인간에게 감염될 수 있는 새로운 종류의 야콥병이 광우병 프리온과의 접촉으로 발생할 수 있다고 경고했다. 이때부터 광우병은 소를 육류의 주요 먹을거리로 이용하는 인류에게 큰 위협으로 다가왔다.

미국에서 많은 소고기를 수입하는 우리나라는 2010년 전후로 미국의 검역에서 광우병에 걸린 소가 나타나기만 하면 광우병에 대한 논란이 뜨거워지는 악순환을 반복했다. 미국산 소고기를 수입해 먹을거리로 이용하는 현실에서 광우병 논란은 항상 과학적 논란이 되기 이전 축산 농민들의 이권과 국민의 건강이라는 위험 요소가 존재하는 문제기 때문에 정치 논리화되기 쉽다. 그 이유 중 하나는 광우병의 원인이라고 알려진 프리온에 대해 아직 과학적으로 정확하게 이해하지 못하고 있어 그 위험 요소에 대해 바른 판단을 내리기 어렵다는 것 같다.

광우병은 인간이 초식 동물인 소에게 자연의 섭리를 거슬러 동물의 뼈와 부산물들을 넣은 사료를 먹인 것에서 확산이 시작한 것으로 이해된다. 즉 너무 잘 먹고살려는 인간의 욕심 때문에 지구에 존재하는 질병이라고 할 수 있다. 그러나 동물을 사육해 도살한 후 고기 이외에 털을 비롯한 모든 부산물을 산업 재료로 이용하는 작금의 현실에서 단지 고기 수입만이 위험의 원인이고 고기 수입만 중단하면 위험을 피할 수 있다고 이야기할 수 있을까? 약의 캡슐을 만드는 젤라틴 성분은 거의 모두 소의 부산물에서 추출해 만든 것이다. 다행히 프리온으로 인한 병은 정말로 걸릴 확률이 매우 낮은 질병이니 소머리국밥이나 양대창구이, 꼬리곰탕, 햄버거 등을 먹지 않는 것으로 위안 삼아야 하는 것은 아닐까 싶다.

이 장에서는 한없이 작으나 인간을 비롯한 모든 지구의 생명체들의 생사 여탈권과 생태계의 순환을 책임지고 있는 미생물과 바이러스 등에 대해 생각해 볼 수 있었다. 그들은 또 감염으로 인간의 생명을 위협할 수 있지만, 생태계 입장에서는 이조차도 하나의 생물 종이 전체 생태계의 순환을 방해하는 것을 막는 장치로 보이기도 한다. 민주화 항쟁으로 항상 캠퍼스가 시끄럽던 시절에 대학을 다닌 나는 보이지 않는 민초의 힘을 이야기할 때마다 바이러스와 세균을 떠올렸다. 우리는 항상 눈에 보이는 힘, 눈에 보이는 성과에만 정신을 쏟으며, 보이지 않게 세상을 움직이는 힘에 대해서는 교만한 태도를 보이는 어리석음으로 살고 있는 것은 아닐까? "우리가 주목하는 것은 보이는 것이 아니요 보이지 않는 것이니 보이는 것은 잠깐이요 보이지 않는 것은 영원함이라."라는 「고린도 후서」 4장 18절의 구절을 떠올려본다.

14장
생명은 어떻게 자극을 인지하고 전달하는가?

생명과 반응 ◆ 1, 2

시각과 청각에 장애가 있었던 헬렌 애덤스 켈러(Helen Adams Keller, 1880~1968년)는 "세상에서 가장 아름다운 것들은 보거나 심지어 만질 수 없습니다. 그것들은 가슴으로 느껴야 합니다."라고 말했다. 세상에서 정말 아름다운 것들은 보거나 만지거나 하는 감각을 넘어 감동으로 느껴야 한다는 이야기인 것 같다. 그러나 과학적으로 감동을 느낀다는 것을 설명하는 것은 매우 어렵다. 감동이라는 것은 모든 감각과 인지에 대한 총체적 반응으로 나타나는 현상이기 때문이다. 우리는 아직 현재의 과학으로 어떻게 뇌에서 감각에 대한 모든 정보가 통합되어 감동이라는 형태의 반응을 가져오는지 이해하지 못한다. 확실한 것은 감동도 뇌에서 일어나는 화학 반응이라는 것이다. 감동뿐 아니라 우리가 느끼는 감정들, 우울함, 분노, 심지어 사랑 등도 결국은 뇌와, 여기에 따라 반응하는 몸에서 일어나는 화학 반응의 합이다.

지금 우리는 인간의 감정들이 어떤 화학 반응의 합으로 어떻게 조절되는가를 완전히 이해하지는 못하고 있다. 그러나 어떻게 생명체가 외부나 내부의 자극을 느끼고 전달해 이를 인지하는지, 또 이렇게 감각을 통해 뇌로 전달된 정보에 대한 반응이 어떻게 다시 말초로 전달되어 나타나게 되는지에 대한 큰 줄거리는 이해하고 있다. 이번 14장에서는 자극을 느끼고 전달해 반응하는 과정과, 감정으로 나타나는 일련의 신경 세포의 화학 반응, 이에 관련된 물질에 대해 알아보고자 한다.

오감과 신경계

신경계의 사전적 정의는 생명체가 자신의 몸과 주위 환경에서 일어나는 변화(자극)를 감지하고 분석, 종합해 적절한 반응을 일으키도록 하는 세포, 조직 및 기관계라고 되어 있다. 간단히 이야기하면 신경계는 정보를 신속하게 전달하는 구조다.◆3 신경계는 대부분의 다세포 생물에서 관찰되지만 뇌와 척수의 중추 신경계를 포함하는 신경계는 척추동물에서 볼 수 있다. 그러나 단순한 생물의 원시적인 신경망이든 중추 신경계를 포함하는 복잡한 척추동물의 신경계든 근본적으로 신경 세포를 통해 자극이 감지되고 전달되는 방법은 놀랄 만큼 유사하다. 즉 진화 과정에서 자극을 감지하고 전달하는 방법이 한번 출현한 후 생물 종이 다양하게 변화했지만 동일한 기전을 계속 사용하는 것으로 유추된다. 따라서 단순한 신경계를 갖는 동물들을 이용한 연구가 복잡한 신경계의 작동 원리를 이해하는 단서를 제공한다.

척추동물에게는 외부의 감각을 수용하는 오감(五感)이 존재한다. 오감은 보는 시각, 듣는 청각, 만져 느끼는 촉각, 맛을 느끼는 미각, 그리고 냄새를 맡는 후각을 말한다. 오감을 담당하는 각각의 감각 세포들은 자극을 받으면 이를 감각 세포와 연결되어 있는 신경 세포에 전달하고 이것이 감각 신경(sensory nerve)을 통해 뇌와 척수의 중추 신경(central nervous system)에 전해져 우리가 감각을 느낄 수 있다. 중추 신경계는 이렇게 전달된 자극을 통합해 그에 합당한 반응을 하도록 다시 정보를 운동 신경(motor nerve)에 전달한다. 더 정교한 신경계를 갖는 복잡한 생물일수록 더 많은 신경 세포가 중추 신경계에 분포하고 그들이 감각 신경과 운동 신경 사이의 중재 역할을 한다. 중추 신경계의 통합적인 작용을 통해 생물은 학습, 생각, 기억과 같은 복잡한 기능과 정교한 행동 양상을 보이게 되며 이러한 행동은 경험과 여러 종류의 자극에 노출되면서 계속 변형될 수 있다. 그래서 학습이나 경험에 따라 중추 신경계, 특히 뇌에서의 신경 반응이 변화한다.

뉴런과 신호 전달◆4

신경계에서 정보의 전달을 가능하게 하는 것은 뉴런(neuron)이라는 신경 세포다. 인간의 뇌에는 10억 개 정도의 뉴런이 있다고 알려져 있다.

각 뉴런은 특정한 모양이 정해져 있지는 않지만 핵을 포함하는 신경 세포체(cell body), 신경 세포체에 돌출해 있는 여러 개의 가지인 수상돌기(dendrite), 그리고 긴 손가락 모양의 신경 섬유(nerve fiber) 또는 축삭돌기(axon)의 세 부분으로 되어 있다. 하나의 뉴런은 많은 수상돌기를 갖고 있지만 축삭은 단 하나뿐이다. 뉴런의 수상돌기는 주로 다른 축삭이나 외부로부터 오는 자극을 수용하는 부위다. 뉴런도 다른 세포들처럼 인지질로 된 이중막인 세포막을 갖고 있고 이 세포막은 뉴런이 흥분하고 자극을 전달하는 전기적 활동의 기본이 된다. 축삭돌기는 수상돌기나 신경 세포체로부터 오는 정보를 신경 충격(nerve impulse)으로 바꾸어 신경 세포체의 반대쪽인 축삭돌기의 끝으로 전달하는 기능을 수행한다. 굵은 축삭은 절연체인 수초(髓鞘 myelin sheath)로 싸여 있어 축삭을 통해 전달되는 신경 신호인 전기 신호에 대한 절연체로 작용한다.

축삭돌기 말단은 몇 갈래로 갈라져 있고 각각의 신경 말단에는 그 내부에 막으로 둘러싸인 작은 시냅스 소포체(synaptic vesicle)를 여러 개 갖고 있다. 시냅스 소포체 내부에 신경 전달 물질(neurotransmitter)이 존재한다. 각 시냅스 말단은 다른 뉴런의 수상돌기와 인접했지만 물리적으로 접촉하고 있지는 않으므로 두 뉴런의 연결 부분을 시냅스(synapse), 사이 간격을 시냅스 틈(synaptic cleft)이라 한다. 시냅스는 뉴런과 뉴런 사이의 미세한 연결 부위를 말한다. 뉴런들은 시냅스라는 구조를 통해 서로 복잡하게 연결돼 회로와 같이 복잡한 신경망을 형성한다. 뉴런들은 시냅스 혹은 다른 뉴런이 아닌 근육이나 내분비선에 접하고 있는 경우도 있어 직접 근육과 내분비선에 자극을 전달한다.

그림 20 **뉴런 세포를 통한 신경 전달.**

모든 동물이 사용하는 신경 신호는 전기 신호고 뉴런을 따라 신호를 전달하는 것은 전기 화학적 현상이다. 신경계가 사용하는 모든 전기 신호는 뉴런의 세포막을 중심으로 이온이 이동함으로써 생성된다. 신경 활동에 가장 중요한 이온은 소듐(나트륨)과 포타슘(칼륨) 이온이다. 소듐과 포타슘은 세포막에 존재하는 교환 펌프나 채널을 통해 막의 안쪽과 바깥쪽으로 이동할 수 있다. 아무런 자극이 없는 상태에서 신경 세포는 세포막을 중심으로 해서 소듐은 세포 바깥쪽에 훨씬 많이 존재하고, 반대로 포타슘 이온은 축삭돌기의 내부에 훨씬 많이 존재하며 주요 이온들의 전기 화학적 평형을 이루고 있다. 이때 막 사이의 전위차는 -70밀리볼트(mV) 정도로 막의 안쪽이 상대적으로 음전하를 띠고 있으며 이것을 휴지 전위라고 한다.

뉴런이 자극되어 전기 신호가 축삭돌기에 도달하면 소듐을 통과시키는 소듐 채널이 활성화되어 열리면서 갑자기 세포막의 바깥쪽에 있는 소듐 이온들이 뉴런 세포 안으로 밀려 들어온다. 양전하를 띤 소듐 이온이 뉴런 내부로 쏟아져 들어오므로 세포막 안과 밖의 전위차는 신경 자극이 없을 때의 -70밀리볼트에서 +30밀리볼트 정도로 증가해 탈분극(depolarized) 상태가 된다. 이온의 이동이 세포막에서 채널을 통해 선택적으로 조절됨으로써 생긴 이 활동 전위는 신경의 전기 신호에 대해 '전부 아니면 무(all or none)'의 원리로 반응한다. 즉 전기 신호에 의한 탈분극이 -40밀리볼트의 역치 전위(threshold potential)보다 작은 경우는 활동 전위를 생성하지 않고 소멸하고, 일단 역치에 도달하면 활동 전위가 축삭돌기를 따라 똑같은 크기와 속도로 뉴런의 축삭돌기 말단으로 전도되어 나간다.

막전위가 +30밀리볼트 정도 되면 소듐 채널이 불활성화되어 닫히고 포타슘 채널의 문이 열리기 시작한다. 이에 따라 소듐 이온이 유입되지 않고 대신 세포막 내부에 많이 존재하던 포타슘 이온이 세포막 밖으로 확산되어 나가면서 재분극(repolarization) 현상이 일어난다. 포타슘 이온의 확산은 그 수가 유입된 소듐의 수와 대략 평형이 될 때까지 계속된다. 재분극에 도달하면 전기 자극에 반응했던 소듐 채널과 포타슘 채널은 모두 불활성화되고 이온 교환 펌프를 통해 소듐과 포타슘 두 이온은 원래의 상태로 재배치된다. 이렇게 해 신경 세포는 다시 자극을 받을 수 있는 상태인 휴지 전위로 돌아간다.

활동 전위가 축삭돌기 말단에 도달하면 세포막의 전위차에 민감한 포타슘 이온 채널이 열리면서 포타슘 이온이 세포 안으로 확산되어 들어온다. 그러면 축삭 말단에 있는 시냅스 소포체가 시냅스 부분의 세포막과 융합되어 터지면서 그 속에 저장되어 있던 신경 전달 물질을 방출한다. 방출된 분자들은 시냅스 틈을 지나 확산되어 인접한 뉴런의 세포막에 있는 수용체와 결합한다. 이 수용체는 신경 전달 물질에 의해 열리고 닫히는 이온의 통로로 신경 전달 물질의 결합에 의해 통로가 열리면 소듐과 포타슘 이온들이 통로를 통해 이동하고 이를 통해 다시 새로운 전기 신호가 생성된다. 제임스 로스먼(James Rothman, 1950년~)과 토마스 쥐트호프(Thomas Südhof, 1955년~)는 어떻게 이 과정이 가능하며 그 타이밍이 정확히 조절될 수 있는지 연구해 신경 전달 과정을 이해하는 데 크게 기여해 2013년 노벨 생리 의학상을 수상했다.

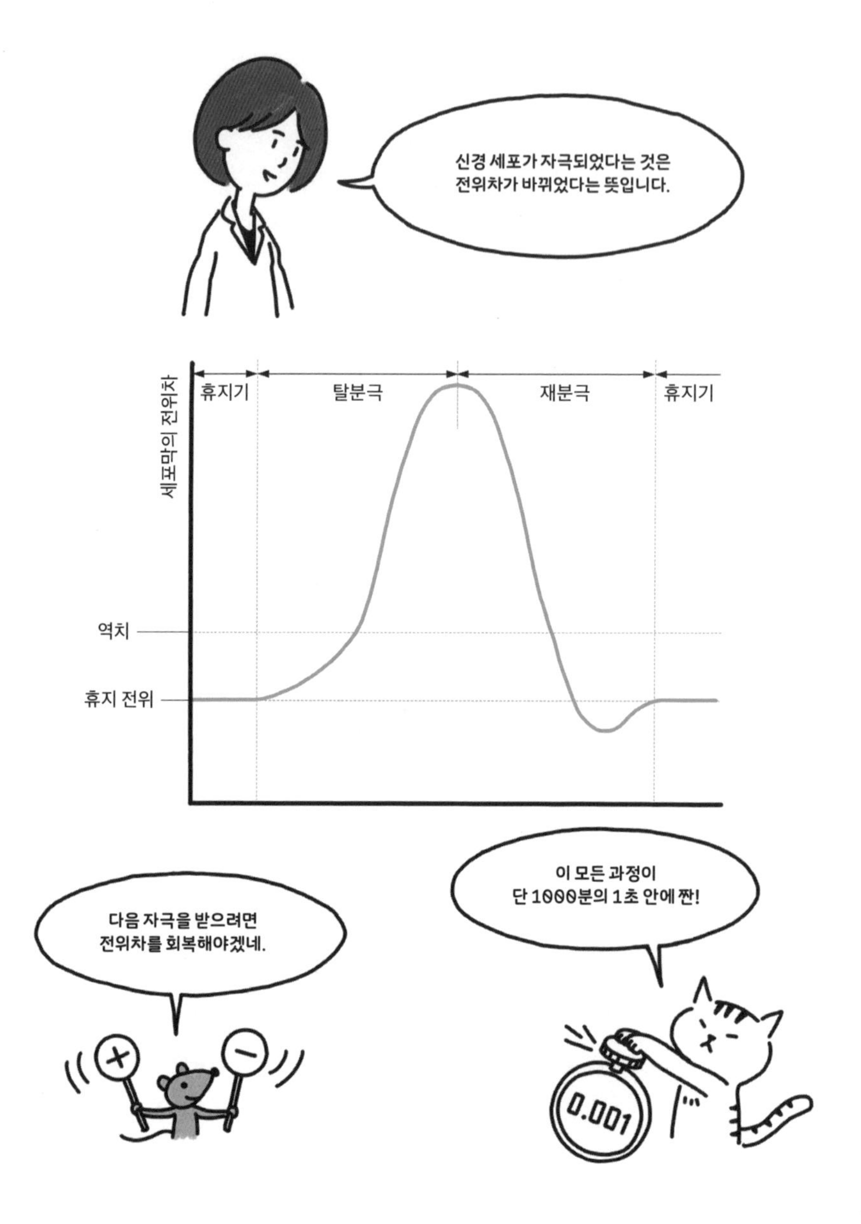

그림 21 **신경 세포의 분극**(전위차 변화).

복잡하다고도 할 수 있는 일련의 과정을 통해 신경 자극이 전달된다. 신경계가 계속 정상적으로 작동하기 위해서는 신경 전달 물질이 전기 자극을 통해 뉴런의 축삭돌기 말단에서 분비된 후 시냅스 틈에 일정한 시간 이상 머무르지 못하도록 하는 것이 매우 중요하다. 이를 위해 시냅스 틈의 신경 전달 물질은 빠르게 이를 분비했던 시냅스의 뉴런으로 재흡수되거나 효소에 의해 시냅스 틈에서 분해된다.

신경 전달 물질과 감정◆5

뉴런을 따라 신경 신호가 전달되는 시냅스에서는 두 세포 간의 직접적인 접촉 없이 신경 전달 물질을 통해 신경 신호 전달이 매개된다. 또 필요에 따라 아주 낮은 농도로 전기적 자극 없이도 약간씩 계속 분비되고 있기도 하다. 그렇다면 어떤 물질들이 신경 전달 물질로 기능을 하는 것일까? 신경 전달 물질은 우리가 섭취한 아미노산 등으로부터 인체 내부에서 쉽게 만들어지는 상대적으로 간단한 화합물이다. 신경 전달 물질의 존재는 독일의 약리학자 오토 뢰비(Otto Loewi, 1873~1961년)에 의해 처음 밝혀졌는데 처음 발견된 것은 아세틸콜린이다. 신경계가 사용하는 신경 전달 물질은 현재까지 50개 이상 알려졌으며 계속 새로운 것이 발견되고 있다. 중요한 신경 전달 물질로는 가장 오랜 세월 알려져 온 아세틸콜린과 에피네프린, 노르에피네프린(norepinephrine), 세로토닌(serotonin), 도파민(dopamine), 히스타민 등의 모노아민(monoamine) 계통과 GABA(gamma amino butyric acid), 글리신, 글루탐산, 아스파르트산 등의 아미노산 계통이 있다.

보통 뉴로펩타이드(neuropeptide)라고 알려진 주로 뇌의 신경 세포에서 만들어지는 작은 단백질들도 신경 전달 물질들과 함께 시냅스에서 분비되고 신경 신호를 전달하는 기능을 수행한다. 50여 개의 뉴로펩타이드(일반적으로 아미노산이 연결되어 단백질을 만드는데 상대적으로 아미노산 숫자가 적은 작은 단백질을 펩타이드(peptide)라고 칭한다.)가 발견되었고 인간 유전체에는 90개 정도의 뉴로펩타이드에 대한 유전자가 존재하는 것으로 알려졌다. 제일 잘 알려진 것이 인체에서 만들어지는 마약이라고도 일컬어지는 엔도르핀(β-endorphin)이다. 엔도르핀은 중추 신경계에 작용해 기분을 좋게 한다. 또한 출산과 수유기에 만들어지는 뉴로펩타이드의 일종인 옥시토신(oxytocin) 등에서 볼 수 있는 것처럼 많은 뉴로펩타이드들이 영장류 및 인간의 행동과 사회적 반응을 조절하는 것으로 알려지고 있어 최근 관심이 집중되고 있다. 설탕의 200배 단맛을 낸다는 인공 감미료 아스파탐이나 보통 조미료(monosodium glutamate, MSG)라고 알려진 인공 감미료 등도 혀의 미각 세포를 자극하는 신호를 만들어 내는 인공적으로 만들어진 신경 전달 물질의 일종이다.

감정을 화학 반응으로 해석하는 것에 대해 불편한 독자들도 있겠으나 신경 전달 물질의 불균형이 기분이나 감정에 많은 영향을 미치는 것은 사실이다. 내가 대학원생으로 6년을 보냈던 코넬 대학교는 눈이 엄청나게 많이 오며 겨울이 길고 겨우내 햇빛 나는 날이 거의 없는 미국 북동부 뉴욕 주의 시골이었다. 경치가 기막히게 아름다웠지만 한때 학생들이 많이 자살하는 대학으로도 유명했는데 대개 공부를 너무 지독하게 시키기 때문이라고 했다. 나 역시 너무 우울하고 힘들게 지내면서 공부에 대한 스트레스 때문인 줄 알았다. 그런데 요즘 밝혀지는 과학적인 결과들을 보면서 당시의 극심했던 우울증이 세로토닌이라는 신경 전달 물질의 부족 때문이었고 그런 증세가 일반적으로 나타나 학생들이 자살했으리라 확신하게 되었다. 행복감을 느끼는 데 매우 중요한 세로토닌은 낮이 길고 햇빛이 많을 때 잘 합성되고 어둡고 겨울이 길 때 잘 합성되지 않는다고 알려진 물질이기 때문이다.

이제 우울함, 불안, 기분 등 감정에 많은 영향을 끼치는 것으로 알려진 몇몇 뇌의 신경 전달 물질에 대해 알아보자. 뇌에서 감정을 조절하는 신경 전달 물질은 기능에 따라 크게 두 종류로 구분된다. 신경 신호 전달을 억제하는 방향으로 자동차의 브레이크와 유사하게 작용하는 것과 신경 신호 전달을 더 촉진하는 차의 엑셀러레이터와 유사하게 작용하는 것이다.

대표적으로 신경 신호가 계속되는 것을 억제하는 물질은 GABA와 세로토닌이다. GABA는 뉴런이 신경 자극 전달 후 다시 회복되는 것을 도와 불안과 스트레스를 감소시키는 역할을 수행한다고 알려졌다. 또 GABA는 다른 신경 전달 물질인 노르에피네프린, 아드레날린(adrenaline), 도파민, 세로토닌 등을 조절해 우리의 기분을 조정한다. 세로토닌은 기분에 문제가 있는 정신 질환과 가장 밀접하게 관련되고 행복감을 느끼는 데 매우 중요한 물질이다. 세로토닌 합성은 호르몬의 영향을 받으며 체온 조절, 고통 인식, 수면, 식욕 등에도 영향을 주는 것으로 보고되었다. 요가나 명상 등 몸과 마음이 평안한 상태에 있을 때 세로토닌 분비가 증가되는 것으로 알려졌다. 세로토닌이 부족하면 불안, 우울, 두통 및 강박 증세가 나타날 수 있고 세로토닌이 잘 만들어지면 매일 받는 스트레스를 없애는 데도 큰 도움이 된다고 한다.

뇌에서 신경 신호가 계속되도록 하는 흥분성 물질은 에피네프린, 도파민, 노르에피네프린 등이다. 아드레날린이라고도 하는 에피네프린은 주의력과 집중력 및 인지 능력을 조절한다. 인슐린 분비를 억제해 체중 조절과도 관련이 있다. 부족하면 피곤하고 집중력이 부족해지고 너무 많으면 불안증이 나타난다고 한다. 집중력 결핍 과잉 행동 장애(attention deficiency hyperactivity disorder, ADHD)도 에피네프린 부족과 관련되어 나타난다고 한다.

도파민은 동기 부여와 관심 등에 관여하며 인지, 학습, 운동 능력 등에 매우 중요하다고 알려진 신경 전달 물질로 행복감이나 만족감 같은 쾌감을 전달한다. 따라서 많이 분비되면 모험적이고 쉽게 흥분하며 과다 분비되면 정신 분열증이나 조울증의 원인이 되고, 부족하면 우울증이 나타난다. 초콜릿이나 담배, 술 등은 도파민을 일시적으로 높여 주기 때문에 먹으면 기분이 좋아지나 이를 반복하면 중독 증세가 나타난다고 알려져 있다. 또 포만감을 느끼게 해 주므로 도파민이 분비되면 식욕이 감퇴한다. 일반적으로 도파민이 부족한 사람이 알코올 중독, 도박 중독에 빠질 확률이 높다고 한다. 또한 근육의 기능과 매우 밀접하게 연관되어 있어, 몸에서 잘 안 만들어지게 되면 퇴생성 신경 질환인 파킨슨병이 발병할 수 있다. 노르에피네프린은 도파민으로부터 만들어지고 심장 박동을 증가시키고 혈압을 높인다. 너무 많으면 불안, 스트레스, 심장 박동 증가, 너무 적으면 동기 부족, 무기력 등의 증세가 나타날 수 있다고 한다.

감정이 화학 물질에 의해 조절된다는 이야기를 장황하게 설명하는 것은 인간의 숭고한 정신 세계를 폄훼하려 하거나 인간이 단지 물질 반응만의 합이라고 믿어서가 아니다. 우울증, 강박증 같은 감정의 병도 신경 세포의 신경 전달 물질 작용에 이상이 생겨 발생할 수 있으므로 몸이 아플 때처럼 약을 먹고 치료를 받아야 한다고 이야기하고 싶어서다. 우리는 몸의 병에는 매우 예민하면서 더 무서운 마음의 병, 정확히 말하면 뇌의 병에는 너무 무심한 듯하다.

신경 전달 기전과 신경 전달 물질의 기능이 밝혀지면서 예전에는 몰랐던 약들의 작용 기전을 이해하게 되고 또 신경 전달 과정에 문제가 발생한 여러 가지 신경 질환의 새로운 치료제도 개발되고 있다. 보통 향정신성 의약품으로 취급하는, 기분을 좋게 한다는 코카인 같은 마약류는 일반적으로 시냅스로 분비된 도파민이 다시 뉴런으로 흡수되는 것을 막아 오랫동안 신경 자극이 지속되도록 한다고 알려졌다. 정신 의학과에서 만병 통치제로 통하는 프로작(prozac)은 시냅스에서 신경 자극을 통해 분비된 세로토닌의 재흡수를 선별적으로 막는다. 따라서 세로토닌 부족으로 인한 우울, 불안, 식욕 감소, 강박 등에 다양하게 효과를 나타낸다고 한다. 그러나 약물로 오랜 기간 세로토닌을 높게 유지하면 도파민이 낮아지고 이에 따른 다른 증상들이 생길 수 있다. 또한 신경 전달은 자극이 계속되면 동일한 자극에 대한 반응 정도가 떨어지므로 약에 대한 의존성이 높아질 수 있어 위험할 수 있다.

신경 전달과 보톡스

얼굴 주름을 제거한다는 보톡스(Botox)도 신경 전달과 관련되어 있다. 상품명 보톡스의 원래 이름은 보톨리늄 톡신(botulinum toxin)이다. 이것은 소시지 등 부패한 육류에 기생하는 세균이 만들어 내는 독의 일종으로, 복어 독에 버금가는 맹독이다. 이 독은 뉴런의 시냅스에서 다음 뉴런으로 신호 전달을 매개하는 아세틸콜린이 분비되는 것을 막아 신경 전달을 억제한다. 따라서 미세한 양의 보톡스를 주입하면 신경의 신호 전달을 억제하므로 그 부분의 신경이 마비되어 찡그릴 수 없게 되므로 주름이 없어진 것처럼 보이는 것이다. 이 독은 처음에는 미량으로 얼굴 경련이 심한 사람에게 치료약으로 사용되다가 2002년 FDA의 승인을 받으면서 미용에 사용되기 시작해 급속히 퍼지게 되었다. 보톡스는 독도 잘 쓰면 약이 되고 인간에게 매우 유용할 수 있음을 보여 주는 좋은 예라 할 수도 있겠다.

복합적인 신경 전달 물질의 작용, 사랑 ◆6

부부, 부모, 자식 등 인간이 맺는 관계들의 핵심에 남녀의 로맨틱한 사랑이 있다. 인간의 역사 속에서 그 많은 문학 작품, 시, 영화, 드라마의 주제가 되어 왔던 남녀의 사랑. 그러나 최근의 과학적 결과들은 사랑도 뇌의 신경 세포 사이에서 신호를 전달하는 신경 호르몬 및 신경 전달 물질이 신경 세포들과 복잡하게 상호 작용한 결과라는 증거를 제시하고 있다. 너무나 로맨틱하지 못하지만 사랑도 뇌에서 호르몬과 신경 전달 물질을 통해 조절되는 생화학 반응으로 설명할 수 있다는 것이다.

사랑은 온몸으로 퍼지는 편두통
이성을 흐리게 하며
시야를 가리는 찬란한 얼룩.
진정한 사랑의 증세는
몸이 여위고, 질투를 하고,
늦은 새벽을 맞이하는 것.
예감과 악몽 또한 사랑의 증상.
노크 소리에 귀 기울이고
무언가 징표를 기다리는……

「사랑의 증세」를 쓴 20세기 영국의 시인 로버트 폰 랑케 그레이브스(Robert von Ranke Graves, 1895~1985년)는 마치 병에 걸린 환자의 증세를 설명하듯 아주 과학적으로 사랑에 의한 신체와 행동의 변화를 열거하고 있다. 이런 사랑의 증세는 신경 세포 성장 인자(neutrophil chemotactic factor, NGF)와 테스토스테론, 에스트로겐 등의 호르몬 및 도파민, 세로토닌, 노르에피네프린 등 신경 전달 물질이 뇌에서 상호 작용한 결과다. 특히 3초 만에 반한다는 초기 사랑의 끌림 단계에서는 앞에서 언급했던 신경 전달 물질 중 도파민과 노르에피네프린, 세로토닌이 중요한 작용을 하는 것으로 알려졌다. 사랑에 빠진 사람의 뇌에는 도파민과 노르에피네프린이 매우 높고 세로토닌이 매우 낮다고 한다. 신경 전달 물질들의 작용을 다시 기억해 보고 도파민과 노르에피네프린이 높아지고 세로토닌이 낮아진 상태의 증세를 열거해 보면 사랑의 증세와 거의 일치한다. 호르몬과 신경 전달 물질의 농도 변화에 의한 증상이 바로 황홀경, 식욕 및 수면욕 감퇴, 대상에 대한 강박, 심장 박동 증가 등의 상사병인 것이다.

오랫동안 '로맨틱 사랑'과, 진화에서의 의미를 연구해 온 미국 럿거스 대학교의 인류학자 헬렌 피셔(Helen Fisher, 1945년~)는 사랑에 빠진 사람의 뇌에서 활성화된 부분을 fMRI(functional magnetic resonance imaging, 기능성 자기 공명 영상) 장치로 측정해 도파민을 만드는 세포들이 매우 활성화되어 있음을 보였다. 이 부분은 코카인 등 마약류를 흡입했을 때 활성화되는 것과 같은 부분으로 사랑이 강력한 갈망, 집착 등의 중독 증세가 있다고 설명한다.

인간사에서 사랑의 불행은 아무리 불타올랐다 하더라도 지속될 수 없다는 데 있는 것 같다. 그러나 신체의 어떠한 신경 전달 반응도 연속될 수 없다는 것을 생각하면 너무나 당연한 귀결이다. 실제로 사랑에 빠진 상태는 몸의 항상성이 깨진 매우 불균형적인 상태이고 사랑의 증세인 스트레스, 불면, 식욕 감퇴, 강박 등이 계속될 경우 개체의 생존이 매우 위험할 수도 있을 것이다. 따라서 보통 신경 전달 물질로 인한 로맨틱 사랑의 유통 기간은 1년에서 1년 6개월 정도라고 알려진다. 보통 포유류가 임신해 아기가 태어나 위험한 기간을 지나는 정도의 시간이다. 아마도 사랑의 유통 기간은 진화상 번식이 유리하도록 정해진 것 같다. 그렇지만 시냅스 반응에 의한 불타오르는 사랑의 유통 기간은 짧아도 학습이나 기억처럼 노력에 의한 사랑은 오래 지속될 수 있다고 생각된다. 그래서 빠른 신경 전달 물질이 야기한 몸의 반응이 다 없어진 후에도, 성경의 「고린도전서」에 나오는 "오래 참고 친절하고 온유하며, 시기하지 않는, 모든 것을 견디어 내는 사랑"은 가능한 것이라고 믿고 싶다.

기억과 감정의 지속 ◆7

중추 신경계의 정보 처리 기구로서의 뇌의 기능은 시냅스의 신속한 신호 전달 방식을 통해 이해할 수 있다. 그러나 이렇게 빠른 신호 전달 물질을 통한 전기 화학적 신호 전달 방법은 학습을 통한 기억이나 경험을 통한 감정처럼 오래 지속되는 현상을 설명하기에는 부족하다. 『기억을 찾아서(*In Search of Memory*)』를 쓴 에릭 리처드 캔들(Eric Richard Kandel, 1929년~) 미국 컬럼비아 대학교 교수는 이러한 뇌의 기능이 느린 시냅스 전달 방법으로 설명된다고 밝힌 공로로 2000년 노벨 생리 의학상을 수상했다.

느린 시냅스 전달에는 빠른 시냅스 전달과는 다른 수용체가 관여한다. 신호 전달 물질이 이 수용체에 결합하면 일정한 생화학적 신호가 만들어지고 뉴런 안에서 이 신호가 차례로 증폭되면서 신호 전달 경로가 활발해진다. 이러한 신호 전달에 따라 생체의 이온 농도가 조절되고 또 세포핵에서 일어나는 유전 정보 발현에도 변화가 일어난다. 복잡하면서 단계적인 신호 전달 과정은 시간은 많이 걸리지만 그 효과는 증폭돼 상대적으로 오랫동안 유지된다. 이것이 일반적인 '단기 기억'의 기전이라고 한다. 또한 같은 자극이 여러 차례 반복되면 신경 전달 물질로 인해 활성화된 신호 전달 경로는 다양한 단백질을 발현시킨다. 이 단백질들이 시냅스를 구조적으로 강화해 시냅스 기능을 장기적으로 촉진한다고 한다. 이런 과정으로 반복적인 학습을 통해 입력된 정보를 통해 오랫동안 잊히지 않는 '장기 기억'이 만들어진다고 설명한다.

알츠하이머 등의 퇴행성 뇌 질환 ◆8

평균 수명이 급속히 증가하면서 일반적으로 치매라 일컬어지는 알츠하이머병에 대한 관심이 뜨겁다. 이 병은 중추 신경계의 정보 처리 기구로서의 뇌의 기능이 급속히 저하되는 병이다. 그 증세로 언어 장애, 극심한 단기 기억 상실, 지각 능력 상실, 성격 변화 등이 나타난다. 젊은 여인이 이 병에 걸려 변해 가는 과정을 다룬 드라마가 방송되면서 우리나라에서 이 병에 대한 공포와 대중적 관심이 높아지기도 했다. 알츠하이머병은 아직 원인을 정확히 모르기에 효과적인 치료법이 없어 더 무섭게 느껴진다. 우리나라에는 공식적으로 약 14만 명, 비공식적으로는 30만 명이 넘는 환자가 있다고 보고되었다.

병명은 이 병을 처음 보고한 독일의 의학자 알로이스 알츠하이머(Alois Alzheimer, 1864~1915년)의 이름에서 유래했다. 알츠하이머의 정확한 원인은 밝혀지지 않았으나 신경 전달 물질인 아세틸콜린 결핍과 관계가 있다고 생각되고 있다. 실제로 알츠하이머병에 걸린 환자의 일부 뇌에서는 아세틸콜린이 정상의 40~90퍼센트 감소한다고 보고되었다. 또 뇌 속에 과다하게 쌓인 타우(tau)아밀로이드 단백질이나 베타아밀로이드 단백질이 엉겨서 대뇌 신경 세포를 죽이는 과정에서 걸리는 질환이라는 가설이 가장 설득력을 얻고 있다. 알츠하이머병에 걸린 환자는 일반적으로 뇌의 전반적인 위축을 보이며 베타아밀로이드를 포함하는 신경원 섬유(neurofibrill) 덩어리의 비정상적인 조직이 많이 관찰된다.

알츠하이머뿐만 아니라 대부분의 잘 알려진 퇴행성 뇌 질환들은 뇌의 신경 세포가 사멸하는 것이 원인이다. 인지 및 기억을 담당하는 신경 세포들이 사멸하는 알츠하이머, 뇌와 척수의 운동 신경이 주로 사멸해 근위축 증세가 나타나는 루게릭병으로 알려진 어려운 이름의 근위축성 축삭 경화증, 그리고 뇌 흑질의 도파민에 반응하는 신경 세포들이 사멸하여 운동 기능과 자율 신경계가 망가지는 파킨슨병 등이 잘 알려진 퇴행성 뇌 질환들이다.

최근의 연구는 4장에서 짧게 언급했던 것처럼 다양한 퇴행성 뇌 질환을 유발하는 노화된 신경 세포의 사멸이 일어나는 원인이 세포 내에서 일어나는 액체 상 분리(liquid-liquid phase separation) 현상의 이상으로 단백질들의 응집체가 더 이상 액체상이 아닌 비가역적 고체상으로 만들어지는 때문이라고 밝히기 시작했다. 신경 세포같이 새 세포로 교체되지 않고 분화되어 오랜 시간 기능을 수행하는 노화된 세포에서 단백질들이 때로 RNA 등과 뭉쳐서 생성했던 다양한 기능의 막 없는 소기관(membrane-less organelle)이 비가역적 단백질 응집체로 바뀌는 것을 세포 사멸의 원인으로 제시하고 있다. 단백질들의 물리적 성격이 바뀌어 액체 상에서 고체상으로 응집되는 기전에 대한 연구는 현재 많은 연구가 진행되고 있는 분야로, 언젠가 이 과정을 과학적으로 이해할 수 있다면 현재 좋은 치료 방법이 없는 퇴행성 뇌 질환들을 치료할 수 있는 기반이 마련될 것으로 기대한다.

뇌 지도 작성 프로젝트

2013년 3월 버락 오바마 미국 대통령은 인간의 뇌를 이해하기 위해 뇌 지도 작성 프로젝트(brain-mapping project)인 BRAIN(Brain Research through Advancing Innovative Neurotechnologies)을 시작하며 1억 달러의 연구비를 지원하겠다고 밝혔다. 뇌의 수백만 뉴런의 활동이 어떻게 복잡한 뇌의 기능을 가능하게 하는지 규명하는 프로젝트로, 각각의 뉴런이 어떻게 서로 연결되어 뇌의 회로를 구성하는지 밝히겠다는 것이다. 오바마 대통령은 인간 유전체 프로젝트에 이은 뇌 지도 작성 프로젝트가 미국 과학의 위대한 차세대 프로젝트가 될 것이라고 확신에 찬 발표를 했다. 또 이 프로젝트로 현재 수수께끼로 남아 있는 인지, 지각 등 뇌의 기능에 대한 기전을 이해하게 되면 알츠하이머나 파킨슨병 및 뇌 손상 같은 질병의 치료법을 개발하는 데 많은 도움이 되어 경제적 효과가 클 것으로 기대하고 있다. 유럽 연합(EU)도 최근 12억 유로를 10년간 투입해 인간의 뇌를 뉴런과 뉴런에서 신경 전달의 기능을 수행하는 분자 수준으로부터 신경 회로망까지 컴퓨터로 시뮬레이션하겠다고 발표했다.

이렇게 생명체에 대한 이해와 연구는 이제 유전체를 지나 뇌에 대한 관심으로 빠르게 진화하고 있다. 또 인간 유전체 프로젝트 때와 유사하게 먼저 예쁜꼬마선충, 초파리 등 모형 생물에서 신경 회로망을 규명하고 이 과정에서 개발된 방법론을 이용해 10년 혹은 15년 후 쥐, 인간 등의 좀 더 복잡한 회로망의 뇌에 대한 연구에 접근하는 전략을 세운 것 같다. 뇌신경의 회로망을 밝히는 과정은 유전학, 분자 생물학뿐 아니라 아주 작은 많은 전극을 뇌에 투입해 그 변화를 보기 위해 나노 과학, 더 고도의 MRI를 포함하는 광학 기술, 합성 생물학 등 많은 과학 기술의 발달이 전제되어야 하므로 그 경제적 파급 효과도 매우 클 것으로 기대된다. 그래서 미국, EU 등이 막대한 연구비를 투입하는 거대 과학으로서의 뇌 연구로 미래 과학 연구의 방향을 잡고 있는 것으로 생각된다.

그러나 이 프로젝트가 모두 장밋빛인 것만은 아니다. 생명체 개체 내에서 변화하지 않는 유전체와 달리 뇌의 뉴런 회로망은 개체마다, 또 개체에서도 시간에 따라 계속 변화하는 것이므로 지도 작성이 가능할지, 또 그 지도가 의미가 있을지 아직 미지수다. 또한 이러한 뇌의 뉴런 회로망을 이해하면 뇌에 대해서는 많은 정보를 제공받을 수 있지만 그 자체가 어떻게 뉴런의 활성이 뇌의 기능으로 연결되는가에 대한 정보를 제공할 수는 없기 때문에 이 프로젝트에 의문을 제기하는 과학자들도 있다.

개인적으로는 분명히 뇌 지도 프로젝트가 생명체가 어떻게 의식을 갖게 되었는지에 대한 정보를 제공하고 많은 정신 질환의 원인을 이해하는 데 큰 도움을 줄 수 있으리라 생각한다. 그러나 이런 연구에 투입할 막

대한 연구비와 전문 인력이 부족한 우리나라는 어떤 연구 전략을 택해야 하는지 좋은 아이디어가 떠오르지 않는다.

뇌-컴퓨터 접속 장치◆9

내 전공 영역은 아니지만 뇌와 관련된 생체의 반응을 이야기하면서 짧게라도 꼭 소개해야 할 분야가 있다. 보통 뇌-컴퓨터 인터페이스(brain-computer interface, BCI)라고 일컬어지는 뇌-컴퓨터 접속 장치이다. 뇌와 컴퓨터의 직접적 소통을 의미한다. 즉 뇌의 활동이 컴퓨터에 직접 입력되어, 마우스나 키보드 같은 입력 장치가 없이도 컴퓨터와 소통할 수 있는 장치를 말한다. 뇌가 운동 신경을 통해 근육을 움직이지 않고도 순수한 뇌 신호만으로 컴퓨터나 주변 기기들을 제어해 인간의 의도대로 작동시킬 수 있게 하는 것이다. 운동 신경에 장애가 있는 환자들에게 매우 유용한 기술이 될 것이며, 상용화되면 일반인의 인지나 학습, 생각만으로 먼 곳에 있는 기기를 작동시키는 등 공상 과학 영화에서나 볼 수 있었던 것들이 가능해지면서 삶에 큰 변화를 가져올 수 있다. 이제는 생명이 자극에 반응하는 것이 아니라 생명체로 인식된 자극으로 기계가 반응하는 세상을 향해 가고 있는 것이다.

뇌-컴퓨터 접속 장치가 뇌에 반응하기 위해서는 먼저 뇌의 활동을 측정해야 한다. 뇌의 신경 세포인 뉴런을 통해 일어나는 활동은 시냅스로 연결된 뉴런들의 전위 변화를 유도한다. 이 변화를 직접 뇌로 아주 작은 전극을 집어넣어 측정하거나 아니면 간접적으로 뇌 신경 세포의 활동에 따른 전위로 발생하는 전자기파 등을 측정하는 기술 등이 개발되었다. 뇌-컴퓨터 접속 장치는 이렇게 측정된 뇌의 활동을 정량 또는 정성화하고 분석해 정보를 추출한 후 추출된 정보에 의해 컴퓨터나 기기의 작동이 이루어지는 원리를 이용한다고 알려졌다.

이미 2002년 《네이처》에 원숭이가 생각만으로 먼 거리에 있는 기기를 작동했다는 보고가 있었고 그 후에는 먼 곳에 있는 로봇을 작동시켜 먹이를 먹었다고 보고되었다. 또 2010년 메디컬 엔지니어링 기업인 지.텍(G.TEC) 사가 환자들에게 바로 사용될 수 있는 상용 제품인 인텐딕스(Intendix)를 발표했는데, 이 기기는 뇌파로 뇌의 활동을 측정해서 타이핑이 가능하도록 했다. 10분 정도만 연습하면 이용할 수 있으며 온몸이 마비되고 말을 할 수 없는 환자도 컴퓨터에 생각을 입력하고 조작할 수 있다고 한다. 이런 현재의 기술 수준도 놀랍지만, 지금 빠른 속도로 발전하고 있는 BCI 기술이 더욱 발전하고 가격이 떨어지면 언젠가 생각만 하면 컴퓨터가 생각대로 글을 써 주는 세상이 올 것 같다. 문제는 생각과 의도가 얼마나 빠르고 정확하게 전달되어 이에 합당한 반응을 유도할 수 있는가인데 정말 그런 세월이 오면 데카르트의 말처럼 인간은 생각하기 위해서만 존재하는 생명체가 될까?

뇌 화학 반응의 합

언젠가 행복을 연구하는 심리학자와 오래 이야기를 나눈 적이 있는데 결국 어떻게 인간이 행복감을 느끼는지 설명하기 어렵다고 한 기억이 난다. 즉 매우 어려운 환경에도 행복감이 높은 사람이 있고, 유사한 조건에서도 행복감은 천차만별로 나타나며, 아주 유복한 환경에서도 행복감이 낮은 사람이 있다는 것이다. 그의 결론은 행복감은 타고나는 것 같다는 것이었다. 타고 난다는 것은 유전자의 발현으로 뇌의 다양한 신경 전달 물질의 발현 양과 신경 회로망 및 신경 전달 양상이 결정된다는 것이다.

꼭 그의 의견이 아니더라도 1990년대 초부터 인간의 행동을 결정하는 유전자들의 존재가 보고되기 시작했고, 이 유전자들은 신경 세포나 신경 전달 과정에 기능을 수행하는 단백질에 대한 정보를 제공한다. 폭력성과 관련된 유전자도 보고되었는데 신경 전달 물질인 모노아민의 산화 효소(monoamine oxidase, MAO-A)에 해당하는 유전자에 이상이 생기면 폭력성이 증가한다고 보고되었다. 공격적인 성향을 나타내는 동물이나 사람에게는 세로토닌 신경 전달 물질이 부족하다고 밝혀지기도 했다.

그렇다면 스스로 유전 정보를 선택한 것도 아니니 우리의 행동에 책임이 없는 것인가 하는 질문이 생긴다. 여기에서 다시 본성과 양육이라는 인간의 행동을 결정하는 요소에 대한 물음에 마주하게 된다. 나는 유전체 부분에서 언급한 것처럼 전체적인 신경계 및 신경 전달 구성 요소가 유전자의 지배를 받는 것은 사실이지만 뇌의 뉴런 신경 회로망은 시간 안에서 경험, 학습 등 환경에 반응해 조절되고 재구성되는 가소성

(plasticity)을 갖기에, 본성이 양육을 통해 작용한다고 생각한다. 그러므로 여전히 우리는 우리의 행동에 책임이 있는 것이다.

이렇게 오감과 복잡한 신경 전달 과정을 통한 감정을 공부하다 보니 인간의 감정과 반응에서 자유로워지고 싶어지면서 유치환 시인의 「바위」가 떠오른다.

내 죽으면 한 개 바위가 되리라
아예 애련(愛憐)에 물들지 않고
희로(喜怒)에 움직이지 않고
비와 바람에 깎이는 대로
억년(億年) 비정의 함묵(緘默)에
안으로 안으로만 채찍질해
드디어 생명도 망각하고
흐르는 구름
머언 원뢰(遠雷)
꿈꾸어도 노래하지 않고
두 쪽으로 깨뜨려져도
소리하지 않는 바위가 되리라.

15장
생명은 어떻게 나와 타자를 정의하는가?

생명과 정체성 ◆1, 2, 3, 4

역사란 무엇이뇨? 인류 사회의 '아(我)'와 '비아(非我)'의 투쟁이 시간부터 발전하며 공간부터 확대하는 심적 활동의 상태의 기록이니, 세계사라 하면 세계 인류의 그리 되어 온 상태의 기록이며, 조선사라면 조선 민족의 그리 되어 온 상태의 기록이니라. 무엇을 '아'라 하며 무엇을 '비아'라 하느뇨? 깊이 팔 것 없이 얕게 말하자면, 무릇 주관적 위치에 선 자를 아라 하고 그 외에는 비아라 하나니 …… 무엇에든지, 반드시 본위인 아가 있으며, 따라서 아와 대치한 비아가 있고, 아의 중에 아와 비아가 있으며 비아 중에도 또 아와 비아가 있어, 그리하여 아에 대한 비아의 접촉이 번극할수록 비아에 대한 아의 분투가 더욱 맹렬해, 인류 사회의 활동이 휴식될 사이가 없으며, 역사의 전도가 완결될 날이 없나니, 그러므로 역사는 아와 비아의 투쟁의 기록이니라.

고등학교 시절 공부했던 단재 신채호 선생의 『조선 상고사』에 나오는 유명한 "역사는 '아'와 '비아'의 투쟁"이라는 문구를 설명하는 부분이다. 물론 신채호 선생이 생물학적 개념을 염두에 두신 것은 전혀 아니겠지만, 이 문구에서 역사를 생명으로 바꾸면 놀랍게 문장이 들어맞는다. 인간이 만드는 역사보다 먼저, 생명체인 인간은 태어나는 순간부터 생명을 마감하는 순간까지 "아와 비아의 투쟁"으로 생명을 유지한다. 인간뿐 아니라 모든 생명체는 태어나는 순간부터 죽는 순간까지 아를 침입해 자신의 번식을 위한 도구로 삼으려는 비아인 다른 개체의 침입에 대응해 아를 유지하고 지키려는 처절한 투쟁을 계속하고 있다. 또 그런 투쟁의 기억을 고스란히 간직하고 있어 다음 침입에 효과적으로 대응하고 있다. 그리고 이런 과정을 통해 생명체로서의 자신의 정체성을 확립하고 있다. 따라서 신채호 선생의 문장을 따라 다음과 같이 써 볼 수도 있을 것이다. "아에 대한 비아의 접촉이 번극할수록 비아에 대한 아의 분투가 더욱 맹렬해 생명의 활동이 휴식될 사이가 없으며, 생명이 있는 한 이 투쟁이 완결될 날이 없나니, 그러므로 생명은 아와 비아의 투쟁의 기록이다."

우선 비아와 투쟁하려면 아, 즉 누가 나인가에 대한 정체성이 정립되어야 한다. 내가 확실해져야 내가 투쟁해야 할 타자, 즉 적이 명확해진다. 이번 15장에서는 각 생명체가 어떻게 자신과 타자를 구별하고 자신이 아닌 타자가 자신의 생명체 안에 침입했을 때 어떻게 투쟁해 자신을 지킬 수 있는가에 대해, 즉 생명체 안에서 이 기능을 수행하는 면역계에 대해 공부해 보도록 한다.

생명체와 면역계

면역계(免疫系, immune system)는 아주 단순하게 생명체를 지키는 군대라고 표현할 수 있을 것이다. 생물 내에서 바이러스나 세균 등의 병원체와 기생충 같은 다양한 침입자들 및 원래 자신의 세포였으나 자신의 본분을 잊어버려 존재에 해가 되는 종양 세포 등을 탐지해 죽임으로써 생명체를 보호하는 기능을 지닌 생명체 내의 구조와 과정을 의미한다. 바이러스나 세균, 암세포 등은 빠른 속도로 진화하면서 면역계를 회피하려고 하므로 이들을 감지하는 일은 쉽지 않은 과정이며 이들로부터 생명체 자신의 온전한 세포 또는 조직을 정확히 구별해 내는 과정 또한 매우 중요하다.

외부 침입자들로부터 자신을 지키는 것은 어찌 보면 생명의 속성이라고 할 수 있다. 따라서 세균과 같은 원핵세포의 단세포 생물조차도 일종의 면역 기전이라 할 수 있는 자기 방어 시스템을 갖고 있다. 인간이 임의대로 유용하게 DNA를 잘라 붙이는 데 사용하는 제한 효소(restriction enzyme)와 CRISPR-Cas9 유전자 가위 등이 그 예인데 이들은 원래 세균에 침입하는 여타 세균이나 바이러스의 유전 정보를 잘라 없애는 기능을 수행한다. 진핵생물과 식물이나 곤충 등에도 진화상으로 보존된 면역 기전이 존재한다. 세균에 대항하는 작은 단백질인 항균성 펩타이드와 침입한 물질들을 잡아먹어 없애는 식균 작용을 하는 대식 세포(phagocyte)

등이 그것이다. 인간을 포함한 척추동물은 다수의 단백질과 세포, 기관, 조직이 관여하는 보다 정교한 면역 체계를 갖추고 있다. 척추동물의 면역 체계는 3중 방어 체제라고 볼 수 있는데, 물리적 장벽, 선천성 면역(innate immunity), 후천성 획득 면역(acquired immunity)으로 구성되어 있고 효율적으로 생명체를 방어하기 위해 단계적으로 작용한다.

면역계는 가장 먼저 피부, 점막 등의 물리적인 장벽을 이용해 세균이나 바이러스와 같은 외부 침입자로부터 개체를 보호한다. 상처 등으로 외부 침입자들이 물리적인 장벽을 통과하면, 선천성 면역계(innate immune system)가 대식 세포 등을 통해 즉각적이지만 비특이적인 반응을 보인다. 선천성 면역 반응은 내재 면역 반응이라고도 하는데, 우리가 태어날 때부터 갖고 있는 면역 반응이기 때문이고, 대부분의 진핵생물에 보존된 면역계다.

병원체가 이와 같은 선천성 면역계를 회피했을 때에는 선천성 반응을 담당하는 대식 세포에 의해 후천적 획득 면역을 담당하는 적응 면역계(adaptive immune system)가 촉진된다. 이와 같이 다단계 방식으로 면역계는 병원체를 더 잘 인식하고 제거할 수 있도록 반응의 정도를 조절한다. 또한 더 민감한 적응 면역계는 병원체가 제거된 다음에도 침입한 병원체를 기억하는 면역 기억(immunological memory)을 통해, 나중에 같은 병원체가 다시 침입했을 때 적응 면역계가 더 빠르고 강하게 이 병원체를 처리할 수 있도록 한다.

선천적 면역 체계

선천성 면역 체계는 침입하는 병원체에 포괄적으로 작용하는 비특이적 성격을 갖는다. 먼저 외부 침입자들에 대한 1차적 방어는 피부와 점막, 체액 등이다. 침, 눈물, 콧물 등의 체액에는 세균의 세포벽을 제거해 세균을 죽이는 효소(단백질 중 특히 생화학 반응을 매개하는 단백질)인 라이소자임(lysozyme)이 포함되어 있다. 그래서 의학 지식이 없던 옛날에도 상처가 나면 침을 발라 주었던 것이다. 지금이라면 아동 학대로 당장 처벌받을 일이지만, 파스퇴르가 라이소자임을 연구하는 데 필요한 재료를 얻기 위해 아이들에게 간식을 살 돈을 주고 매를 맞고 눈물을 흘리도록 해 눈물을 모아 연구했다는 일화도 전해온다. 섭취한 음식물이 처음 도달하는 장기인 위의 위액도 좋은 1차 방어 기전이다. 강산성 위액에서는 대부분 단백질이 변형되어 세균이나 바이러스가 제대로 기능할 수 없기 때문이다.

미생물들과 독소들이 체내로 진입하는 데 성공했을 경우 곧바로 빠르게 내재 면역계(innate immune system)가 작용한다. 내재 면역계를 통한 2차 선천성 면역 반응은 보통 백혈구라고 하는 대식 세포들에 의해 수행되는 반응이다. 백혈구 세포의 세포막에 미생물들 사이에 널리 보존된 부분을 인지할 수 있는 1000개 정도의 인식 수용체가 있어 외부의 세균의 존재를 감지한다. 몸에 상처가 나거나 병원체에 의해 조직이 손상되면 모세 혈관이 확장되고 모세 혈관의 투과성이 증가해 상처 부위로 백혈구가 잘 접근할 수 있도록 해 백혈구에 의해 병원체를 제거하는 반응이 일어난다. 이 염증 반응은 보통 홍조와 발열, 붓기 등을 수반한다.

후천적 면역 체계

면역이라는 말은 이미 기원전 430년경 그리스에서 사용된 것으로 여겨진다. 고대 그리스의 역사가이자 『펠로폰네소스 전쟁사』의 저자인 투키디데스(Thukydides, 기원전 460?~기원전 400?년)의 기록에 이전에 병을 앓은 전력이 있는 사람은 같은 질병을 두 번 앓지 않는다고 나와 있다고 한다. 인류는 그때 이미 후천성 면역계에 대해 이해하기 시작했던 것 같다.

후천성 적응 면역계를 이해하기 위해 먼저 이해해야 하는 단어가 바로 항원(抗原, antigen)이다. 항원은 후천성 면역 반응을 일으켜 특히 항체를 생산하게끔 만드는 일반적으로 생명체 내에서 이물질로 간주하는 물질을 모두 일컫는다. 항원은 주로 병원균이나 바이러스의 단백질, 다당류의 고분자 물질(macromolecule), 인공적으로 합성된 다양한 물질 등이다. 또한 암세포에서 이미 자신의 몸에 존재하고 있던 단백질들이 변이로 분자 구조가 바뀐 형태로 암세포 표면에 발현되어도 항원이 될 수 있다.

면역 반응의 기본은 자기(self)와 비자기(non-self)를 구분하는 것에서 시작되지만 특히 적응 면역계의 반응에 자기와 비자기의 정체성이 매우 중요하다. 면역계가 개체 내의 구성 요소로 인지하면 자기 분자(self molecule)이고 외래 분자로 인지하면 비자기 분자(non-self molecule)로 면역 반응을 야기한다.

적응 면역계는 각 항원에 특이적으로 반응해 특정한 항원 또는 항원에 감염된 세포에 대한 특이적인 반응이 가능하다. 기억 세포(memory cell)들은 이와 같이 항원에 특이적인 반응을 기억하며 이미 실현된 반응들은 나중에 다시 불러올 수 있다. 그래서 동일한 항원을 갖는 병원체가 다시 체내에 침입했을 때, 아주 빠르게 면역 반응이 일어날 수 있다. 특정한 항원에의 침입에 대한 1차적인 적응 면역 반응(primary response)에는 2~3주가 소요된다. 그러나 이때 형성된 면역 기억으로 인해 동일한 병원체가 두 번째 침입해 왔을 때는 이미 항원에 대한 항체를 만드는 정보를 갖고 있으므로 보다 강화된 수준의 2차 반응(secondary response)이 아주 빨리 일어난다. 이 원리를 이용해 예방 백신이 개발되었다.

그렇다면 면역 세포는 어떻게 자기와 비자기를 구별할까? 우리 몸의 모든 세포에는 주조직 적합 복합체(major histocompatibility complex, MHC)라는 단백질 복합체가 발현되어 세포막에 위치하고 있다. MHC 단백질 복합체가 세포의 표면에 위치하면, 근처에 있는 면역 세포(주로 T 면역 세포나 대식 세포)가 이 단백질을 확인해 자신으로 인지한다. 또한 MHC 단백질 복합체는 자신이 세포막에 존재할 뿐 아니라 외부에서 침입한 이물질, 즉 항원과 결합해 이 항원을 세포 표면에 제시하는 기능을 수행한다. 면역 세포가 이 부분을 감지하고 만약 MHC에 결합한 부분이 자기의 단백질이 아닌 것으로 판명하면, 면역 세포는 자기가 아닌 것을 제시한 감염된 세포를 죽인다. 따라서 MHC 단백질은 세포의 표면에서 자기와 비자기를 구별하는 중요한 기능을 수행한다.

MHC 단백질 복합체는 MHC에 대한 정보를 갖고 있는 6번 염색체의 많은 부분을 차지하는 160개 정도의 유전자군, 약 3000만(30mega base, Mb) 염기쌍 서열에 의해 만들어진다. 모든 사람이 유전 정보가 조금씩 다르므로 일란성 쌍둥이 외에 3000만 개 DNA 염기 서열이 동일한

MHC 유전자군을 갖는 개체는 없다. 보통 골수 이식 등 장기 이식을 할 때 비자기로 인식되면 극심한 면역 반응이 야기된다. 장기 이식의 경우 면역계의 거부 반응을 최소화하기 위해 받는 유전자 검사로 MHC 유전자군의 유사성 여부를 검사한다. 그래서 앞서 맞춤 아기에서 언급한 대로 면역 거부 반응을 최소화할 수 있는 MHC 유전자군이 유사한 맞춤 아기를 탄생시켜 장기 이식이 필요한 다른 아이에게 이식하는 치료를 시도하는 것이다.

후천성 면역 반응은 크게는 두 종류의 세포, B 면역 세포와 T 면역 세포에 의해 수행된다. B 세포는 골수(bone marrow)에서 만들어지므로 영문 첫 자를 따서 B 세포로, T 세포는 골수에서 만들어져 가슴샘(thymus, 흉선)에서 성숙하므로 T 세포로 명명되었다. B 세포는 비자기로 인식된 항원에 대한 맞춤형 항체를 만드는 기능을 수행하고, T 세포는 비자기로 인식된 항원을 제시한 세포들만을 특이적으로 직접 공격해 파괴한다.

항체는 Y자 모양 단백질로 Y의 갈라진 양쪽 끝부분에서 항원과 아주 특이적으로 결합해 항원을 무력화한다. 그렇다면 여기서 의문이 생겨야 한다. 항체도 단백질이고 우리 몸의 단백질은 유전 정보로부터 만들어지는데 이 세상에 수많은 항원들이 있을 터인데 어떻게 유전체 내 각각에 대한 특이적인 항체를 만들 수 있는 모든 유전자를 갖고 있는가? 간단히 설명하면 우리의 유전체 내에 항체의 각 부분을 만들 수 있는 유전자가 여러 개씩 존재하고 항체를 만드는 B 세포에서 유전자 배열의 무작위적 재조합을 통해 각 B 세포마다 고유한 항체 단백질에 대한 유전 정보 조합이 만들어져 수많은 항원에 대해 특이적으로 반응할 수 있는 항체를 생산하게 된다.

우리 몸의 면역 세포들은 액체와 물질을 혈관계로 수송하는 투명한 관인 림프관(lymphatic vessel)을 통해 몸의 각 부분을 돌면서 순찰하고 있다. 림프관은 모세 혈관보다 투과성이 좋아 항원을 쉽게 통과시키고 흡수할 수 있다. 또 후천성 면역 기능을 하는 B 세포와 T 세포를 생산하는 골수와 흉선 외에도 지라, 편도선, 맹장 등이 면역 기관을 이루고 있다. 우리가 무지했던 때 맹장과 편도선 등은 특별한 생리 기능이 없다고 마구 수술로 제거하기도 했다. 그러나 외부 감염체에 대해 1차적 방어가 이루어져 염증 반응이 일어나는 곳으로, 이들이 없으면 직접 조직이 감염될 가능성이 커진다고 한다. 생명체는 매우 효율적인 조직으로 필요 없는 부분은 갖고 있지 않다는 것을 여기서도 볼 수 있다.

면역계 이상과 질병

면역계는 생명체로서 우리의 정체성을 규정하며 생존과 직결된다. 따라서 면역계에 이상이 생기면 여러 가지 질병을 유발한다. 면역계 기능이 정상보다 부족하면 면역 결핍 증상으로 여러 가지 세균이나 바이러스에 의한 생명을 위협하는 감염이 발생한다. 특히 노인이 되어 면역 기능이 떨어지면 평소에 몸에서 이겨 낼 수 있던 여러 가지 감염에 취약하게 된다. 생명과 감염에서 언급했던 것처럼 T 면역 세포를 숙주로 이용하는

HIV에 감염되면 후천성 적응 면역계가 제대로 기능을 수행할 수 없으므로 AIDS가 나타난다. 면역계가 과민하게 반응해도 문제가 생기는데, 내재 면역 반응이 고조되어 눈물, 콧물, 재채기 등을 동반하는 알레르기(allergy)가 대표적인 예다. 또한 면역계가 자기와 비자기를 인식하는 과정에 이상이 생겨 자신을 외부에서 유래한 것으로 잘못 인식해 자신의 정상 세포를 공격하면 여러 가지 자가 면역 질환(autoimmune diseases)이 발생한다.

혈액형과 면역

가장 쉽게 외부 비자기인 항원에 대한 자기의 항체 반응을 이해할 수 있는 경우가 바로 혈액형과 수혈이다. 우리나라에서는 혈액형에 대한 관심이 커 심지어 「B형 남자 친구」처럼 특정 혈액형이 영화 제목이 되기도 하고 성격에 큰 영향을 주는 것처럼 이야기한다. 하지만 막상 A, B, AB나 O, 혹은 Rh(+)나 Rh(−)가 무엇을 뜻하는지 물어보면 아는 사람이 많지 않다.

혈액형은 혈액에서 산소를 운반하는 적혈구 세포의 표면 세포막에 존재하는 단백질이나 단백질에 붙어 있는 탄수화물 조각들이다. 따라서 과학적으로는 성격과 혈액형의 관련성이 밝혀진 바 없다. A형은 적혈구 세포막 단백질에 A 특유의 탄수화물 조각이, B형은 B 특유 조각이, O형은 이 탄수화물 조각들이 존재하지 않는다는 의미다. Rh(+)는 D라는 단백질이 적혈구 세포막에 있는 경우이고 Rh(−)는 없는 경우다. 혈액형 관련 단백질이나 단백질에 붙어 있는 탄수화물 조각들은 인체에서 항체를 형성하는 원인인 항원으로 작용하므로 수혈할 때 혈액형이 맞지 않으면 수혈받는 인체 내에서 항원-항체 면역 반응이 일어나 위험할 수 있다. 수혈할 때 가장 중요한 ABO 혈액형과 Rh 혈액형은 모두 20세기 초 오스트리아 출신 생리학자 카를 란트슈타이너(Karl Landsteiner, 1868~1943년)가 발견했다.

혈액형을 결정하는 단백질들의 유전자는 인체의 다른 유전자들과 마찬가지로 부모 각각으로부터 하나씩 받는다. 문제가 되는 경우는 양쪽 부모로부터 받은 혈액형 유전자가 다른 경우다. 태아가 모체와 다른 아버지로부터 온 혈액형 유전자를 갖게 되면 모체에 없는 단백질이 만들어지며 모체는 태아의 혈액형 단백질을 자신의 유전 정보를 갖지 않은 외부 물질로 인식해 항체를 만든다. ABO 혈액형인 경우는 모체에서 어머니와 다른 태아의 혈액형에 대해 항체가 만들어져도 이 항체는 크기가 너무 큰 항체 종류(immunoglobulin M, IgM)라 태반막을 통과하지 못해 태아에 영향을 주지 않는다. 그러나 모계가 Rh(−)이고 태아가 Rh(+) 유전자를 갖고 있는 경우 모체는 Rh 유전자로부터 만들어진 태아의 D라는 단백질에 대해 항체를 만들게 되는데 이 항체는 크기가 작은 종류(IgG)라 쉽게 태반막을 통과해 항원-항체 반응을 일으키고 태아를 위태롭게 할 수 있다. 따라서 이런 경우 미리 Rh 혈액형을 알고 있으면 임신 후 Rh 유전자의 단백질 D 항체에 대한 항체를 투여해 D 항체의 형성을 억제하면 태아를 문제없이 보호할 수 있다. 우리나라에는 Rh(−) 혈액형이 몇만

명에 하나꼴로 매우 드물고 전 세계적으로도 15퍼센트 정도다. 때로 과학적 지식을 미리 안다는 것이 불행을 예방하는 유용한 통로가 될 수 있는데 Rh 혈액형의 경우가 그 좋은 예다. Rh(−)는 D라는 단백질에 대한 유전자가 없는 경우로 열성 유전이므로 부모가 Rh(−) 혈액형이 아니더라도 특히 여아의 경우 미리 한 번쯤 Rh 혈액형을 확인해 두는 것이 미래에 대한 현명한 대비책이 될 수 있을 것이다.

태아와 신생아의 면역

면역계를 이해하면 제일 신기한 현상이 바로 체내 수정을 통한 임신이다. 태아의 유전 정보는 부모가 똑같이 반반씩 공여하므로 모체의 면역계 입장에서 태아는 반은 자기고 반은 비자기다. 그런데 어떻게 비자기인 부분을 갖고 있는 태아가 모체의 면역계에 의한 면역 반응을 회피하고 무사히 자라 생명으로 탄생할 수 있을까 신비롭기만 하다. 생명체 입장에서 임신 초기 입덧을 비롯한 여러 가지 증세는 태아의 이런 비자기 부분에 대한 모체의 거부 반응이 아닌가 싶다. 그래서 일반적으로 임신을 하면 모체의 면역 세포 수가 줄고 그 기능도 약해져 면역력이 떨어진다고 알려져 있다. 이런 이유로 임신 중에는 평소에 영향이 없던 바이러스나 세균의 감염에도 취약해지고 암세포가 빠르게 증식하는 등 문제가 생길 수도 있다. 반면 관절염 등 자가 면역 질환은 훨씬 호전되기도 한다. 이런 임신으로 인한 면역 기능 감소 증세는 출산 후 회복된다고 알려져 있다.

모체 속에서 발생하고 있는 태아는 무균 상태의 공간에서 탯줄로 영양분을 공급받고 엄마의 항체에 의해 보호되고 있기에 면역 기능이 필요하지 않다. 태아는 출생 직후부터 세상의 바이러스와 세균 등 외부 침입자의 공격을 받지만 출생 초기에는 아직 자기와 비자기의 구분 능력이 없고 면역 기능이 완전히 활성화되어 있지 않다. 그래서 출생 초기에는 조직 이식을 해도 크게 거부 반응이 일어나지 않는다고 한다. 면역 기능이 활성화되어 있지 않은 신생아는 주로 태아 때 모체로부터 받은 항체와 초유 및 모유를 통해 모체로부터 공급되는 항체에 면역 반응이 크게 의존하는 수동 면역의 형태다. 생후 6개월쯤 되어야 항체를 생산하는 것으로 알려졌다. 이러한 수동 면역 기능 때문에 생후 6개월까지의 모유 수유가 중요하다.

면역 억제제와 장기 이식

면역계의 기능이 생명체가 생명을 유지하는 데 필수적이라면 왜 이름에서 유추되는 대로 면역 기능을 억제하는 면역 억제제라는 약이 필요한가 의문이 생길 수도 있다. 일차적으로는 자가 면역 질환 치료제로 개발되었으나 면역 억제제가 가장 널리 쓰이는 것은 장기 이식의 경우다. 장기 이식 때 거부 반응을 억제하기 위해 현재 임상적으로 쓰이는 면역 억제제는 대부분 항원 비특이적 면역 억제제, 즉 면역 반응의 여러 단계에서 일반적인 면역 반응을 저해시키는 물질이다. 효과가 좋은 면역 억제제 개발 덕분으로 자기와 비자기를 인식하는 데 핵심이 되는 주조직 적합 복합체인 MHC 유전자의 일치도가 떨어지는 경우에도 면역 억제제를 계속 투여하면 장기 이식이 가능하게 되었다. 기술의 발달로 장기 이식이 예전에 비해 쉬워졌고, 지난 20년간 세계적으로 장기 이식이 급증했다. 이에 따라 장기에 대한 수요도 급증했으나 공급은 턱없이 부족한 것이 현실이다. 그런데 장기 이식을 정말 인류에게 축복인가?

장기 이식은 생명의 윤리와 직결된 매우 예민한 이슈다. 유통되어서는 안 되는 것이 유통될 때 사용되는 영어 단어 'trafficking'이 쓰이는 단 두 경우 중 하나는 마약이고 다른 하나는 장기다. 노화를 거부하고 장수를 원하는 인간의 욕망에 따라 장기의 수요는 급증했으나, 장기 기증을 통한 공급은 많지 않고 장기의 거래는 대부분의 나라에서 합법적이지 않기에 범죄와 밀매의 원인이 되고 있다. 제3세계에서 이루어지는 장기 밀매와 이식은 이미 공공연한 사실이다. 필리핀이나 남아메리카, 중국 등의 고아나 빈민이 주로 장기의 공급원이 되고 있는 것이 현실이고 장기 밀매를 위한 국제적인 인신 납치 등도 문제가 되고 있다. 중국에서는 몇 년 전 사형수에게 사형을 집행하기 전 장기를 적출해 국제적인 비난의 대상이 되기도 했다. 또한 일본에서는 필리핀으로 장기 이식을 위한 단체 여행이 공공연히 행해지고 있다고 한다. 필리핀 언론은 장기 이식 후 후유증으로 죽어 가는 많은 필리핀 인의 경우를 보도하며 일본을 향해 "우리의 빈곤 위에 그들은 축제를 즐기고 있다."라는 끔찍한 말을 남기기도 했다. 11장에서 다루었듯 장기 이식이 필요한 첫째 아이를 살리기 위해 시험관 아이로 태아 유전자를 감별해 첫째 아이와 MHC가 맞는 맞춤형 둘째 아이를 출산해 장기를 이식한 맞춤 아기의 실화도 이미 여러 건 보고되었다.

혈액 세포의 수명은 대개 40일 정도다. 따라서 수혈을 해도 골수의 혈액 줄기 세포로부터 곧 다시 혈액 세포가 만들어진다. 또 골수에 존재하는 혈액 줄기 세포는 증식할 수 있으므로 골수 이식 등은 신체에 해가 없다. 그러나 장기의 경우는 다르다. 생체는 매우 정교하고 물리적으로 볼 때 세상에서 가장 효율적인 시스템이다. 이전에 쓸모없는 기관으로 여겨져 수술해 떼어내던 맹장이 사실은 1차 면역 기관으로 중요한 기능을 하는 것이 밝혀졌다. 제일 많이 행해지는 콩팥 이식의 경우에도 하나가 없어도 생명에 지장이 없다고 알려져 있는데, 콩팥처럼 2개가 존재하는 장기의 경우도 반드시 그 이유가 있다. 하나를 떼어내도 겨우 생명은 부지할 수는 있겠으나 개체가 전처럼 기능을 할 수는 없는 것이다. 그러므로 살아 있는 생체의 장기 이식은 어떤 이유로도 미화되어서는 안 되며, 한 인간이 다른 인간을 위한 도구가 될 수 있는가의 윤리적 문제를 수반한다.

몇 년 전 내 수업을 수강했던 한 학생은 아버지가 중국에서 장기 이식을 받았고 회복 중이어서 생명 과학에 관심을 가지게 되었다고 나를 찾아와 이야기한 적이 있었다. 이런 경우를 접하면서 대부분 생명 과학과 관련된 사회 문제와 마찬가지로 장기 이식 문제가 개인의 문제, 가족의 문제가 되었을 때 윤리적 판단을 내리기가 어렵다는 것을 절실히 느끼게 된다. 그러나 누가 제공자가 될 것이냐의 문제는 항상 우리에게 남아 있다. 현실적으로 사회 경제적 약자가 제공자가 된다. 또 가족이 이런 상황에 있을 때 혈액형과 MHC가 잘 맞아 장기를 제공할 수 있는 사람은 사회적 압박에서 자유로울 수 없다. 면역 억제제의 개발도 결국은 원래는 필요 없었던, 그러나 현재의 우리가 대답하기 어려운 질문을 하나 더 던져 주고 있다.

이 장에서는 생명을 외부로부터 지키면서 개체로서 생명을 유지할 수 있게 하는, 이런 과정을 통해 생명체로서 우리의 정체성을 끊임없이 만들어 가고 있는 면역계에 대해서 공부했다. 20세기 대표 지성이라고 알려진 영국의 사상가 버트런드 아서 윌리엄 러셀(Bertrand Arthur William Russell, 1872~1970년)은 전쟁에 대해 다음 명언을 남겼다. "전쟁은 누가 옳으냐를 가리는 게 아니라, 단지 누가 남느냐를 가릴 뿐이다." 우리 몸에서 지금 이 순간에도 계속되고 있는 면역 전쟁은 어떤 면에서 실제 전쟁보다 더 치열하다. 패배하면 생명의 끝, 즉 죽음이 있을 뿐이므로, 전쟁은 명분이 있으나 면역계의 세포 전쟁은 명분은 없고 당위만 있기 때문이다.

16장
생명은 어떻게 환경 변화에 대해 최적 상태를 유지하는가?

생명과 항상성[1, 2, 3]

때는 봄

하루 중 아침

아침 일곱 시

영롱한 이슬 맺힌 언덕 기슭

종달새 노래하며 하늘에 날고

달팽이 가시나무 위를 기어가고

하나님 하늘에 계시오니,

세상 온 누리 평안하구나.

19세기 영국의 시인 로버트 브라우닝(Robert Browning, 1812~1889년)의 「봄날(The Year's at the Spring)」은 봄의 평화로운 정경을 눈앞에 수채화처럼 떠오르게 하는 짧고 고운 시다. 이 시를 읽을 때마다 세상 모든 것이, 심지어 신조차도 자신이 있어야 할 위치에 있을 때 아름답고 평화로울 수 있다고 이야기하고 있는 것으로 느껴진다. 평안하다는 것이 꼭 아무 일도 일어나고 있지 않은 상태는 아니다. 그저 종달새나 달팽이처럼 자연의 일부로서 자신이 늘 하던 일을 할 때 평안한 것이라고 생각된다. 우리는 모두 평안을 바란다. 생명체도 마찬가지다. 생명체가 평안을 바란다고 해서 아무 변화가 없는 상태를 말하지는 않는다. 살아 있다는 것은 계속 변화하는 주위 환경에 대응하고 있다는 것이니까. 따라서 생명체는 계속되는 변화 속에서 그에 합당하게 그를 구성하는 요소들이 다 자신의 자리에서 자신의 일을 제대로 하고 있을 때 평안함을 누릴 수 있다. 이렇게 변화 속에서 생명체가 평안함을 누리도록 유지하는 작용을 항상성(恒常性, homeostasis)이라고 한다.

생명체가 평안하게 유지되려면 주어지는 변화에 대해 생명체를 구성하는 요소들의 기능이 동일한 목적에서 같은 방향으로 조화롭게 움직여야 하고 이를 위해 서로 긴밀하게 소통해야 한다. 또 변화에 대한 반응이 반대편의 극단으로 가지 말아야 한다. 그래서 항상성이라는 말은 항상 시계추가 생각나게 한다. 어떤 범위 내에서 변화에 대한 반응이 조절되어야 평안할 수 있다. 이번 16장에서는 변화에 대응해 생명체가 내부의 소통을 통해 최적의 상태를 유지할 수 있게 하는 항상성을 공부한다.

항상성 조절

항상성이란 1932년에 미국의 생리학자 월터 브래드포드 캐넌(Walter Bradford Cannon, 1871~1945년)이 프랑스의 생리학자 클로드 베르나르(Claude Bernard, 1813~1878년)의 개념을 확장해 homeo(동일함)와 stasis(상태)를 결합해 만든 용어다. 사전적 의미로 항상성이란 생명체가 최적 생존 조건을 맞추면서 안정성을 유지하려는 자율 조절 과정이다.[◆4] 즉 항상성이란 외부 환경의 변화와 달리 체내 환경을 일정한 평균치 범위 안에서 유지하려는 작용을 총칭한다.

생명체는 외부에서 오는 자극에 저항해 균형 있고 안정된 내부 상태를 유지하고 있는 열린 시스템이다. 외부 환경의 변화에 직접 노출된 세균 등 단세포 생물과는 달리 다세포 생물은 몸의 겉에 피부 등의 외피가 있고 체내에 체액(體液)이 있어서 세포에 대한 환경의 영향은 간접적인 것이 된다. 따라서 다세포 생물의 세포에서는 생체 내의 액체가 직접적인 환경이고 그의 항상성을 유지하는 것이 세포가 정상적으로 기능하기에 유리한 조건이다. 그러므로 시스템을 교란하는 자극이 오면 내재한 조절 기구가 새로운 균형에 도달하기 위해 자극에 반응하게 된다.

생명체가 항상성 조절 능력이 있으면 넓은 범위의 다른 환경적 조건에서 효율적으로 생명을 유지할 수 있는 장점이 있다. 대표적인 항상성의 예가 일정하게 유지되는 체온과 혈중 영양분 농도인 혈당, 혈중 산소 농도, 체수분량 등이다. 몸에서 항상성에 이상이 생기면 이는 모두 자극으로 인지된다. 항상성이 잘 유지되면 생명은 지속되지만 그렇지 못하면 큰 피해를 입거나 병이 나고 죽게 된다. 외부의 자극에 대해 항상성을 유지하기 위한 생체 내 의사 소통에 관여하는 대표적 기관이 바로 자율 신경계와 다양한 호르몬을 분비하는 내분비계(endocrine system)다. 두 기관은 함께 협력해 기능을 수행한다.

내분비계와 호르몬

호르몬은 보통 호르몬 샘(gland)이라고 부르는 내분비 기관의 세포에서 분비되어 혈액을 타고 온몸으로 돌아다니거나 주변 가까운 세포로 퍼져 우리 몸의 의사 소통에 관여하는 화학 물질이다. 호르몬은 아주 작은 양만 분비되어 기능을 수행하므로 보통 단위는 10억분의 1그램인 나노그램(ng) 또는 1조분의 1그램인 피코그램(pg)이다. 일반적으로 호르몬의 생산과 분비의 기능은 내분비계를 통해 수행된다. 신체의 내분비계에 속한 기관은 뇌하수체, 갑상선, 이자, 부신, 생식소 등이다. 호르몬은 항상성을 조절할 뿐 아니라 생식, 그리고 세포 분열을 통한 세포 증식에 직접 관계하는 것으로 알려져 있다. 갑상선에서 분비되는 갑상선 호르몬(thyroid hormone)과 생식기에서 분비되는 성 호르몬(sex hormone)은 척추동물에게 고유한 호르몬이며 항상성을 유지하는 주요한 기능은 뇌하수체와 갑상선 호르몬을 통해 수행된다. 호르몬은 화학적 구성 성분에 따라 크게 두 종류다. 하나는 콜레스테롤로부터 합성되는 스테로이드계고 다른 하나는 작은 단백질, 즉 펩타이드다.

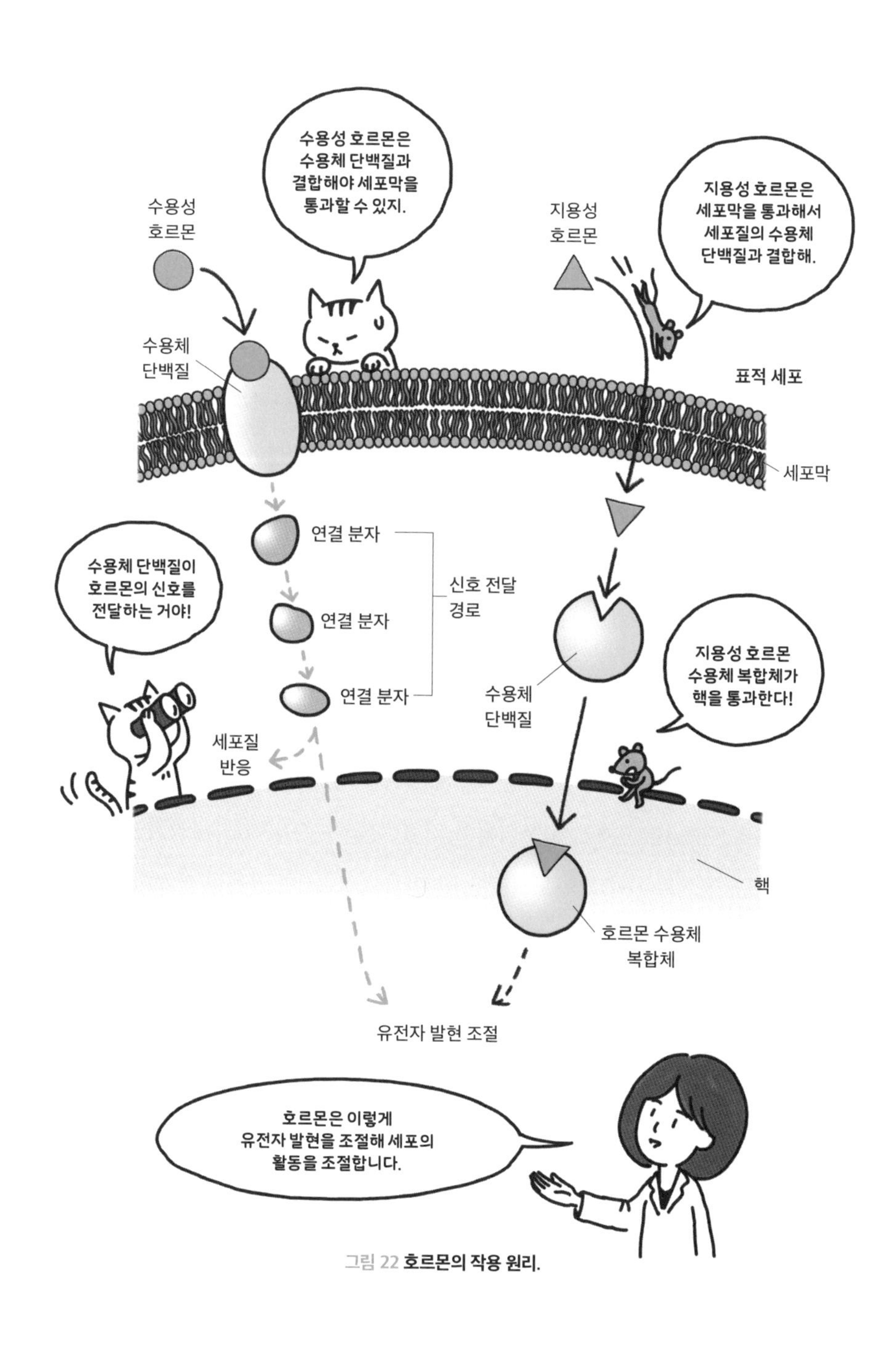

그림 22 **호르몬의 작용 원리.**

우리 몸에서 호르몬 분비와 항상성 조절의 본부라고 할 수 있는 것이 뇌하수체(pituitary gland)다. 뇌하수체는 간뇌의 시상하부 아래쪽에 매달려 있는 내분비 기관으로 사람의 경우 지름은 1센티미터, 무게는 0.5그램 정도라고 알려져 있다. 뇌하수체는 신경 전달을 통해 신체의 항상성이 깨졌다는 신호를 전달받으면 그 신호에 따라 적절한 호르몬을 분비한다. 뇌하수체에서 분비되는 호르몬은 갑상선이나 생식기 등 호르몬을 분비하는 다른 기관을 자극해 호르몬을 분비하게 조절하는 간접적인 조절 호르몬과 직접 분비되어 기능을 수행하는 두 종류가 있다.

전자의 대표적인 호르몬이 갑상선을 자극하는 갑상선 자극 호르몬(thyroid stimulating hormone, TSH)이다. TSH는 갑상선에서 물질 대사를 왕성하게 해 포도당 분해를 촉진시켜 체온을 높이는 티록신(thyroxine)의 분비를 촉진한다. 간뇌의 시상 하부에는 티록신의 혈중 농도를 항상 점검하는 조직이 있어 티록신이 부족하면 뇌하수체가 TSH의 분비를 촉진하게 한다. 뇌하수체에서 분비되어 직접 기능을 수행하는 대표적인 호르몬은 엔도르핀이다. 엔도르핀은 그 이름에서 알 수 있듯이 생체 내 진통제(endogenous morphin)로서 우리가 고통을 견딜 수 있게 해 주는 신경 호르몬이다. 또 뇌하수체 바로 옆의 송과선에서 분비되는 멜라토닌은 생체 시계를 조절해 주는 호르몬으로 우리가 낮에 일하고 밤이 되면 잠이 오게 해 준다. 시차 적응이 어려울 때 멜라토닌을 먹는 것은 생체 시계를 조절하기 위함이다.

혈액을 통해 신체의 여러 기관으로 운반된 호르몬은 그곳에서 각각의 기능을 발휘하게 된다. 호르몬이 기능을 수행하기 위해서는 호르몬의 표적 세포에 신호를 전달해야 한다. 이를 위해 대부분의 호르몬은 표적 세포 내 또는 막 단백질에 위치한 수용체 단백질과 결합해 세포 반응을 유도한다. 단백질계 호르몬에 대한 수용체는 세포 표면의 세포막에 있고 호르몬과 수용체가 결합하면, 세포 내로 신호 전달 반응을 유도한다. 이러한 호르몬에 의한 신호 전달 과정을 통해 세포는 이온 통로의 투과성을 변화시키거나 특정한 유전자들을 발현시켜 호르몬이 의도한 세포 반응을 유도한다. 스테로이드 호르몬이나 갑상선 호르몬은 지용성이므로 지질로 만들어진 세포막을 쉽게 통과할 수 있다. 따라서 일반적으로 호르몬의 수용체는 표적 세포 내의 세포질에 위치한다. 호르몬이 수용체와 결합해 생성된 호르몬-수용체 복합체는 직접 핵막을 통과해 핵속으로 들어가 특정 염기 서열에 결합해 특정 유전자의 발현을 촉진하거나 억제한다.

자율 신경계

내분비계와 더불어 항상성 유지에 중요한 기능을 수행하는 자율 신경계(autonomic nervous system, ANS)는 심장과 내장의 근육 및 호르몬을 분비하는 내분비샘을 통제해 생체 내부의 환경을 일정하게 유지한다. 뛰라고 지시하지 않아도 심장이 늘 뛰고 있는 것처럼 자율 신경계는 일반적으로 의식의 조절을 받지 않지만 시상하부와 그 밖의 여러 중추 신경의 지배를 받는다고 알려져 있다. 자율 신경계는 두 종류의 반대되는 기능을 하는 교감 신경과 부교감 신경으로 이루어져 있어, 교감 신경이 촉진되면 부교감 신경은 억제하는 기능을 수행한다.

항상성 조절 방법

생화학을 처음 배울 때 학생들은 당황한다. 몸에서 일어나는 화학 반응이 너무나 많아서다. 그러나 복잡한 생명체가 생명을 유지하기 위한 모든 활동이 연쇄적인 화학 반응이니 공부해야 할 화학 반응이 수없이 많은 것은 당연하다. 그러나 그 수도 없이 많은 화학 반응이 조절되는 방법은 놀랍게도 단 두 가지다. 즉 모든 반응을 관통하는 단순한 논리가 있다는 것이다.

한 가지 방법은 가장 단순한 스위치를 켜거나 끄는 방법, 즉 신호가 오면 스위치가 켜지고 신호가 더 오지 않으면 신호가 꺼지는 것이다. 집에서 쓰는 전기 스위치를 생각하면 된다. 신경 자극을 통한 전달이 좋은 예다. 신호가 오면 신경 세포 간 자극 스위치가 켜졌다가 더 신호가 오지 않으면 다시 스위치가 꺼진다. 유전자 발현 조절도 마찬가지다. 술을 많이 먹으면 술을 분해하는 데 필요한 단백질의 유전자가 켜지지만 오랫동안 술을 마시지 않으면 분해 유전자가 전혀 발현되지 않는다. 그래서 술을 오래 마시지 않다가 다시 마시면 더 잘 취하고 힘이 든다.

또 다른 한 방법은 연쇄적인 회로의 생화학 반응들이 연속적인 상호 조정 상태에 있게 되는 피드백 조절(feedback control) 또는 되먹임 조절이다. 피드백 조절을 번역해 되먹임이라고 풀어놓으니 더 어렵게 느껴지는데, 연쇄 화학 반응의 최종 산물을 통해 이 전체 반응의 시작이 다시 조절되는 형태다. 최종 산물이 연쇄 화학 반응의 시발점을 자극해 최종 산물의 생산을 더 가속화하는 방향으로 갈 때는 양의 되먹임(positive feedback) 조절이 되고 최종 산물이 연쇄 화학 반응의 시발점을 억제해 최종 산물이나 반응을 억제할 때는 음의 되먹임(negative feedback) 조절이다. 양의 되먹임 사슬의 좋은 예는 세포 사멸이다. 일단 세포가 사멸하기로 하면 초기에 활성화된 세포 사멸 조절자들이 다시 세포 사멸을 유도하는 더 많은 조절자를 만드는 반응을 촉진해 빠르게 세포 사멸이 진행되도록 한다. 음의 되먹임 사슬의 생화학적 예는 세포에서 생성된 에너지 형태인 ATP 생성이다. ATP가 너무 많으면 ATP가 거꾸로 ATP를 생산하는 반응의 시작을 억제한다.

생화학 반응을 조절하는 이러한 일반적인 두 가지 방법이 호르몬을 통해 우리 몸의 항상성도 조절한다. 첫 번째는 스위치를 켜거나 끄는 것인데 서로 반대되는 작용을 한다고 해 길항(拮抗) 작용이라고 한다. 생리적으로 정반대 작용을 하는 두 가지의 호르몬이 존재하는 것이다. 인슐린은 우리 몸의 혈당을 낮추는 반응의 스위치를 켜며 반대로 글루카곤은 혈당을 높이는 반응의 스위치를 켠다. 두 번째는 음의 되먹임 조절이다. 음의 되먹임 조절은 생체의 환경이 어떤 범위의 평균값 내에서 존재하게 하는 유동적인 조절 장치로 항상성의 기본 조절 방법이 된다. 음의 되먹임 조절은 집에 설치된 자동 온도 조절기 원리와 유사하다. 실내 온도를 어느 범위로 설정해 놓았을 때 온도가 내려가면 이를 감지하는 회로가 연결되어 난방 장치가 작동하고 실내 온도가 올라간다. 또한 미리 정한 범위 내의 높은 온도에 도달하면 다시 회로는 끊기어 난방 장치가 정지하고 천천히 온도가 내려간다. 이와 유사하게 조절되는 생체 반응의 예는 수도 없이 많다. 만약 우리가 물을 한 잔 마셨다고 할 때 우리 몸은 체내의 수분 및 혈액의 양을 일정 범위 내에서 유지해야 한다. 물은 혈액으로 흡수되고 혈액에 물이 들어왔기에 혈액의 양은 늘어난다. 반면 혈액의 성분들은 그 농도가 더 묽어지게 된다. 혈액은 이 사실은 감지해 호르몬 조절 본부인 뇌하수체로 신경 신호를 보낸다. 그러면 뇌하수체는 콩팥으로 호르몬 신호를 보내 더 많은 물을 배출하도록 명령해 물을 소변으로 방출한다. 그리하여 혈액의 양은 다시 일정하게 유지된다. 몸의 혈당 조절도 마찬가지다. 사람은 혈중 포도당 농도(혈당)가 보통 100밀리리터당 80~100밀리그램이라고 한다. 그런데 밥을 먹게 되면 장에서 밥이 소화되어 분해된 당을 흡수하므로 혈당이 증가한다. 혈당의 증가는 이자(췌장)로부터 인슐린의 분비를 자극하고 인슐린은 근육이나 간에서 당의 흡수를 촉진하므로 혈당은 다시 감소한다. 또 제때 밥을 먹지 못해 혈당이 감소했을 때는 인슐린과 길항적으로 작용하는 호르몬 글루카곤과 에피네프린(아드레날린)이 몸에 저장된 당을 분해해 혈당 농도 수치를 상승시킨다.

항상성 조절 기전에서도 보았듯 생체는 가장 효율적인 시스템이다. 생체 내부나 외부의 변화에 따라 항상성을 유지하는 반응 양식은 이미 결정된 범위를 벗어났을 때만 작동하고 정상적인 범위로 돌아오면 멈추므로 매우 경제적이다.

환경 호르몬◆5

항상성 조절과는 관련이 없지만 호르몬을 공부하며 꼭 이야기하고 넘어가고 싶은 것이 환경 호르몬이라고 알려진 내분비계 교란 물질이다. 일반적으로 우리 몸의 스테로이드계 호르몬과 유사한 화학 구조를 갖는 화합물로, 생체의 외부에서 몸에 들어와 호르몬처럼 기능을 수행하거나 체내 호르몬의 역할을 방해해 내분비계를 교란해 나쁜 영향을 끼친다. 이 화학 물질이 내분비계에 악영향을 미치는 것이 대중적으로 알려진 것은 1996년 동물학자인 테오도라 에밀리 콜본(Theodora Emily Colborn, 1927~2014년), 환경 의학자 존 피터슨 마이어스(John Peterson Myers), 환경 저널리스트 다이앤 듀마노스키(Dianne Dumanoski) 공저의 『도둑 맞은 미래(*Our Stolen Future*)』가 출판되면서부터다.

잘 알려진 내분비계 교란 물질은 쓰레기를 소각할 때 만들어진다는 화합물인 다이옥신, 젖병, 일회용 플라스틱 용기나 CD의 재료로 쓰이는 비스페놀 A, 살충제나 농약에 포함된 DDT 등이다. 생체의 성 호르몬은 스테로이드계 호르몬과 유사한 구조이므로, 성기나 성징에 영향을 끼칠 수 있다. 예를 들어 다이옥신이나 비스페놀 A는 생체 내의 여성 호르몬인 에스트로겐과 비슷한 작용을 해 정자 수 감소 등 남성의 여성화와 여성의 이상성 징후가 나타나게 하는 등 문제가 발생할 수 있다. 실제로 오염된 환경에 사는 물고기, 양서류 등을 조사한 결과 성기의 여성화가 진행되었음이 밝혀져 경각심을 유도하기도 했다. 문제는 이들의 효과가 즉각적이기보다 이 화합물이 천천히 체내에 축적되어 오랜 시간을 두고 일어난다는 것이다. 또 환경을 공유하는 모든 개체에게 영향을 미치므로 개인적으로 주의한다고 해결할 수 있는 문제가 아니라는 것이다. 언젠가부터 물을 사 마시게 된 일상, 투명한 플라스틱 용기에 든 물은 깨끗한 느낌을 주지만 정말 안전한 것일까 물을 마실 때마다 약간씩 염려스럽다. 그렇다고 다른 대안이 있는 것도 아니다. 그래도 적어도 농약을 덜 쓰고 일회용품 사용을 가능한 한 줄여 화합물이 환경에 축적되는 것을 줄이려는 노력은 다음 세대에 대한 최소한의 책임감이 아닌가 싶다.

몇몇 환경학자들이 주장하는 대로 생명체만 항상성을 유지하려는 것이 아니라 전 지구적인 생태계도 항상성을 유지하고 적당한 범위 내에서 다양한 생명체들의 균형을 맞추어 가는 시스템을 갖고 있다. 그렇다면 인간에 의해 과도하게 한쪽 극단으로 몰려가고 있는 생태계는 어떤 방법으로든 음의 되먹임 조절 장치를 작동해 원래의 상태를 유지하고자 할 것이다. 어쩌면 나날이 심각해지는 기후 위기나 빈번해지는 바이러스의 대유행도 이런 생태계의 음의 되먹임 장치가 아닌가 싶다. 지구 생태계의 음의 되먹임 장치가 더 심하게 작동하기 전에, 즉 너무 늦기 전에 인류가 빨리 문제의 심각성을 자각하고 생태계에 대한 경외심을 회복하기를 진심으로 바라게 된다.

이 장에서는 생체 내부와 외부의 환경 변화에 대해 생명체가 평안하게 유지되도록 어떤 범위 내에서 변화에 대한 반응을 효율적으로 조절하는 항상성과 그 방법에 대해 생각해 보았다. 이것은 사회도 마찬가지일 것이다. 어렸을 때 아버지가 미국의 민주주의가 유지되는 것은 보수의 공화당과 진보의 민주당 사이를 국민이 왔다 갔다 선택하면서 결국 중간쯤으로 사회가 균형을 맞추기 때문이라고 시계추에 비유해 설명하셨다. 어찌 보면 우리 사회는 양극단의 목소리만 크게 들리기에 평안하지 않게 느껴지는 것은 아닐까 싶다. 사회도 안정을 바란다고 가만히 있는 것이 아니라, 또 변화에 대응한다고 한 극단으로 가는 것이 아니라, 외부 환경 변화에 따라 음의 되먹임 방법으로 보수와 진보, 발전과 분배의 범위 어느 중간에서 균형을 찾아갈 수 있을 때 국민이 평안하지 않을까 생각해 본다.

17장
생명 과학은 어떤 윤리적 질문을 던지는가?
생명과 윤리

오늘은 개일는지
학생들이 오르기 전
이슬 채 마르지 않은 언덕에 올라가
무심히 누웠다
하늘을 보다 아래를 보니
제비꽃 별처럼
수놓은 푸른 수틀 속에 내가 누워 있었다.

수틀이 마르며 내리는 빛발 속에
꽃송이 하나하나가 산들대며 빛난다
곧 사그라들 저 가혹하게 예쁜 놈들!

한 놈은 꽃잎 하나가 크고

또 한 놈은 꽃받침이 살짝 이지러졌다

키도 제각기 달라

거의 땅에 붙어 있는 놈도 있다

어느 누구도

옆놈 모습 닮으려 애쓴 흔적 보이지 않는구나.

한참 들여다보면

이슬 방울인가 눈물방울인가 가진 놈

얼굴에 방울 띄우지 않고

가슴에 내려 녹이고 있을 뿐…….

황동규 시인의 「제비꽃」이다. "곧 사그러들 저 가혹하게 예쁜 놈들"이 어디 제비꽃뿐이겠는가? "곧"이라는 시간적 용어는 인간의 기준을 적용한 때문이고, 어찌 보면 지구에 있는 모든 생명체가 나름의 기준으로 곧 사그러들 가혹하게 예쁜 놈들이다. 그 많고 많은 종류의 가혹하게 예쁜 놈들 가운데 어느 누구도 옆 놈 모습 닮으려 애를 쓰지 않고 태어난 대로 나름의 생명을 유지하려고 애쓰며 후손을 재생산한 후 죽는다. 오직 인간만이 옆 놈 모습을 닮으려 애를 쓴다. 유인원들도 모방 능력이 있어 학습이 가능하다고 하지만 옆 놈과 자신을 끊임없이 비교하면서 경쟁하며 욕망에 시달리는 종은 인간이 유일하다. 일반적으로 모든 생명체는 생명을 유지하는 데 필수적인 배고픔과 번식의 욕구가 해결되면 더 욕구가 없다. 그런데 인간만이 의식주가 모두 해결되어도 끊임없는 욕망에 시달린다. 인간의 욕망은 끝이 없으며, 그 욕망 앞에 완벽한 것이란 없다. "욕망은 인류의 주인이다."라는 오랜 영국 속담처럼 그 욕망이 있었기에 인간이 다른 생명체와는 다른 오늘이 있는 것인지 모르겠다. 인간은 항상 더 높은 단계의 쾌락을 욕망하며, 그때마다 이상에 조금씩 가까워지려 하지만 플라톤이 말하는 완벽한 이데아에 이를 수는 없을 것이다.

그러나 오늘의 생명 과학과 기술의 발전은 생명체로서 갖는 당연한 한계를 넘고 싶은 인간의 욕망을 끊임없이 부추긴다. 생로병사를 손에 쥐고 싶어 하고 인간의 상상 속에 있는 완벽한 인간에 대한 이데아를 실현하고자 욕망한다. 생명 과학 기술과 결합한 그 욕망 때문에 이제는 인간이라는 종(種)이 가까운 미래에 종으로서의 정체성을 유지할 수 있을지 의심스러운 시점에 와 있다. 이번 17장에서는 그동안 공부했던 생명 과학의 내용과 함께 우리에게 다가온 여러 가지 질문에 대해 포괄적으로 생각해 보고자 한다.

치료와 강화의 경계

인간 유전체 정보, 맞춤 아기, 유전자 가위, 줄기 세포, 합성 생물학, 신경 전달 조절 약물, 장기 이식 등 우리가 공부했던 많은 생명 과학 기술이 질병의 예방과 치료에 이용되는 것에 모든 사람의 동의를 이끌어내는 것은 어렵지 않다. 어디까지가 예방과 치료가 꼭 필요한 질병이고 어디부터가 단순히 생명체의 능력을 증가시키는 강화인지 그 구분이 쉽지 않다는 점에 생명 과학 기술과 이에 관련된 윤리 문제의 어려움이 있다. 대머리는 질병인가 아닌가? 비아그라는 치료제인가 강화제인가? 대치동에서 '공부 잘하게 하는 약'으로 팔리고 있는 ADHD 치료약인 리탈린을 복용해 집중력을 높이는 것은 옳은가 옳지 않은가? 맞춤 아기 시술에서 우리가 고르거나 확인할 수 있는 유전자 그룹을 어디까지로 정하는 것이 옳을까? 다양한 방법으로 인간의 질병을 치료하고 능력을 강화하는 것을 어느 범위까지 허용해야 하는가에 대한 대답은 쉽지 않아 보인다. 능력을 보완하고 강화하는 방법에 대한 허용 범위도 고려해 보아야 하는 범주다. 예를 들어 비아그라나 리탈린을 먹는 일시적 치료 또는 강화와 유전자를 선별하거나 교정하는 영구적인 강화가 동일한 기준으로 논의되기 어렵다는 것을 이해할 필요가 있다.◆1

치료라는 의미가 작용하기 위해서는 정상이고 건강한 상태에 대한 정의가 필요하고 여기에 대한 합의가 먼저 도출되어야 한다.◆2 왜냐하면 원래 치료란 '정상적'인 상태나 '건강한' 상태를 벗어난 사람을 정상적인 혹은 건강한 상태로 돌려놓는 행위이기 때문이다. 그러나 '정상적'인 상태나 '건강한' 상태에 대한 개념은 사회적, 문화적인 것이며 시간에 따라 계속 변하고 있다. 또 건강과 노화에 대한 담론과 아름다운 몸의 이미지 역시 사회적으로 구성된 개념이며, 후기 자본주의 사회의 소비 문화에 큰 영향을 받고 있음을 상기해 볼 필요가 있다. 그러나 유한한 자원을 두고 펼쳐지는 삶이라는 기나긴 생존 경쟁에서 우리는 정상적이거나 아름답다는 것이 절대적으로 유리하다는 사실을 알고 있다. 여기에서 인간의 욕망이 작동하게 된다.

맬컴 글래드웰(Malcolm Gladwell, 1963년~)의 베스트셀러 『블링크(*Blank*)』는 《포춘(*Fortune*)》이 선정한 500대 기업의 남성 최고 경영자들이 평균 미국 남성 신장보다 7센티미터 정도 크다는 조사를 통해 키가 큰 사람이 평균적으로 더 많은 돈을 버는 현상을 확인했다고 적고 있다. 그러므로 개인의 욕망이 치료나 강화의 기준에 심각한 영향을 미치는 우리가 사는 세상에서 이에 대한 합의를 도출하는 것은 어렵다. 이런 선택에 대해 우리는 개인의 자유를 인정할 수밖에 없다. 그러나 이런 개인의 선택 앞에서 손쉬운 과학적 방법으로 욕망을 채워 가는 과정에서, 생명체의 한 종으로서의 인간의 정체성과 인간의 본질에 대해 놓치고 있는 것은 없는지를 고민해 볼 수 있어야 한다.

결핍과 노화는 나쁜 것인가

결핍은 개체가 갖는 부족함이고 노화는 모든 개체가 공유하는 더 많은 결핍을 향해 가는 과정이다. 결핍이나 노화의 개념이 이루어지는 것은 머릿속에 그리는 완벽함에 대한 틀, 혹은 이상형이 있다는 것이다. 그리고 그 개념은 사회적으로 공유된다. 외신이 "한국의 미스코리아는 모두 쌍둥이들인가?"라는 제목의 기사를 실어서 화제가 된 적이 있다. 성형 수술로 후보들이 모두 너무 닮았다는 것이다. 이런 것이 사회적으로 공유되는 완벽함에 대한 틀을 보여 주는 웃지 못할 예다. 과학이 발달하고 그 힘에 과도하게 의지하게 된 후기 자본주의 시대에 사는 우리는 '능력이 뛰어나고 아름답고 늙지 않는 것이 좋은 것'이라는 사회적으로 공유되는 이 틀을 아무 의심 없이 그냥 받아들이고 그렇게 하도록 끊임없이 학습되고 있는 것 같다. 그런데 부족함 없이 모두 너무나 아름답고 능력도 뛰어나고 늙지도 않는다면 정말 행복할까? 정말 결핍과 노화는 나쁜 것일까? 결핍과 노화가 없는 그런 세상이 온다면 인류는 무엇을 욕망하게 될까 가끔 상상해 본다.

실존주의 철학자 시몬 드 보부아르(Simone de Beauvoir, 1908~1986년)의 소설 『모든 인간은 죽는다(*Tous les Hommes Sont Mortels*)』에서는 능력도 뛰어나고 늙지 않고 계속 사는 주인공이 나온다. 그는 유럽 역사의 거의 대부분을 체험하는데 결국 너무도 불행하다 느낀다. 모자라고 유한한 인간들은 자신이 가장 원하는 것에 가까이 가기 위해 최선을 다해 노력하고 자신이 가장 소중하다고 생각하는 사랑, 혁명, 명분 등에 목숨을 걸고 매달릴 수 있는데 결핍과 유한성이 없는 그는 어느 것에도 진심으로 자신의 존재를 투영할 수가 없었기 때문이다.◆[3] 아마 고등학생 때, 이 책을 읽고 나서 인간이 부족하고 죽는 존재인 것이 오늘을 가치 있게 사는 데 얼마나 중요하며, 인간이 사는 이유를 제공하는 가장 절실한 전제 조건임에 대해 깊이 생각했던 기억이 난다.

욕망하는 인간이 가장 피하려고 노력하는 것 두 가지가 노화와 죽음이다. 그리고 노화는 더 이상 자연스러운 과정이 아니며 이제 질병으로 간주되고, '건강하게 젊은 신체 나이를 유지하며 가능한 한 오래 사는 것'이 현대 의학의 목표가 되었다. 그러나 다른 모든 생명체가 그냥 차이라고 규정하는 결핍이 없다면, 모든 생명체가 공유하는 노화와 죽음을 향해 가는 과정으로서의 시간이 없다면, '지금 이 순간'은 무슨 의미가 있는가? 인간 종이 다른 종과는 다름을 보여 주는 감동은 결핍을 의지와 노력으로 극복하는 인간의 모습이 아니었던가? 학습되는 욕망을 객관적으로 바라보며, 결국 인간의 존엄성은 '유한성'과 '불완전성'에서 나오는 것이며 결핍을 포함한 개개의 개성이 개체를 특별하게 해 준다는 것을 기억할 필요가 있는 것은 아닐까? 생명 과학 기술 앞에서 선택이 필요할 때 그냥 우리를 하나의 생명체로 받아들이는 겸손함이 절실한 것 같다.

대리 선택의 위험성

6장에서 언급했듯 수업 시간에 자신의 유전체 정보를 알고 싶은가 질문해 보면, 꼭 알고 싶지 않다는 학생들은 절반이 좀 넘었던 것에 비해 아이를 갖게 된다면 자기 아이의 유전체 정보를 알고 싶다고 답한 학생은 대부분이었다. 그 이유를 물었더니 자신의 경우는 앞으로의 삶을 규정하는 조건을 아는 것이 부담스럽다고 했고, 반면 자기 아이의 경우는 가능하면 결핍이 없는 완전에 가까운 형태로 태어나고 또 이에 맞는 최상의 조건으로 키워져 이 세상을 사는 데 유리했으면 좋겠다고 했다. 자신과 자식에 대한 두 가지 이율배반적인 시각이 놀라웠다. 그리고 자식에 대한 애착이 남다른 한국에서 자란 학생들이 아니라 다른 나라 학생들에게 물었다면 어떤 대답이 나왔을까 궁금했다.

나는 이런 사실을 앞에 놓고 왜 인간이 다른 동물들에 비해 이토록 새끼에 연연할까 하는 의문이 생겼다. 물론 생명체의 생물학적 존재 목적이 재생산이므로 모든 생명체의 부모는 새끼를 보호한다. 그러나 이는 발생기부터 태어나 혼자 생존할 수 없을 때까지만이다. 인간만이 복잡한 결혼 제도를 만들고 유지하며 자식에게 과도한 집착을 보인다. 물론 여러 가지 해석이 있을 수 있겠지만 인간의 새끼가 너무나 연약하고 생명체로 독립하는 데 너무 긴 시간이 걸리기 때문이 아니었나 싶다. 인간의 새끼는 부모의 도움 없이는 생존이 힘들고, 필연적으로 긴 세월 부모의 보살핌이 필요하다. 이런 점에서 부모의 자식에 대한 애착이 진화 과정에서 인간이라는 종이 살아남는 데 필요하고 적합했던 것 같다. 이러한 인간 종의 특성이 유전체 정보와 재생산 기술의 발전으로 결핍이 없는 맞춤 아기에 대한 열망을 높이고 있다.

11장에서 청각 장애 부모가 맞춤 아기로 청각 장애 아이를 원했던 경우와 장기나 골수 이식이 필요한 형제자매를 위해 맞춤 아기를 출산하는 사례를 살펴보았다. 이렇게 극단적인 예가 아니더라도 유전자 정보에 대한 사전 확인을 전제로 한 맞춤 아기는 모두 동일한 문제를 포함하고 있다고 느껴진다. 또 이 질문은 가까운 미래에 문제가 될 유전자 가위 기술을 이용한 맞춤 아기에도 그대로 적용될 수 있을 것이다. 각 개체가 자신의 삶을 선택하는 것의 소중함, 그리고 그것이 자식이라 하더라도 한 개체가 다른 개체의 삶을 대신해 결정을 내리는 것의 위험성에 대한 문제이기 때문이다. 아무리 선의로 이루어진 일이라 하더라도 타인의 삶을 우리가 계획하고 책임을 질 수 있는 것이 아님을 깨닫고 성찰하는 게 필요하다.

이런 관점에서 마이클 샌델의 『생명의 윤리를 말하다』의 구절은 깊이 생각해 볼 만하다.◆4 “이 시대의 과잉 양육은 정복과 지배를 향한 지나친 불안을 나타내며, 이는 선물로서 삶의 의미를 놓치는 일이다. 이것은 당혹스럽게도 우리를 우생학 가까이로 끌고 간다.”

과학의 발전이 주로 산업화와 경제 논리로 설명되었던 우리나라에서 과학의 윤리에 대한 논쟁은 거의 없었다. 아마도 과학의 윤리가 전 국민적으로 문제가 되었던 첫 번째 경우가 ‘황우석 사건’이었던 것 같다. 그리고 그때도 그 과학의 내용에 대한 윤리적 접근보다는 과학자의 학문 윤리가 논쟁의 중심이었다. 과학 내용에 대한 윤리 논쟁의 역사가 긴 미국이나 유럽에도 각 세분화된 생명 과학의 문제를 논의한 책들은 여럿 있는데 일반이 쉽게 접근할 수 있으면서 전반적인 내용을 논의한 책은 거의 없었다. 그래서 샌델의 『생명의 윤리를 말하다』가 처음 나왔을 때 큰 기대에 차서 이 책을 읽고는 너무나 일반적이고 이상적인 주장의 내용이라 크게 실망했다. 그 후 학생들에게 매 학기 마지막 시간에 이 책을 읽고 발표하게 했는데 학생들의 반응도 크게 다르지 않았다. 기대에 비해 너무 평범하다는 것이었다. 그러나 곰곰이 생각해 볼수록 현재의 자본주의 시장 경제 사회에서 대상이 우리 자신인 생명 과학과 관련된 윤리 문제를 이야기하면서 원칙론 이상의 이야기를 할 수는 없겠다는 깨달음이 왔다. 여기서는 샌델의 논점을 살펴보면서 생명 과학의 윤리에 대해 잠깐 생각해 보려고 한다.

샌델은 생명 과학 기술의 발전에 의해 제기된 윤리 문제에 접근하기 위해 생과 삶을 ‘주어진 선물’이라는 개념으로 받아들이자고 제안한다. 또 그러기 위해 생명 과학 기술에 의존하기보다 세계가 불완전한 인간의 재능과 제한에 좀 더 친절해져야 하며, 이를 위해 사회, 정치적 제도를 개선해 가자고 주장한다. 즉 각자가 시장 경제로 누리는 모든 것에 전권이 있다고 가정하는 것은 잘못이며, 본인의 책임이 아닌 장애가 있거나 재능이 없는 사람들과 사회적 이익을 공유할 책임이 있다는 것이다. 그는 위르겐 하버마스(Jürgen Habermas, 1929년~)를 인용하며 "우리의 생명의 시작을 우리가 통제할 수 없었다는 시작의 우연성과, 그렇게 시작한 삶에 우리가 윤리적인 형태를 부여할 수 있는 자유는 긴밀하게 연결이 된 요소라는 것"이라고 밝히고 있다. 즉 생물로서의 인간 한계를 인정하고 생명 과학 기술에 의존하기보다는 결핍에 관대한 사회와 시스템을 만들자는 이상론을 피력하고 있다.◆5

그렇다면 왜 우리가 어떤 형태든 생명을 선물로 받아들여야 하고 그에 대한 인위적 강화에 불편함을 느끼는가? 이 문제에 대한 샌델의 주장은 크게 다음 세 가지로 요약된다. 첫째는 사람들이 유전적인 강화에 익숙해지게 되면 인간의 능력과 성취가 우연히 주어진 것이라는 겸손을 바탕으로 한 사회적 기초가 약해진다는 것이다. 둘째는 사회에서 겸손이 물러남에 따라 책임져야 할 영역이 늘어난다는 것이다. 만일 태어날 아이의 유전자를 임의로 편집하는 것이 현실화되면 장애를 갖고 태어난 아이의 부모들은 비난을 받게 될 것이다. 부모로서의 '책임'이 이러한 부분으로까지 확장되는 것이다. 셋째는 사회에서 우연성에 깃든 연대 의식이 없어질 것이라는 예측이다. 보험을 예로 들고 있는데, 보험은 예측할 수 없는 위험에 위협을 느낀 사람들끼리 위험과 자원을 모아 대비하는 것으로 다른 이와 운명을 공유하는 것이니 유전학적 지식이 완벽해지면 이 보험 시장의 연대성은 사라진다는 것이다.[◆6]

어찌 보면 막연하고 이상적인 이런 이유로 당장 눈앞의 욕망과 시장의 압력을 물리칠 수 있을지는 모르겠다. 그러나 적어도 심각하게 생각해 보아야 하는 질문임은 틀림없다.

지구 환경과 인간이라는 종

45억 년의 지구 역사에서 생명체가 생기기 시작한 것은 약 38억 년 전이고 그에 비해 인류라는 종이 지구에 나타나기 시작한 것은 겨우 200만 년 전이라고 한다. 지구의 역사에서 인류는 매우 새로 생긴 생물 종이다. 이런 사실은 유전체의 수준에서 개체 간의 차이가 거의 없는 DNA 정보로도 입증된다. 인류가 출현하기까지 지구에는 많은 생명체의 변화가 있었다. 광합성을 할 수 있는 생명체가 출현하면서 태양 에너지를 직접 이용하고 산소를 만들 수 있게 되어 바다와 대기가 산소로 포화 상태가 되고 진핵생물이 생겼다. 또 이들이 서로 군집을 이루면서 다세포 생물로 진화했다. 약 7억 5000만 년 전부터 5억 8000만 년 전까지 지구에 빙하기가 찾아와 전 지구가 얼음에 덮이고 많은 생물 종이 사라졌다. 그러나 빙하기가 끝나고 캄브리아기에 들어서면서 다세포 생물이 갑자기 번성해 종의 다양성이 폭발적으로 늘어난 '캄브리아기 대폭발'이 발생했다. 그 후 전 지구에서 다양한 다세포 진핵생물들이 번성했으나 지구 전 생명체의 반 이상을 죽인 대량 멸종이 다섯 번이나 있었다. 그 좋은 예가 삼엽충인데 약 3억 년 전 지구에서 가장 번성했던 수중 생물인 삼엽충은 2억 2500만 년 전에 있었던 대량 멸종으로 지구에서 절멸했다. 이때 해양 생물의 95퍼센트와 지상 생물의 70퍼센트가 사라졌다고 한다. 멸종의 가장 익숙한 예는 공룡이다. 6500만 년 전 대량 멸종으로 공룡과 함께 당시 지구에 존재하던 종의 60퍼센트가 사라졌다. 중생대 말 공룡 대량 멸종 이후, 포유류가 번성하고 영장류의 진화로 인류가 탄생했다. 대량 멸종 사건은 기존에 번성하던 생물 종들 대부분을 지구에서 사라지게 하고, 거기에서 살아남은 종들은 다시 번성해 새로운 형태의 생태계를 만들게 된다.

장황하게 지구 생명 역사를 이야기하는 이유는 지금까지 지구에 존재했던 생명체 중 99.9퍼센트가 사라졌다는 이야기를 하고 싶어서다. 대량 멸종의 역사는 두 가지 메시지를 전해 준다. 하나는 영원히 안전한 생명체와 그 삶의 양식은 없다는 것이고 또 하나는 생태계는 서로 연결되어 있어 하나의 종의 대규모로 절멸하면 다른 종도 대부분이 공멸하게 되어 있다는 것이다. 그런데 신생 종으로 만물의 영장임을 자칭하는 인류는 이런 사실을 망각하고 있는 듯하다. 욕망이나 문명에 눈이 가려 하나의 생명 종으로서 우리의 삶의 양식이 얼마나 더 지속될 수 있을지 예지할 능력을 잃어버리고 있다. 또 생태계를 통해 다른 지구 생명체들과 얼마나 긴밀하게 연결되어 있는가에 대한 감을 잃어 가고 있다.

후자를 잘 보여 주는 예가 요즈음 세계적으로 문제가 되는 꿀벌 수의 급격한 감소다. 아인슈타인은 지구에서 꿀벌이 사라지면 4년 이내에 인류가 멸종한다고 예언했다고 한다. 실제로 먹을거리 중 80퍼센트 이상의 생산이 꿀벌의 도움을 받는다고 알려져 있는데, 미국의 과수원이나 농장에 가면 꼭 벌을 함께 기르는 것을 볼 수 있다. 이렇게 우리가 밀접한 관계를 맺고 있는 생물 종인 꿀벌이 감소하면 다른 하나의 종인 인간에게 식량 대란이 일어난다는 것을 우리는 잘 알고 있다.

30여 년간 생명이 유지되는 논리를 공부해 오면서 내가 배운 가장 중요한 사실은 인간은 지구에 존재하는 수많은 생명체 중 단 한 종에 불과하다는 것이다. 또한 지구의 다른 많은 생명체가 지구의 생명 순환에 나름의 공헌을 하는 데 비해 인간은 지구라는 천혜의 자연 환경에 철저히 기생하면서 온갖 혜택을 누리고 있지만 지구에 전혀 도움이 되지 못하는 존재일 뿐이다. 그러나 눈앞의 여러 가지 욕망에 발목이 잡힌 인간은 생물계에서 기생체나 포식자라는 자신의 위치를 잊고 지구에서 생명이 유지될 수 있는 핵심인 평화로운 순환 구조를 망가뜨리고 있다. 실제로 생식 가능 연령의 2배 이상을 살면서 끊임없이 자원을 소모하는 생물 종은 인간밖에 없다.

세계사를 공부하며 이집트 문명, 마야 문명 등 많은 문명이 번성했다 사라져 갔음을 배웠다. 재러드 다이아몬드가 『문명의 붕괴(*Collapse*)』에서 설명한 것처럼, 우리는 문명이 몰락한 원인을 전쟁 등 정치 사회적인 것에서 찾으려고 하지만 가장 핵심적인 원인은 대부분 환경의 변화에서 찾아볼 수 있다.◆7 현재 인류는 생명 과학 기술 발달에 따른 인구 폭발, 화석 연료 남용으로 빈번해진 자연 재해와 에너지 자원의 고갈, 원시림 축소와 생태계 변동으로 인한 바이러스의 창궐, 생명의 기반인 물의 오염 등 그 어느 때보다 심각한 환경 변화와 기후 위기에 직면하고 있다. 세계사의 이전 문명들은 지역적이었기에 그 흥망이 인류 전체에 대한 위협은 아닐 수 있었으나 이미 세계화된 현대 산업 문명의 쇠락은 하나의 생명 종으로서의 인류 전체에 심각한 위협을 초래할 것으로 예측된다. 그러므로 인간이라는 종이 지구에서 함께 살아남기 위해서는 생물 종으로서 인간이라는 정체성을 인식하는 것이 중요하다고 생각된다.

나는 인간의 정체성이 인간이 갖는 고유의 능력, 즉 현상에 대한 비판적 성찰을 통한 문제의 인식과 예측, 그리고 이를 바탕으로 한 끊임없는 문제 해결 시도와 이를 위한 협동의 능력에 있다고 믿고 싶다. 인류가 인류의 욕망으로 초래한 이런 환경적 변화의 위협을 함께 인지하고 어떻게 함께 공존할 수 있는 새로운 삶의 방식을 개발하고 발전시켜 나갈 수 있을까에 대해 심도 있게 고민할 때, 생물 종으로서 인간의 생존과 정체성을 함께 지킬 수 있으리라 생각한다.

생명 과학에 대한 공부는 결국 나에게 항상 인간이란 무엇인가에 대한 질문을 던지게 한다. 무엇이 생명체로서 인간을 인간답게 하는가의 질문이다. 병에 걸리지 않고 무병장수하며 모두 아름다운 외모를 갖는다면 우리는 더 인간답게 되는가? 인간은 결국 결핍된 불완전한 존재기에 인간이 아닌가? 가슴 아프지만 어떤 형태로든 생래적으로 부가되는 결핍을 극복하고자 애쓰는 과정에 진정한 인간다움이 존재하지 않는가 하는 것이다. 또 인간을 생로병사를 갖는 하나의 생물 종으로서 받아들이고 생태계에서 다른 생명체와 함께 살아남기 위한 지혜를 공유할 수 있음이 인간다움이 아닐까 하는 희망을 품는다.

후기 자본주의 사회에서 과학과 기술의 발전이 욕망과 시장이라는 이름으로 제어할 수 없이 움직여 갈 때 우리가 할 수 있는 것은 무엇일까 하는 질문이 필요하다고 생각한다. 적어도 생명 과학의 세분화된 영역의 발전이 이 사회에서 어떻게 확장되고 어떤 윤리적 문제를 가져올 수 있을지 예상하고 고민해 보아야 한다. 또한 생명 과학 연구에서 파생되는 윤리적 결정은 누가 어떻게 내릴 수 있는가에 대한 사회적 논의가 필요한 시점이기도 하다. 이 책이 단지 여러분에게 생명 과학 지식의 현주소를 알릴 뿐 아니라 이런 질문을 환기하는 기회가 되었으면 하는 바람이다. 마하트마 간디가 남긴 「일곱 가지 두려운 죄(Seven Deadly Sins)」 중 하나인 "인간애가 없는 과학"이 생명 과학에서는 어떤 상태를 의미하는 것인가에 대해 나 자신에게 질문하면서 책을 마친다.

노동이 없는 부

양심의 가책이 없는 쾌락

인간애가 없는 과학

성격이 없는 지식

원칙이 없는 정치

도덕성이 없는 상거래

희생이 없는 예배

후주

2장 생명은 어떻게 시작되었나?

1. Anthony J.F. Griffiths, Susan R. Wessler, John Doebley, Sean B. Carroll, *Introduction to genetic analysis*, 10th Ed., Freeman, 2012.

2. Jane B. Reece, Lisa A. Urry, Michael L. Cain, *Campbell biology*, 9th Ed., Pearson, 2011.

3. John W. Kimball, *Biology*, 6th Ed., William C. Brown Publisher, 1993.

4. Lennox, James, *Aristotle's philosophy of biology: Studies in the origins of life science*, Cambridge Press, 2001, pp. 229–258.

5. Aleksandr I. Oparin, *Origin of life*, Dover Publications, 1953, p. 196.

6. Darwin, Francis, ed. *The life and letters of Charles Darwin, including an autobiographical chapter 3.*, John Murray, 1887, p. 18.

7. A. I. Oparin, *The origin of life*, Dover, 1952, pp. 199–234.

8. 빌 브라이슨, 이덕환 옮김, 『거의 모든 것의 역사』(까치, 2003년).

9. Stanley L. Miller, Harold C. Urey, "Organic compound synthesis on the primitive

Earth," *Science*, volume 130, 1959, pp. 245–251.

10. Leslie E. Orgel, "Prebiotic adenine revisited: Eutectics and photochemistry," *Origins of life and evolution of biospheres*, 34, 2004, pp. 361–369.

11. Mader S. S., 전진석 외 옮김, 『생명 과학』(지코사이언스, 2007년).

12. PLoS Biol. 2023 Nov; 21(11): e3002388. Published online 2023 Nov 20. doi: 10.1371/journal.pbio.3002388.

13. www.google.com.

14. Gould, S. J., *The structure of evolutionary theory*, Belknap Press, 2002.

15. 찰스 다윈, 장대익 옮김, 『종의 기원』(사이언스북스, 2019년).

16. Anthony J.F. Griffiths, Susan R. Wessler, John Doebley, Sean B. Carroll, 앞의 책.

17. Anthony J.F. Griffiths, Susan R. Wessler, John Doebley, Sean B. Carroll, 앞의 책.

18. *Encyclopaedia britannica online*, Encyclopedia Britannica Inc, 2006.

3장 생명체는 무엇으로 만들어졌는가?

1. John W. Kimball, 앞의 책.

2. Jeremy M. Berg, John L. Tymoczko, Lubert Stryer, *Biochemistry*, 6th Ed., W. H. Freeman, 2006.

4장 생명의 기능 단위는 무엇인가?

1. Anthony J.F. Griffiths, Susan R. Wessler, John Doebley, Sean B. Carroll, 앞의 책.

2. Jane B. Reece, Lisa A. Urry, Michael L. Cain, 앞의 책.

3. Harvey Lodish, Arnold Berk, Chris A. Kaiser, Monty Krieger, Anthony Bretscher, Hidde Ploegh, Angelika Amon, Matthew P. Scott, *Molecular cell biology*, 7th Ed., W. H. Freeman, 2012.

4. John W. Kimball, 앞의 책.

5. www.google.com.

5장 생명의 정보는 어떻게 작동하는가?

1. Jeremy M. Berg, John L. Tymoczko, Lubert Stryer, 앞의 책.

2. Jane B. Reece, Lisa A. Urry, Michael L. Cain, 앞의 책.

3. Harvey Lodish, Arnold Berk, Chris A. Kaiser, Monty Krieger, Anthony Bretscher, Hidde Ploegh, Angelika Amon, Matthew P. Scott, 앞의 책.

4. 슈뢰딩거, 전대호 옮김, 『생명이란 무엇인가: 정신과 물질』(궁리, 2007년).

5. 브렌다 매독스, 나도선, 진우기 옮김, 『로잘린드 프랭클린과 DNA』(양문, 2004년).

6. 제임스 D. 왓슨, 최돈찬 옮김, 『이중나선』(궁리, 2006년).

7. "ENCODE(the Encyclopedia of DNA Elements)," www.genome.gov.

8. Matt Ridley, *Nature via nurture*, Harpercollins, 2003.

6장 유전 정보의 해독과 그 의미는 무엇인가?

1. Scott F. Gilbert, *Developmental biology*, 9th Ed., Sinauer Associates, Inc., 2010.

2. Harvey Lodish, Arnold Berk, Chris A. Kaiser, Monty Krieger, Anthony Bretscher, Hidde Ploegh, Angelika Amon, Matthew P. Scott, 앞의 책.

3. 제임스 D. 왓슨, 앤드루 베리, 이한음 옮김, 『DNA : 생명의 비밀』(까치, 2003년).

4. Matt Ridley, *Genome: The autobiography of a species in 23 chapters*, Harper Collins, 2006.

5. 제임스 D. 왓슨, 앤드루 베리, 이한음 옮김, 앞의 책.

6. Matt Ridley, 앞의 책.

7. Kevin Davies, *The $1,000 genome: The revolution in DNA sequencing and the new era of personalized medicine*, Simon and Schuster, 2010.

8. Philip R. Reilly, *'Abraham Lincoln's DNA and other adventures in genetics*, Cold Spring Harbor Laboratory Press, 2002.

9. Philip R. Reilly, 앞의 책.

7장 인간에 의한 생명의 변형은 무엇을 의미하는가?

1. 송기원, 『송기원의 포스트 게놈 시대』(사이언스북스, 2018년).

2. 제임스 D. 왓슨, 앤드루 베리, 이한음 옮김, 앞의 책.

3. 제임스 D. 왓슨, 앤드루 베리, 이한음 옮김, 앞의 책.
4. 김훈기, 『합성생명』(이음, 2010년).
5. 제레미 리프킨, 전영택 외 옮김, 『바이오테크 시대』(민음사, 1999년).
6. Daniel G. Gibson et al., "Creation of a bacterial cell controlled by a chemically synthesized genome," *Science*, 329, 2010, pp. 52-56.
7. Valda Vinson, Elizabeth Pennisi, "Synthetic biology" *Science* 333, 2011, pp. 1236-1257.
8. Daniel G. Gibson et al., 앞의 책.
9. Drew Endy, "Foundations for engineering biology," *Nature*, 438, 2005, pp. 449-453.
10. Drew Endy, 앞의 책.
11. "The BioBricks Foundation," http://biobricks.org.
12. Drew Endy, 앞의 책.
13. Masaki Imai et al., "Experimental adaptation of an influenza H5HA confers respiratory droplet transmission to a reassortant H5HA/H1N1 virus in ferrets," *Nature*, 486, 2012, pp. 420-430.

8장 생명체의 교정과 편집에 경계가 있는가?

1. Anthony J.F. Griffiths, Susan R. Wessler, John Doebley, Sean B. Carroll, 앞의 책.
2. 송기원, 앞의 책.
3. F. Uddine, C. Rudin, T. Sen, "CRISPR gene therapy: Applications, limitations and implications for the future," *Frontiers in Oncology*, volume 10, 2020. p. 1367.

9장 어떻게 생명이 다시 생명을 만드는가?

1. Harvey Lodish, Arnold Berk, Chris A. Kaiser, Monty Krieger, Anthony Bretscher, Hidde Ploegh, Angelika Amon, Matthew P. Scott, 앞의 책.
2. Harvey Lodish, Arnold Berk, Chris A. Kaiser, Monty Krieger, Anthony Bretscher, Hidde Ploegh, Angelika Amon, Matthew P. Scott, 앞의 책.
3. 리처드 도킨스, 홍영남, 이상임 옮김, 『이기적 유전자』(개정판)(을유문화사, 2010년).

4. 리처드 도킨스, 김명남 옮김, 『지상 최대의 쇼』(김영사, 2009년).

10장 어떻게 하나의 세포에서 생명체가 만들어지는가?

1. Scott F. Gilbert, 앞의 책.
2. Scott F. Gilbert, 앞의 책.
3. 리처드 도킨스, 김명남 옮김, 앞의 책.
4. Shinya Yamanaka, "Induced pluripotent stem cells: Past, present, and future," *Cell Stem Cell*, 10, 2012, pp. 678-684.
5. K. Takahashi, S. Yamanaka, "Induction of pluripotent stem cells from mouse embryonic and adult fibroblast cultures by defined factors," *Cell*, 126, 2006, pp. 663-676.
6. 안드레아스 바그너, 김상우 옮김, 『생명을 읽는 코드, 패러독스』(와이즈북, 2012년).

11장 인간에 의한 생명 재생산 조절이란 무엇인가?

1. Jeremy M. Berg, John L. Tymoczko, Lubert Stryer, 앞의 책.
2. Jodi Picoult, *My sister's keeper*, Atria Books, 2003.
3. 마이클 샌델, 강명신 옮김, 『생명의 윤리를 말하다』(동녘, 2010년).
4. Eva Hoffman, *The secret*, Public Affairs, 2001.

12장 생명체는 왜 늙어 갈까?

1. Anthony J.F. Griffiths, Susan R. Wessler, John Doebley, Sean B. Carroll, 앞의 책.
2. Harvey Lodish, Arnold Berk, Chris A. Kaiser, Monty Krieger, Anthony Bretscher, Hidde Ploegh, Angelika Amon, Matthew P. Scott, 앞의 책.
3. L. Katsimpardi et al., "Vascular and neurogenic rejuvenation of the aging mouse brain by young systemic factors," *Science*, 344 (6184), 2014, pp. 630-634.
4. M. Sinha et al., "Restoring systemic GDF11 levels reverses age-related dysfunction in mouse skeletal muscle," *Science*, 344 (6184), 2014, pp. 649-652.
5. Timothy Ley et al., "DNA sequencing of a cytogenetically normal acute myeloid

leukaemia genome," *Nature*, 456, 2008, pp. 66-72.

6. Sohrab P. Shah et al., "Mutational evolution in a lobular breast tumour profiled at single nucleotide resolution," *Nature*, 461, 2009, pp. 809-813.
7. Erin D. Pleasance et al., "A comprehensive catalogue of somatic mutations from a human cancer genome," *Nature*, 463, 2010, pp. 191-196.
8. Michael F. Berger et al., "The genomic complexity of primary human prostate cancer," *Nature*, 470, 2011, pp. 214-220.

13장 미생물과 바이러스는 공포의 대상인가?

1. Harvey Lodish, Arnold Berk, Chris A. Kaiser, Monty Krieger, Anthony Bretscher, Hidde Ploegh, Angelika Amon, Matthew P. Scott, 앞의 책.
2. John W. Kimball, 앞의 책.
3. Jane B. Reece, Lisa A. Urry, Michael L. Cain, 앞의 책.
4. 류왕식, 『바이러스학』(라이프사이언스, 2007년).
5. 류왕식, 앞의 책.
6. 류왕식, 앞의 책.

14장 생명은 어떻게 자극은 인지하고 전달하는가?

1. John W. Kimball, 앞의 책.
2. 류왕식, 앞의 책.
3. *Encyclopaedia britannica online*, Encyclopedia Britannica Inc, 2006.
4. John E. Hall, *Textbook of medical physiology*, 12th Ed. Saunders, 2011.
5. John E. Hall, 앞의 책.
6. Helen Fisher, *Why we love: The nature and chemistry of romantic love*, Holt Paperbacks, 2004.
7. 에릭 켄델, 전대호 옮김, 『기억을 찾아서』(랜덤하우스, 2009년년).
8. John E. Hall, 앞의 책.
9. 신경 인문학 연구회, 홍성욱, 장대익 엮음, 『뇌과학, 경계를 넘다』(바다출판사, 2012).

15장 생명은 어떻게 나와 타자를 정의하는가?

1. John W. Kimball, 앞의 책.

2. Jane B. Reece, Lisa A. Urry, Michael L. Cain, 앞의 책.

3. Jeremy M. Berg, John L. Tymoczko, Lubert Stryer, 앞의 책.

4. John E. Hall, 앞의 책.

16장 어떻게 생명은 환경 변화에 대해 최적 상태를 유지하는가?

1. 신경 인문학 연구회, 홍성욱, 장대익 엮음, 앞의 책.

2. Jane B. Reece, Lisa A. Urry, Michael L. Cain, 앞의 책.

3. 류왕식, 앞의 책.

4. *Encyclopaedia britannica online*, Encyclopedia Britannica Inc, 2006.

5. Theo Colborn, Dianne Dumanoski, John Peter Meyers, *Our stolen future: Are we threatening our fertility, intelligence, and survival?*, Plum, 1997.

17장 생명 과학은 어떤 윤리적 질문을 던지는가?

1. 에릭 켄델, 전대호 옮김, 앞의 책.

2. 에릭 켄델, 전대호 옮김, 앞의 책.

3. 시몬느 드 보봐르, 이영조 옮김, 『인간은 모두가 죽는다』(풍림출판사, 1986년).

4. 마이클 샌델, 강명신 옮김, 앞의 책.

5. 마이클 샌델, 강명신 옮김, 앞의 책.

6. 마이클 샌델, 강명신 옮김, 앞의 책.

7. 제러드 다이아몬드, 강주헌 옮김, 『문명의 붕괴』(김영사, 2005년).

찾아보기

가

나

다

라

마

바

사

아

자

차

카

타

파

송기원의
생명 공부

1판 1쇄 찍음 2024년 4월 19일
1판 1쇄 펴냄 2024년 4월 30일

지은이 송기원
펴낸이 박상준
펴낸곳 (주)사이언스북스

출판등록 1997. 3. 24.(제16-1444호)
(06027) 서울특별시 강남구 도산대로1길 62
대표전화 515-2000, 팩시밀리 515-2007
편집부 517-4263, 팩시밀리 514-2329
www.sciencebooks.co.kr

ISBN 979-11-92908-08-3 03470

이 시대 최고의 융합 교과서

'생명 과학의 시대'라고들 하지만, 우리에게 생명 과학은 그저 또 하나의 암기 과목일 뿐이었다. 물론 그것은 심각한 오해다. 생명의 작동, 발생, 진화에는 기가 막힌 원리들이 있기 때문이다. 다만 그 원리들을 일반 독자에게 잘 설명해 줄 교육자와 책들이 거의 없었다는 것이 고질적 문제였다. 그러나 이제 더는 불평하지 않아도 된다. 저명한 생화학자인 저자는 과학을 잘 모르는 대학생들에게 생명 현상에 대한 화두를 던지며 그에 대한 답을 함께 고민해 왔다. 게다가 생명 과학이 우리 사회에 미치는 윤리적, 사회적, 그리고 법적 함의들까지 모색해 보고 있다. 이 책은 학생뿐만 아니라 일반 독자를 위한 최고의 융합 교과서다. **—장대익 | 가천 대학교 창업 대학 석좌 교수**

생명의 경이와 아름다움, 향기

생명이란 무엇인가? 45억 년 전 행성 지구가 탄생한다. 지구의 침묵과 어둠을 깨고 38억 년 전 생명체가 탄생한다. 그 장구한 시간의 끝에서 인류가 출현한다. 생명은 신비하면서도 경이로운 것이다. 우리는 생명체이지만 때로는 '생명이란 무엇인가'라는 질문을 잊고 살아간다. 『송기원의 생명 공부』에는 생명의 본질을 향한 치열한 탐구로 얻은 생명 과학 지식의 현주소가 풍부하게 담겨 있다. 17가지 생명 과학 이야기로 구성된 이 책에서 21세기 첨단 생명 과학이 생명을 어떻게 바라보는지를 완벽하게 만날 수 있다. 생명을 나타내는 구조물인 생명체의 본질과 질서, 의미와 과제가 탁월하게 담겨 있다.

저자는 더 나아가, 광활한 저 생명의 한 종으로서의 인간의 지위와 인간다움의 의미를 사색한다. 저자를 평생 사로잡았던 질문인 '생명이란 무엇인가?'는 '인간이란 무엇인가?'로 심화된다. 저자는 지구에 존재했던 대다수의 생명체가 사라져 가는 생명 대량 멸종의 서글픈 역사를 목도하고 있는 인간의 존재 의미를 묻는다. 세포, 바이러스, 합성 생물학, 노화, 죽음, 생명 윤리, 지구 환경을 탐색하는 포스트 코로나 시대의 여정에서 저자는 마지막으로 인간의 인간다움을 질문한다.